KB238192

아이가 함박웃음 짓는

똑똑한 이유식

일러두기

- 계량의 기준은 1작은술 5㎖, 1큰술 15㎖, 1컵은 200㎖입니다. 계량스푼과 컵이 없을 때는 작은술은 티스푼, 큰술은 어른 밥숟가락, 컵은 200㎖ 우유팩이나 종이컵을 사용하세요.

- 이 책에서 소개하는 레시피는 아이가 한 끼에 먹을 분량을 기준으로 합니다. 다만 레시피 대로 만든 이유식은 촬영 연출이 어려워 완성컷에 나온 이유식의 분량은 대부분 레시피보다 많은 편입니다. 참고해주세요.

- 이 책에 소개된 이유식의 순서 대로 이유식을 진행할 필요는 없습니다. 이유식 원칙을 지키면서 아기의 월령과 성장, 상태를 두루두루 살펴 적당한 이유식을 만들어주세요.

- 이유식 조리 시에는 꼭 생수를 사용하세요.

- 아기의 음식을 만드는 조리도구는 이유식 전용으로 사용하세요. 다양한 양념이 들어가는 어른 음식을 만드는 조리도구를 함께 사용하면 아기 이유식에 안 좋은 성분이 들어갈 수 있어요. 새 조리도구는 사용 전 반드시 뜨거운 물로 열탕 소독을 해야 합니다.

- 재료를 갈 때 사용한 절구는 재료의 양이 적기 때문에 선택한 것입니다. 핸드 블렌더나 믹서, 분쇄기 등을 사용해도 됩니다.

- 이 책에서는 아기가 후기 이유식부터 먹을 수 있는 연두부 농도 정도의 밥을 무른밥, 완료기 이유식부터 먹는 살짝 물기가 있는 밥을 진밥으로 표현했습니다.

- 재료의 분량은 손질하지 않은 상태를 기준으로 했습니다. 다만 42페이지에서는 촬영 연출을 위해 다듬은 재료를 사용했습니다.

똑똑한 이유식

이상용(함소아한의원 대표),
김정신(서대문 함소아한의원 대표 원장),
박미녀(분당 함소아한의원 영양사) 지음

웅진 리빙하우스

우리 아이에게 약이 되는
이유식을 소개합니다

이유식 시기는 아이의 성장에 있어 아주 중요한 단계입니다. 아이는 이유식을 통해 처음으로 모유나 분유 외의 음식으로 영양분을 섭취하게 됩니다. 모든 엄마들이 '우리 아이를 위해 최고의 이유식을 해줘야지'라고 마음먹지만 막상 이유식을 언제 시작해야 하는지, 무엇부터 먹여야 하는지 온갖 고민과 궁금증은 끊이지 않습니다. 진료실에서도 이유식에 대한 질문들을 적어와 물어보시거나, 진료 후에도 잊은 것이 있었다며 연락을 하시는 부모님들을 많이 만난답니다. 그런 분들께 말씀드리고 싶은 내용들을 차곡차곡 모두 담아 이 책을 만들게 되었습니다.

이유식을 잘 먹이는 기본 원칙은 무엇일까요? 우선 시판 이유식보다는 엄마표 이유식을 권합니다. 신선한 재료로 그때그때 정성을 담아 만드는 이유식은 아이가 건강한 식습관을 형성하는 데 큰 도움이 됩니다. 생각만큼 잘 먹지 않아도 조급해하지 말고 기다려주세요. 아이에게 이유식의 시작은 새로운 세상에 적응해가는 과정이니까요.

초보 엄마와 발을 맞춰가며 아이는 점점 음식의 맛을 깨닫고, 엄마가 만들어준 이유식을 맛있게 먹으며 무럭무럭 자라날 것입니다. 부모님은 그런 아이를 바라보며 뿌듯함을 느끼게 될 테고요.

이 책에서는 시기별로 아이들에게 먹이면 좋은, 보편적인 이유식 식재료와 요리법들을 소개합니다. 소아 전문 함소아한의원의 14년 노하우를 담아 어떤 아이에게 먹여도 탈이 나지 않도록 재료를 고르고 레시피를 짜는 데 정성을 기울였습니다. 또한 오장육부를 건강하게 키워주는 한방 이유식도 다양하게 준비하였습니다. 잔병치레가 많은 아이들에게 질환이나 증상에 따른 맞춤 약재를 이용한 이유식은 예방 및 치료에도 도움이 됩니다.

이 책을 통해 보다 많은 엄마들이 일반 이유식은 물론 한방 이유식에 대해서도 바른 정보를 알고, 좋은 재료로 잘 만든 이유식은 아이에게 '약이 될 수 있다'는 사실을 인식하고 직접 만들어볼 기회가 되기를 바랍니다.

우리 아이가 무사히 이유식을 마치는 그날까지, 대한민국 어머님들 화이팅!

2012년 10월

 함소아한의원 대표 이상용 · 서대문 함소아한의원 대표 원장 김정신 · 분당 함소아한의원 영양사 박미녀 지음

CONTENTS

B

중기 이유식 생후 7~8개월

Special Page

중기 한방 이유식

C

D 완료기 이유식

생후 12~15개월

Special Page
완료기 한방 이유식

A 아토피 아기를 위한 이유식

B 아픈 아기를 위한 이유식

Special Page
내 아기 건강을 위한 트렌드 따라잡기

〈똑똑한 이유식〉에서 궁금한 점이 있다면 함소아홈페이지 (www.hamsoa.com)나 고객만족센터(1544-1075)에 문의해주세요.

ONE

이유식 준비편

- **이유식** 바로 알기
- **이유식 재료** 알아두기
- **이유식 조리법** 익혀두기

Special Page 한방 이유식 이야기

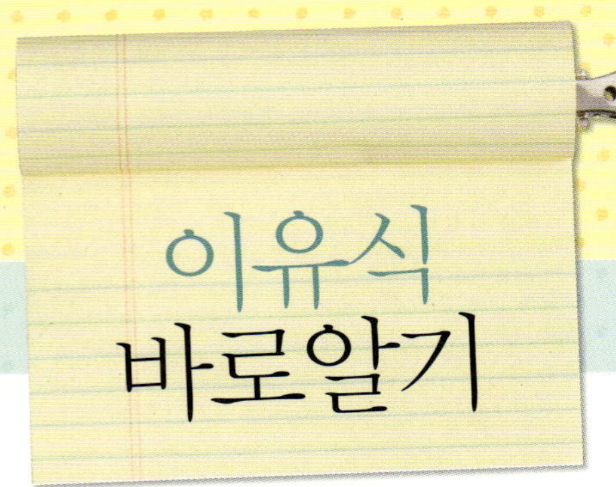

이유식을 시작해야 할 시기가 다가오면 엄마는 걱정부터 앞섭니다.
무엇을 어떻게 먹여야 하는 건지, 잘 만들어 먹일 수 있을지….
하지만 조바심내지 마세요.
죽만 쑤어 먹일 수 있다면 이유식의 반은 해결한 셈입니다.
아기에게 가장 좋은 이유식은 엄마가 직접 만들어주는 것입니다.
기초부터 차근차근 따라 해보세요. 몇 가지 원칙만 지킨다면
누구나 어렵지 않게 내 아기의 이유식을 잘 만들 수 있습니다.

이유식이란?

이유식離乳食이란 아기가 젖을 떼는 과정에서 먹는 음식을 말합니다. 모유나 분유만 먹던 아기
가 차츰 '밥'을 잘 먹을 수 있도록 연습시키는 과정이라 할 수 있어요. 이유식을 먹는 기간에
도 아기의 주식은 모유(또는 분유)이고, 이유식은 보조적인 역할을 한다고 생각하면 됩니다.
그러므로 처음부터 이유식만으로 아기에게 중요한 모든 영양을 채워야 한다는 부담감을 가
질 필요는 없어요. 일정 시기가 되면 아기는 모유나 분유만으로는 성장에 필요한 영양분을
다 얻을 수 없어서 차츰 다른 음식에 의존해야 합니다. 그래서 이유식이 필요한 것이죠.

이유식, 왜 중요할까?

말간 미음으로 시작해서 걸쭉한 음식, 진밥, 어른이 먹는 음식과 비슷한 밥과 반찬까지 한 단
계 한 단계 나아가는 과정을 통해 아기는 새로운 음식을 접하며 다양한 맛을 경험하게 됩니
다. 이 과정에서 숟가락을 사용하기 시작하고, 음식을 씹고 삼키는 연습을 하게 됩니다.
이유식은 아기에게 필요한 영양소를 보충해줄 뿐만 아니라 아기의 씹는 능력과 미각 발달에
도 도움을 주며, 혼자서도 먹을 수 있는 자립심을 키워줍니다. 그리고 이 모든 것들은 평생
건강의 바탕이 되는 올바른 식습관을 만드는 기초가 됩니다.

이유식, 어떤 재료로 어떻게 만들어서 먹일까?

아기가 이유식을 시작할 시기가 되면 "우리 아기에게는 어떤 재료와 이유
식이 가장 좋을까요?"라는 질문을 하는 엄마들이 많습니다. 물론 아
기마다 타고난 체질 또는 성장하는 과정에서 몸에 좀 더 잘 맞거나
챙겨서 먹이면 더욱 좋은 재료가 생길 수는 있어요. 하지만 지금
은 각 시기에 맞는 다양한 재료와 조리법을 사용해 아기가 다양
한 맛을 경험하게 하고 영양소를 골고루 섭취할 수 있게 도와주
면서 아기의 신체 변화와 반응을 살펴보는 것이 가장 중요한 때
입니다. 그런 과정을 통해 자연스럽게 아기에게 좀 더 도움이 되거
나 부족한 부분을 채워줄 수 있는 재료와 음식을 알게 될 거예요. 이
유식 기본 원칙을 지키면서 아이의 성장과 반응을 세심하게
관찰하며 천천히 이유식을 시작해보세요.

● 이유식 성공 법칙 11

1 이유식 시작시기는 4~6개월이 적당해요

생후 4개월 이전의 아기는 장의 발달이 미숙해 모유나 분유 이외의 음식을 소화 흡수하기 어렵습니다. 또한 면역체계도 완전하지 않아 별 탈 없이 건강하게 자라는 아기라면 생후 4~6개월에 이유식을 시작하는 게 무난합니다. 4개월 정도는 되어야 혀로 음식을 밀어내는 반사작용이 사라지고 침의 분비가 늘어나면서 소화효소의 활동도 활발해지기 때문입니다.

2 아기 발달에 따라 시작시기를 조절하세요

아기마다 성장발달에 차이가 있기 때문에 이유식을 시작하는 시기 역시 똑같을 수는 없습니다. 생후 4개월 즈음 아기의 몸무게가 6kg 정도가 되고, 먹는 것에 관심을 보여 침을 많이 흘리고, 가족들이 먹는 모습에 입을 오물거리는 반응을 보이면 이유식을 시작할 때라고 보면 됩니다. 단, 모유만 먹는 아기, 아토피가 있는 아기, 이유식을 한두 번 먹였는데 알레르기 증상이 나타나는 아기라면 조금 늦춰서 6개월부터 시작하는 게 좋습니다.

3 엄마가 직접 만들어 먹여보세요

이유식은 아기에게 새로운 맛과 향, 질감을 느끼게 해줍니다. 아기는 이유식을 먹으며 혀와 턱을 움직여 씹는 연습을 하게 됩니다. 빨아먹는 액체가 아닌 부드럽지만 알갱이가 있는 음식이 아기에게 혀로, 잇몸으로, 이로 으깨고 씹어서 삼킬 수 있는 기회를 주는 것입니다. 이런 다양한 경험은 아기의 두뇌와 미각 발달에도 큰 도움을 줍니다. 시판 이유식이 많이 나와 있지만 가장 좋은 방법은 엄마가 직접 만들어 먹이는 것입니다. 아기에게 맞춰 재료 하나도 꼼꼼히 따져 만든 엄마표 이유식이야말로 가장 안전하고, 정성과 사랑이 담긴 맛있는 보약입니다.

4 반드시 숟가락으로 먹이세요

이유식의 주된 목적 중 하나는 아기 스스로 밥을 먹도록 돕는 데 있습니다. 영양소를 섭취하는 것도 중요하지만 아기가 태어나서 처음으로 음식을 씹고 맛보고 삼키고 소화시키는 연습을 하는 과정인 만큼 시작부터 숟가락으로 떠먹여야 합니다. 물이나 수프 등도 숟가락으로 먹이며 차츰 혼자 숟가락을 쥐고 먹게 합니다. 돌 무렵에는 컵을 들고 마시는 훈련도 필요합니다.

이유식을 과즙으로 시작해서는 안 됩니다. 아기가 과즙의 단맛에 익숙해지면 다른 이유식을 먹이기 힘들어집니다. 또 과일의 산이 아기의 위장에 자극을 줄 수 있습니다. 아기의 첫 이유식은 쌀미음이 가장 좋습니다. 쌀은 담백하고 아기가 소화하기 쉬우며 알레르기를 일으킬 염려가 적어 초기 이유식으로 가장 좋은 재료입니다. 아무것도 섞지 말고 묽게 쑨 쌀죽을 체에 거른 미음 형태로 시작해보세요.

이유식을 처음 시작할 때는 한 가지 재료로만 만드세요. 처음에는 7일, 이후에는 3~5일 간격을 두고 지켜본 후 알레르기 반응이 없으면 재료를 바꿔줍니다. 이렇게 해서 곡류가 익숙해지면 채소를 섞어줍니다. 처음에는 한 가지 채소만 섞어서 주다가 아기가 별 탈 없이 잘 받아먹으면 섞는 재료를 바꾸고 다시 익숙해지면 몇 가지 재료를 섞어줍니다. 곡류, 채소, 과일, 육류, 생선과 두부, 달걀 순으로 시기에 맞게 종류와 형태를 달리해 한 가지씩 차츰차츰 늘려갑니다.

아기가 이유식을 먹으며 재료 본연의 맛을 느끼고 익숙해지는 게 중요합니다. 조금 더 많이 먹여보려고 간을 하게 되면 갈수록 이유식을 안 먹게 됩니다. 아기는 음식에 대한 경험이 없기 때문에 싱겁다고 느끼지 않습니다. 첫돌 이전에는 소금이나 설탕은 물론이고 가능하면 토마토케첩이나 마요네즈, 버터 등도 사용하지 않는 것이 좋습니다.

처음부터 잘 받아먹는 아기도 있지만 그렇지 못한 경우가 더 많습니다. 아기가 낯선 음식에 대한 거부감을 나타내는 건 자연스러운 일이므로 아기의 몸 상태와 기분이 좋을 때 느긋한 마음으로 시작하세요. 아기가 이유식을 혀로 밀어내면 다시 받아서 넣어 주되 두세 번 계속 그러면 하루 이틀 쉬었다가 시도해도 늦지 않습니다. 억지로 먹이려고 하면 이유식에 대한 거부감만 생깁니다. 아기가 싫어하는 음식도 있을 수 있으므로 다른 대체식품으로 바꿔보세요.

9 시간을 정해 규칙적으로 먹이세요

이유식을 정해진 시간에 정해진 장소에서 아기에게 먹여야 올바른 식습관이 만들어집니다. 처음 시작할 때는 하루 1회 오전 10시, 중기에는 하루 2회 오전 10시와 오후 2시 또는 6시, 그리고 후기에는 하루 3회 오전 10시, 오후 2시, 오후 6시가 적당합니다. 완료기를 지나 세끼 식사를 이유식만으로 섭취할 때는 되도록 가족과 식사 시간을 맞춰 먹이세요. 처음에는 엄마가 무릎에 안고 먹이다가 차츰 아기의자에 앉히고, 그 다음에는 식탁에서 가족과 둘러앉아 먹도록 합니다.

10 삶거나 찌는 조리법을 사용하세요

생후 9개월부터는 참기름이나 올리브오일 등을 아주 조금씩 사용해도 됩니다. 하지만 이유식 단계부터 기름지고 고소한 맛에 익숙해지면 아기가 유아기는 물론, 커서도 기름진 음식을 좋아하게 될 가능성이 큽니다. 기름을 사용해서 볶고, 튀기고, 지지는 대신 되도록 찌고, 삶고, 끓이는 방법으로 이유식을 만들어주세요. 볶아야 하는 요리라면 코팅 팬을 이용해 기름 사용량을 줄이고, 기름 대신 물을 조금 넣어 볶는 것도 좋은 방법입니다.

11 이유식 노트를 만드세요

매일매일 아기가 먹은 이유식을 적어두는 습관을 가지세요. 음식 이름과 먹은 양, 사용한 재료를 기록하는 정도면 충분합니다. 새로운 음식을 먹일 때에는 아기의 반응을 잘 지켜보세요. 몸에 붉은 반점이나 발진, 설사, 구토 등 알레르기 반응이 있으면 일단 그 재료를 중단해야 합니다. 이럴 때 이유식 노트는 문제의 원인 음식을 찾아내는 데 중요한 역할을 합니다.

서둘러 이유식을 시작하면 오히려
알레르기를 일으키는 원인이 되기도 합니다.

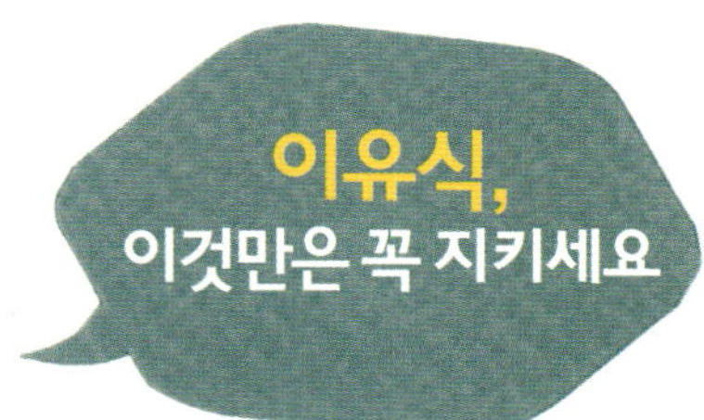

♠ 과일주스, 서둘러 먹이지 마세요

과일주스는 생후 4개월 이후부터 물과 과즙을 1:1로 희석한 후 끓여서 먹이되 자주 먹이지 마세요. 단맛에 익숙해지면 이유식을 거부하게 됩니다. 시판 과일주스 경우도 생후 6개월 이전에는 먹이지 말고 이후에도 먹는 양을 제한해야 성장이나 발육부진 등의 부작용을 막을 수 있습니다.

♣ 가루 제품과 선식은 NO!

가루 제품을 물이나 분유에 타서 먹이는 방법은 권하지 않습니다. 선식 역시 여러 가지 재료가 섞여 있어서 자칫 알레르기 반응을 일으켰을 때 원인 물질을 찾아내기 힘듭니다. 또한 이유식의 주된 목적 중 하나인 씹는 훈련을 할 수 없어요.

♠ 치즈는 저염도의 아기용 치즈로!

우유로 만든 가공식품은 알레르기 반응을 주의해야 해요. 첫돌 이후에 먹이는 게 안전하며, 짠맛이 강하므로 저염도의 아기용 치즈를 고르세요.

♣ 두부는 생후 7개월부터 데쳐서

두부는 알레르기를 잘 일으키는 대두로 만들므로 생후 7개월 이후가 적당하며, 반드시 끓는 물에 데쳐서 먹이세요.

♠ 목에 걸리는 재료는 위험해요

견과류, 땅콩, 떡(특히 인절미), 사탕, 걸쭉하고 끈적끈적한 음식, 포도알, 큰 사과 조각, 덜 익은 배, 복숭아, 단단한 채소조각, 고깃 덩어리 살, 건포도 등을 주의하세요.

♣ 시금치, 당근은 생후 6개월 이후에

시금치나 당근, 배추, 무, 비트 등에 들어있는 질산염은 빈혈을 일으킬 수 있으므로 초기 이유식 후반부터 먹이세요.

♠ 요구르트는 반드시 플레인 요구르트로 주세요.

장 건강을 위해 유산균 음료를 먹인다면 아무것도 첨가되지 않은 플레인 요구르트를 고르세요. 집에서 만들어 먹이면 더욱 좋아요. 알레르기가 없다면 생후 8개월 이후부터 먹이세요.

♣ 어른이 먹는 음식을 줄 땐 주의하세요

아기가 9개월 즈음 되면 어른이 먹는 음식을 조금씩 덜어 먹이는 경우가 많아요. 어른이 먹는 음식을 줄 땐 반드시 간을 하기 전에 덜어내세요. 또한 새우나 조개로 육수을 낸 음식, 사골육수 등은 돌 이전의 아기, 아토피가 있는 아기는 피하는 것이 좋아요.

♠ 꿀, 두 돌 이전에는 금물!

꿀이 오염되면 클로스트리듐 보툴리눔Clostridium botulinum이라는 박테리아 포자가 발아합니다. 이 세균이 아기의 몸속에 들어가면 영아 보툴리즘이라는 심각한 질병을 일으킵니다.

♣ 양념류도 신중하게!

아기가 처음부터 짜거나 단 음식을 먹으면 점점 더 강한 맛을 원하게 됩니다. 한방에서는 단맛이 장을 무기력하게 하고 늘어지게 만들어 기능과 식욕을 떨어뜨린다고 봅니다. 마요네즈, 토마토케첩, 버터, 기름 등에도 여러 가지 첨가제가 들어 있으므로 사용을 자제하세요.

이유식 단계별 진행 요령

초기 이유식
생후 4~6개월

알레르기 위험이 적은 쌀미음부터 시작하세요. 여기에 채소를 한 가지씩만 추가해서 만든 미음을 3~5일 정도 먹이면서 알레르기 반응을 살핍니다. 초기 이유식을 만들 때는 모든 재료를 삶거나 쪄서 푹 익힌 다음 체에 내려 덩어리가 없이 주어야 합니다. 아기가 먹는 것을 살펴보면서 후반기로 갈수록 재료의 크기를 조절해주면 됩니다. 초기 이유식은 오전 수유 전, 10시 정도에 먹이면 좋고, 아기가 잘 먹으면 후반부터는 오후에 간식을 주어도 좋아요. 생후 6개월 무렵에는 태어날 때 받아 나온 철분이 거의 없어져 쇠고기, 닭고기 등의 육류로 조금씩 보충해줘야 합니다.

중기 이유식
생후 7~8개월

생후 6개월부터는 치아가 나기 시작하므로 씹어서 먹는 연습을 본격적으로 시작합니다. 오전 1회, 오후 1회로 두 번 먹이는데 하루에 한 끼 정도는 육류를 넣고 다양한 식재료를 추가해 이유식을 만들어주세요. 재료가 덜 익거나 크기가 너무 크면 아기가 먹지 않을 수 있어요. 혀로 으깨 먹을 수 있을 정도의 걸쭉한 농도로 맞춰주세요. 숟가락을 손에 쥐어주고, 컵으로 물을 마시는 연습도 시작합니다.

후기 이유식
생후 9~11개월

젖니가 4~6개 정도 나서 차츰 무른밥도 먹을 수 있게 됩니다. 이때는 하루 세 번 식사를 하게 되므로 균형 잡힌 식사를 챙겨주세요. 생후 9~12개월은 이유식과 함께 모유 또는 분유를 계속 먹여야 하고, 아기가 편식을 시작하는 시기이므로 주의해야 합니다. 서서히 아기 혼자 정해진 자리에서 먹을 수 있게 바른 식습관도 길러주세요. 알레르기 위험이 있는 밀가루, 돼지고기, 등푸른생선, 조개류, 달걀흰자 등은 아직 이릅니다. 태열과 아토피가 있다면 우유도 첫돌 이후에 먹이는 것이 좋습니다.

완료기 이유식
생후 12~15개월

더 이상 모유나 분유가 아닌 세끼 모두 이유식이 주식이 되고 간식, 우유 등으로 영양을 보충해주는 시기입니다. 후반이 되면 아기가 진밥과 반찬, 국 등을 먹게 되어 어른 식사에 더욱 가까워집니다. 하지만 아기가 잘 먹는다고 어른 밥을 먹이거나 인스턴트식품을 주면 소화흡수가 잘 안되고 건강도 해칠 수 있으므로 주의합니다. 그동안 제한했던 알레르기 위험 식품(달걀흰자, 생우유, 견과류, 등푸른생선, 토마토, 딸기 등)을 먹일 수 있는 시기지만 먹인 후에는 아기의 반응을 잘 살펴야 합니다.

		초기(4~6개월)	중기(7~8개월)	후기(9~11개월)	완료기(12~15개월)
총 횟수		1~2회	2회+간식 1회	3회+간식 1~2회	3회+간식 2회
시간	이유식	오전 10시 (또는 오후 2시)	오전 10시 오후 2시 (또는 오후 6시)	오전 9시 오후 1시 오후 6시	오전 9시 오후 1시 오후 6시
시간	간식	오후 4시	오후 4시	오전 11시 (또는 오후 4시)	오전 11시 오후 4시
먹는 양	이유식	30~80g	70~120g	100~150g	120~180g
먹는 양	모유 (횟수)	4~5회	4~5회	3~4회	2~3회
먹는 양	분유 (수유량)	800~1,000㎖	700~800㎖	500~700㎖	400~500㎖
조리법		참깨 정도 크기로 갈기 체에 거르기	반쯤 갈기 (또는 살짝 갈기)	살짝 갈기 (또는 쌀알 그대로 사용하기)	쌀알 그대로 사용하기
재료 크기		곱게 갈기	0.3cm로 다지기	0.3~0.5cm로 다지기	0.7~1cm로 썰기
음식 형태		10~8배죽 (물과 같은 상태)	7~5배죽 (걸쭉한 상태)	4~2배죽, 무른밥 (연두부 정도의 상태)	진밥 (감자튀김 정도의 상태)

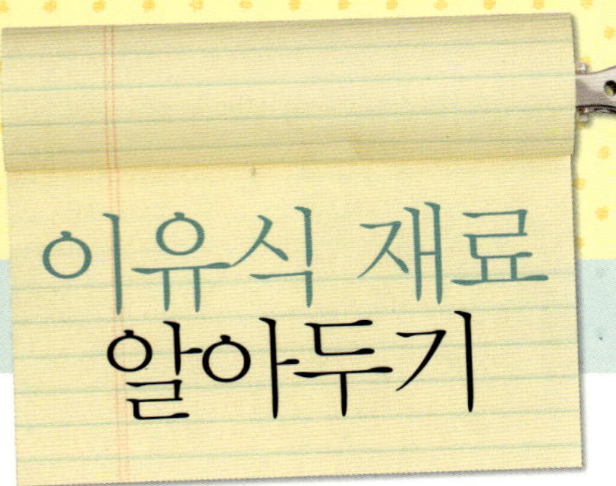

아기에게 줄 음식을 만들 때는 유해 첨가물이 들어있지 않은
신선하고 안전한 재료를 선택해야 합니다.
가공식품이나 수입식품은 피하고 우리 땅에서
유기농법으로 재배한 자연식품을 고르세요.
이유식 단계별 재료 선택 요령과 손질법, 보관법도 함께 알아두세요.

이유식 재료 고르기&손질하기

"믿고 살 수 있는 곳에서 우리 것을 구입 하세요."

- **쌀** 유기농법으로 재배한 무공해 쌀을 고르세요.
- **현미** 일반 백미에 비해 도정을 덜 해 영양소가 풍부하지만 그만큼 농약 잔류량이 높을 수 있어요. 현미만큼
  은 유기농으로 구입하는 게 좋아요.
- **콩** 국내 유통 중인 콩 가공식품의 95% 이상이 수입에 의존하고 있어 특별히 신경 써야 하는 재료입니다. 콩
  은 물론 콩 가공식품인 두부 등을 살 때도 콩의 원산지를 확인하고, 국산 또는 유기농 제품을 선택하세요.
- **밀가루** 시판 밀가루의 98% 이상이 수입산이에요. 면역력이 약한 아기에게는 우리 밀을 먹이는 게 안전합니
  다. 하얀 밀가루 대신 영양이 풍부한 통밀을 사용해도 좋아요.

 "꼼꼼하게 씻어 농약 잔류량을 최대한 줄이는 게 중요해요."

- **감자** 껍질 색이 일정하고 얇고 주름이 없으며, 둥글고 통통하고 너무 크지 않은 것이 좋아요. 껍질을 벗기기 전에 먼저 솔로 충분히 박박 문질러 씻은 뒤 껍질을 벗기세요. 감자 싹에는 솔라닌이라는 독성물질이 있어 반드시 칼로 도려내고 조리해야 합니다. 사과와 함께 보관하면 감자 싹이 발아하는 것을 막아줘요.
- **고구마** 크기와 모양이 일정하고 유선형 모양인 것을 고르세요. 껍질이 선명한 적자색을 띠며 매끈하고 홈이 파이지 않고 단단한 것이 좋아요.
- **브로콜리** 짙은 녹색을 띠고 봉오리가 꽉 다물어져 있으며 중간이 볼록한 것이 좋아요. 꽃송이가 노랗게 핀 것은 맛과 향이 떨어져요. 송이를 거꾸로 잡고 흐르는 물에 흔들어 씻은 뒤 끓는 물에 데친 후 찬물에 담가 두었다가 사용하세요.
- **애호박** 굵기가 일정하고 윤기가 흐르며 꼭지가 신선한 것이 좋아요. 잘랐을 때 누렇거나 씨가 너무 큰 것은 오래된 것이에요. 사용하고 남은 것은 랩으로 싸서 냉장 보관하세요.
- **오이** 녹색이 짙고 껍질에 돋은 가시가 날카로운 것, 굵기가 일정하면서 꼭지의 단면이 싱싱한 것을 선택하세요. 냉장실에 두면 저온장애를 일으켜 쉽게 상하므로 구입 당일 사용하는 게 좋아요. 신문지에 싸서 채소 칸에 보관하세요.
- **배추** 넓은 잎이 많고 연녹색을 띠면서 두껍지 않은 것, 줄기 부분을 눌렀을 때 탄력 있는 것을 고르세요. 동일한 크기라면 무거운 것이 좋아요. 반드시 겉잎을 떼어낸 후 한 장씩 흐르는 물에 씻어서 사용하세요.
- **무** 무겁고 단단하며 잔뿌리가 많지 않은 것이 좋아요. 뿌리 쪽이 통통하고 잎 쪽이 파란 무가 맛있어요. 쓸 양만큼만 자른 후 씻어서 사용하고 나머지는 흙이 묻은 채로 보관하세요.
- **당근** 색이 고르고 광택을 띠며 표면이 매끄럽고 형태가 바른 것을 고르세요. 전체적으로 단단하고 뿌리 끝이 가늘수록 심이 적고 조직이 연해요. 표면에 묻은 흙은 꼼꼼히 씻어 사용하고, 남은 당근은 신문지에 싸서 보관하세요.
- **시금치** 줄기와 잎이 진한 녹색을 띠며 뿌리는 붉은 색이 진하고 줄기가 부드러운 것, 잎사귀가 얇고 한 뿌리에 잎이 많이 달려 있는 것을 찾으세요. 잎채소의 경우 위를 향하는 성질이 있으므로 세워서 보관해야 신선도가 오래 유지돼요.
- **양파** 껍질이 잘 마르고 광택이 있으며, 단단하고 중량감 있는 것을 고르세요. 싹과 뿌리에도 상처가 없는 것이 좋아요. 양파 망에 담아 서늘하고 통풍 잘 되는 그늘에 보관하세요.
- **토마토** 과실이 크고 단단한 것, 붉은 색깔이 선명한 것, 꼭지가 초록색을 띠면서 단단하고 시들지 않은 것이 좋아요. 냉장고에 오랫동안 보관하면 물렁물렁해지는 등 저온장애를 일으키므로 상온 보관하세요.

 "수입 과일은 피하고 되도록 유기 농산물을 구입하세요."

- **사과** 육질이 단단하고 무거우며 껍질 색이 진하고 상처가 없는 것을 고르세요. 되도록 다른 과일이나 채소와 함께 두지 않는 것이 좋지만, 감자와 키위 또는 바나나, 망고 같은 후숙 과일이 덜 익었을 땐 함께 보관하는 것은 괜찮아요.
- **배** 푸른 기가 돌지 않고 배 고유의 점무늬가 있으며, 껍질이 팽팽하고 묵직한 것을 고르세요. 신문지에 싸서 냉장 보관해요.

- **포도** 줄기가 파랗고 알맹이가 터질듯 탱탱한 것이 싱싱해요. 포도는 위쪽이 달고, 아래쪽으로 내려갈수록 신맛이 강하므로 아랫부분을 먹어보고 고르세요. 표면의 하얀 가루는 당분이 껍질로 새어나와 굳은 것이므로 세정제를 이용해 씻어 먹으면 괜찮아요.
- **수박** 색과 선이 선명하고 두드리면 맑고 높은 소리가 나며 꼭지가 마르지 않은 것이 신선해요. 꽃이 떨어진 부분이 작게 축소되고 지면에 닿았던 부분이 노랗게 된 것이 맛있어요.
- **귤** 껍질이 얇고 단단하며 크기에 비해 무거운 것이 과즙이 많아요. 귤은 잘못 보관하면 썩기 쉬우므로, 소금 물에 1~2분간 넣었다가 보관하면 좋아요.
- **딸기** 꼭지가 마르지 않고 푸른색을 띠는 것이 싱싱해요. 과육 빛깔이 꼭지 부분까지 붉어야 맛있어요. 1주일 이내에 먹도록 하고 보관할 때는 꼭지를 떼지 않은 상태에서 랩을 씌워 냉장고에 넣어요.

육류 "위생성, 안전성을 따져서 유기 축산물을 고르세요."

- **쇠고기** 육질의 붉은색이 선명하고, 지방은 우윳빛일수록 신선해요. 좋은 고기는 살코기 사이에 고깃결이 곱고 지방이 균일하게 섞여 있어요. 냉장 보관 시 2~3일, 냉동 보관 시 1개월 이내에 사용해요.
- **닭고기** 살빛은 분홍색, 껍질은 크림색을 띠는 것이 신선해요. 육질이 부드러워 냉동 보관하면 맛이 떨어지므로 1~2일 이내에 조리하는 것이 좋아요.
- **돼지고기** 쇠고기에 비해 고기 색이 연한 편이며 색깔이 선명하고 살코기가 두꺼운 것, 지방은 백색을 띠고 탄력, 끈기가 있는 것으로 고르세요.

생선류 "비늘과 내장을 깨끗이 손질하세요."

생선은 비늘이나 내장에 오염물질이 농축되어 있으므로 조리 전에 말끔히 제거하는 것이 중요해요. 특히 아기에게 먹일 생선은 껍질을 벗긴 후 살코기 부분만 조리해서 먹여야 해요. 생선 눈알이 맑고 투명하며 살에 탄력이 있는 것, 아가미가 붉은 색을 띠고 속이 가지런한 것, 비린내가 심하지 않은 것이 좋고, 포장 생선의 경우는 물기가 고이지 않아야 신선한 것이에요.

이유식 재료 농약 제거 요령

- **쌀** 쌀은 체에 밭쳐서 흐르는 물에 여러 번 헹군 후 물에 담가 불려요. 쌀을 불린 물은 사용하지 말고 버려야 합니다. 통보리와 함께 밥을 지으면 통보리의 식이섬유가 농약 잔류량 등을 흡착해서 대변으로 배출시켜줘요. 보리를 열로 눌러서 만든 압맥은 효과가 없으므로 소화기능이 떨어지는 아기는 일찍 사용하지 않는 것이 좋아요.

- **콩, 팥** 물에 불린 뒤 반드시 삶아 조리하고 삶은 물은 버려요.

- **달걀** 흐르는 물에 씻은 후 사용해요.

- **양배추** 겉잎을 충분히 떼어낸 후 깨끗이 씻어 조리하세요. 채 썬 것은 찬물에 3분 정도 담가두면 단면에서 남아있는 농약 성분이 녹아 나와요.

- **배추** 겉잎을 한두 겹 떼어낸 후 이파리를 한 장씩 떼어 흐르는 물에 씻어요. 떼어낸 겉잎은 버려요.

- **시금치** 흐르는 물에 5~6분간 담가놓으면 농약 성분이 녹아 나와요. 유기농 제품이나 농약 없이 자란 제철 재료를 고르는 것이 좋아요.

- **콩나물, 숙주나물** 끓는 물에 데칠 때 식초를 약간 넣어요.

- **당근** 잎이 나오는 단면이 작을수록 농약 오염이 덜된 것이에요. 흐르는 물에 여러 번 문질러 씻은 후 껍질을 벗겨요.

- **오이** 물로 깨끗이 씻은 후 소금으로 여러 번 문질러 다시 한 번 헹궈요.

- **고구마** 솔로 껍질을 문질러 씻은 후 헹궈요.

- **아욱, 얼갈이, 근대** 흐르는 물에 3~4분간 여러 번 흔들어 씻어요.

- **깻잎, 상추** 전용 세정제를 푼 물에 2~3분 담갔다가 2장씩 겹쳐 흐르는 물에 5~6회 비비면 농약이 대부분 제거돼요.

- **토마토** 흐르는 물에 30초 정도 문질러 씻은 후 껍질을 벗겨내고 사용해요. 꼭지 반대쪽 껍질에 십자 모양으로 칼집을 내어 끓는 물에 살짝 데치면 껍질이 잘 벗겨져요.

- **바나나** 유통 과정에서 살균제, 보존제를 사용하므로 양 끝 부분을 1㎝ 이상 넉넉히 자르고 사용해요.

- **사과** 흐르는 물에 스펀지 수세미로 문질러 닦은 후 껍질을 벗겨내서 껍질 안쪽, 큐티쿨라층에 남아있는 살충제 성분까지 제거한 다음 사용해요.

- **딸기** 껍질이 없어 다른 과일에 비해 농약 흡수량이 더 많은 재료랍니다. 흐르는 물에 여러 번 씻은 후 소금물에 헹궈 건지고, 꼭지 부분을 특히 신경 써서 씻어요.

- **레몬, 오렌지** 겉껍질이 방부제와 농약 덩어리이므로, 왁스가 발라졌을 경우 소주를 묻혀 왁스를 닦아내고 소금으로 씻은 후 소금과 식초를 넣은 물에 15~20분 정도 담갔다가 다시 식초물에 헹궈 사용해요.

- **포도** 덩어리째 씻는 것보다 작은 송이로 잘라 씻는 게 좋아요. 밀가루나 베이킹 소다를 뿌려 흐르는 물에 씻은 후 식초물에 한 번 더 씻어내고 마지막으로 맑은 물로 헹궈요.

**한 눈에 보는
단계별 이유식 재료**

분류		초기 생후 4~6개월	중기 생후 7~8개월	후기 생후 9~11개월	완료기 생후 12~15개월
곡류	가능 식품	멥쌀, 찹쌀	조, 녹두, 현미가루, 옥수수가루	팥, 대부분의 곡류	율무, 현미를 포함한 대부분의 곡류
곡류	주의 식품	오트밀, 차조, 흑미(생후 5개월 중반 이후)	보리, 수수, 옥수수(알레르기 있으면 중기 이후)	밀가루(알레르기 있으면 후기 이후, 알레르기 없으면 우리밀로 시작)	밀가루(알레르기 있으면 우리밀로 천천히 시작)
채소류	가능 식품	감자, 고구마, 단호박, 브로콜리, 애호박, 양배추, 청경채, 콜리플라워, 비타민, 시금치, 당근, 오이, 완두콩, 배추, 양파	버섯류, 적양배추, 아욱, 쑥, 비트	콩나물, 숙주, 가지, 도라지, 우엉	고사리, 참나물, 쑥갓, 깻잎, 껍질 콩, 무순, 새싹채소, 파, 마늘, 토마토, 냉이, 도라지, 달래, 우거지, 미나리, 파슬리, 토란대, 아스파라거스, 마 등 대부분의 채소
채소류	주의 식품	당근, 시금치, 무, 양파, 배추, 비트(생후 6개월부터) 애호박, 오이(씨, 껍질 버리고 과육만)	연근(갈아서)	피망, 파프리카, 부추(소량만 가능)	도토리, 토마토, 토란대(알레르기가 없으면 가능)
과일류	가능 식품	사과, 배, 바나나, 대추	감, 건포도(흡입 위험이 있으므로 잘게 다져서 사용)	포도(즙만), 멜론, 참외, 자두, 살구	오렌지, 단감, 홍시, 딸기, 레몬, 파인애플, 블루베리, 망고, 아보카도 등 대부분의 과일
과일류	주의 식품	바나나(가운데 부분 사용)	귤, 오렌지(9개월부터), 수박, 멜론(구강 알레르기 있으면 사용 금지)	귤과 오렌지, 복숭아(알레르기 없으면 가능)	귤, 키위, 복숭아(알레르기 주의) 토마토, 딸기(알레르기 있으면 두 돌 이후)
육류	가능 식품	쇠고기(안심), 닭고기(가슴살, 안심)	쇠고기(안심), 닭고기(가슴살, 안심), 쇠고기육수(양지머리), 닭고기육수(다리)	쇠고기(안심), 닭고기(가슴살, 안심)	쇠고기(양지, 우둔살), 닭고기(다리, 닭 봉), 돼지고기(등심, 안심) 등 대부분의 육류(기름기 있는 부위 제거 후 사용)
육류	주의 식품	·	·	·	·
달걀류	가능 식품	·	노른자	노른자	흰자 포함한 전란, 메추리알(알레르기 있으면 두 돌 이후)
달걀류	주의 식품	·	흰자(안 됨)	흰자(안 됨)	

분류		초기 생후 4~6개월	중기 생후 7~8개월	후기 생후 9~11개월	완료기 생후 12~15개월
해산물류	가능 식품	·	대구, 병어, 가자미, 동태 등 흰살생선류	연어, 참치, 도미 등 붉은생선, 미역, 다시마, 파래	고등어, 꽁치, 참치, 삼치, 장어, 뱅어포, 북어포, 오징어, 낙지, 굴, 전복, 소라, 날치알 등
	주의 식품	·	멸치(중기 후반부터 가능, 짠맛 주의), 김(조미되지 않은 것), 미역(가공되지 않은 것, 짠맛 주의)	새우, 게살, 조갯살(알레르기 없으면 가능), 해조류(짠기 빼고 조리)	새우, 게살, 연어, 조개류(알레르기 있으면 주의)
콩류	가능 식품	강낭콩(생후 6개월부터, 껍질 벗겨서 사용)	두부, 대두, 강낭콩	흰콩, 검은콩을 포함한 대부분의 콩, 콩비지(알레르기 없으면 가능)	흰콩, 검은콩을 포함한 대부분의 콩, 껍질 콩, 유부
	주의 식품	완두콩(알레르기가 있는 아기는 생후 5개월 중반 이후, 껍질 벗겨서)	두유(콩 먹을 수 있는 아기라면 가능)	·	·
우유 & 유가공제품류	가능 식품	·	·	아기용 치즈, 플레인 요구르트	생우유(저지방 우유는 두 돌 이후), 생크림
	주의 식품	·	아기용 치즈, 플레인 요구르트(알레르기 없으면 생후 8개월부터)	·	·
견과류 & 유지류	가능 식품	밤, 대추	참깨(생후 8개월부터)	잣(으깨서 사용), 참기름, 올리브오일(소량만)	호박씨, 해바라기씨, 호두, 은행, 아몬드(견과류는 흡입 위험이 있으므로 잘게 으깨서 사용), 버터(소량만)
	주의 식품	·	·	식용유(안 됨)	땅콩(세 돌 이후, 흡입 위험이 있으므로 잘게 으깨서 사용)
기타	가능 식품	·	아기용 과자(무가당 뻥튀기 등)	소면, 떡, 쌀국수	도토리묵, 식빵, 빵가루, 간장, 식초, 무염버터, 생과일주스, 대부분의 면류(메밀은 알레르기 있으면 두 돌 이후)
	주의 식품	·	·	·	된장, 청국장, 카레가루, 천일염 등 양념류(꼭 필요한 경우에 소량)

● 제철 재료 활용하기

제철 음식이 맛도 좋고 몸에도 좋다는 말이 있지요? 제철 음식에는 계절을 건강하게 나는 데 필요한 영양소가 듬뿍 담겨 있기 때문입니다. 맛뿐만 아니라 영양까지 풍부하고, 좋은 상태의 재료를 알뜰하게 구입할 수 있는 제철 재료로 이유식을 만들어주세요.

봄

	3월	4월	5월
채소류	냉이, 두릅, 미나리, 돌나물, 봄동, 쑥, 고사리 우엉, 더덕, 브로콜리, 부추, 취나물, 매실, 머위, 버섯, 쪽파, 마늘종, 열무, 얼갈이배추, 토마토	양배추, 양상추, 죽순, 아스파라거스, 껍질 콩, 완두콩, 상추, 양파, 쑥갓, 머위, 봄동, 쑥, 두릅, 취나물, 돌나물, 마늘종, 고사리, 부추, 토마토	오이, 고구마순, 도라지, 마늘, 애호박, 호박잎, 아욱, 미나리, 양파, 봄동, 완두콩, 양배추, 마늘종, 얼갈이배추, 더덕, 상추, 부추, 죽순, 파, 토마토
과일류	딸기, 한라봉	딸기	매실, 앵두, 딸기
해산물류	갈치, 대구, 명태, 도미, 병어, 임연수어, 조기, 광어, 가자미, 삼치, 새우, 낙지, 주꾸미, 꼬막, 소라, 굴, 모시조개, 바지락, 대합, 피조개, 홍합, 물미역, 파래, 김	참치, 대구, 명태, 참조기, 조기, 병어, 광어, 가자미, 삼치, 새우, 낙지, 전복, 굴, 소라, 키조개, 홍합, 물미역, 파래, 김	오징어, 참치, 장어, 고등어, 암꽃게, 꽁치, 병어, 멸치, 잔 새우, 멍게, 전복, 키조개, 소라, 다슬기

여름

	6월	7월	8월
채소류	감자, 옥수수, 콩, 근대, 셀러리, 시금치, 깻잎, 오이, 양파, 아욱, 애호박, 애호박잎, 부추, 껍질콩, 양배추, 토마토	가지, 고구마, 피망, 노각, 도라지, 감자, 아욱, 깻잎, 부추, 양파, 브로콜리, 양배추, 오이, 옥수수, 근대, 애호박, 콩, 열무	강낭콩, 감자, 고구마, 옥수수, 고구마순, 브로콜리, 양배추, 오이, 근대, 애호박, 깻잎, 양파, 도라지, 가지, 열무
과일류	살구, 참외, 복분자, 매실	복숭아, 수박, 멜론, 자두, 포도, 블루베리, 참외, 복분자	멜론, 포도, 블루베리, 복숭아, 자두, 참외, 복분자, 수박
해산물류	오징어, 참조기, 광어, 삼치, 병어, 민어, 전갱이, 참치, 장어, 소라, 다슬기	갑오징어, 오징어, 광어, 병어, 홍어, 장어, 갈치, 새조개	오징어, 갈치, 장어, 전갱이, 새조개, 성게

	9월	10월	11월
채소류	느타리버섯, 표고버섯, 송이버섯, 토란, 고추, 당근, 늙은 호박, 순무, 감자, 옥수수, 시금치, 오이, 부추, 아욱, 깻잎, 양파, 도라지, 토마토	양송이버섯, 송이버섯, 느타리버섯, 도토리, 무, 팥, 시금치, 고구마, 늙은 호박, 부추, 당근, 순무, 쪽파, 도라지, 고추	콩나물, 숙주, 우엉, 연근, 당근, 무, 파, 배추, 늙은 호박, 브로콜리, 시금치, 부추, 쪽파
과일류	배, 귤, 석류, 대추, 호두, 무화과, 블루베리	사과, 배, 귤, 단감, 모과, 오미자, 은행, 잣, 석류	단감, 사과, 배, 귤, 키위, 대추, 모과, 오미자, 유자, 석류
해산물류	숫꽃게, 장어, 연어, 전어, 참조기, 고등어, 광어, 오징어, 갈치, 대하, 굴, 새조개, 해파리	숫꽃게, 청어, 연어, 삼치, 병어, 가자미, 꽁치, 고등어, 광어, 갈치, 낙지, 대하, 굴, 새조개, 대합, 홍합	갈치, 삼치, 옥돔, 대구, 명태, 연어, 오징어, 문어, 고등어, 광어, 병어, 대하, 굴, 대합, 성게

	12월	1월	2월
채소류	시래기, 산마, 콜리플라워, 무, 배추, 브로콜리, 연근, 당근, 늙은 호박, 시금치, 콩나물, 숙주	우엉, 연근, 콩나물, 숙주, 시금치, 브로콜리, 고구마, 늙은 호박, 당근, 무	냉이, 달래, 참나물, 취나물, 봄동, 고비, 미나리, 쑥, 시금치, 양파, 브로콜리, 순무, 우엉, 연근, 당근, 콩나물, 숙주
과일류	바나나, 사과, 배, 한라봉, 귤, 석류, 유자, 대추	딸기, 한라봉, 귤	딸기, 한라봉, 귤
해산물류	갈치, 삼치, 대구, 명태, 방어, 복어, 넙치, 가자미, 가오리, 문어, 낙지, 광어, 꽃게, 대게, 대하, 굴, 소라, 꼬막, 홍합, 파래, 물미역, 김	명태, 동태, 대구, 광어, 가자미, 갈치, 삼치, 병어, 민어, 아귀, 낙지, 홍합, 해삼, 굴, 물미역, 김	조기, 가자미, 명태, 대구, 광어, 병어, 삼치, 고등어, 낙지, 꼬막, 홍합, 굴, 전복, 청각, 파래, 다시마, 물미역, 김

아기에게 안전한
먹을거리 고르는 법

이유식을 하면서 가장 어려운 점이 무엇이냐는 질문에 '재료의 선택'이라고 답한 엄마들이 많다고 합니다.
몸에 좋은 영양소를 골고루 먹이기 위해 단계에 맞춰 이유식 재료를 고르는 일도 그렇지만,
아기에게 먹여도 되는 안전한 식품을 선별하는 작업도 보통 일이 아니라는 것이죠.
내 아기의 평생 건강을 좌우할 기초를 다지는 때인 만큼 엄마의 선택이 그 어느 때보다 중요합니다.
안전한 먹을거리 고르는 법을 기억해두세요.

1 가까운 곳에서 생산된 유기농 식품을 고르세요

식품의 원산지를 꼼꼼히 확인하세요. 자신이 지금 살고 있는 지역을 기준으로 가까운 곳에서 재배된 유기농 식품을 선택하는 것이 가장 좋습니다. 수확되어 이동하는 시간이 짧아 싱싱할 뿐만 아니라 온실가스 배출도 줄일 수 있어 친환경적입니다. 직거래나 생협(생활협동조합) 등을 통하면 믿고 구입할 수 있으며 지역 경제에도 도움이 됩니다.

2 친환경 농산물 인증 마크를 정확하게 알아두세요

친환경 농산물 인증 제도는 유기 농·축산물, 무농약 농산물, 저농약 농산물, 무항생제 축산물에 인증 마크를 부여하는 것을 말합니다.

- **유기 농산물** 3년 이상 유기 합성 농약은 물론 화학비료를 일절 사용하지 않고 재배한 농산물
- **무농약 농산물** 유기 합성 농약은 일절 사용하지 않고 화학비료를 권장량의 ⅓ 이하로 사용해 재배한 농산물
- **저농약 농산물** 화학비료를 권장량의 ½ 이하로, 농약 살포 횟수는 농약 안전 사용 기준의 ½ 이하로 사용하며, 제초제를 일절 사용하지 않고, 농약 잔류량은 식품의약품안전청장이 고시한 농산물의 농약 잔류 허용 기준의 ½ 이하인 농산물
- **유기 축산물** 항생제, 합성항균제, 호르몬제가 포함되지 않은 유기 사료로 사육한 축산물
- **무항생제 축산물** 항생제, 합성항균제, 호르몬제가 포함되지 않은 무항생제 사료로 사육한 축산물

유기 가공식품은 농림수산식품부가 지정한 인증기관에서 유기 가공식품임을 인증하여, 유기 표시의 신뢰도를 높이고 부정 유통으로부터 소비자를 보호해줍니다. 우유, 치즈, 빵, 햄 등에 인증 마크를 부여합니다. 수입 유기 가공식품과 수입 원료를 국내에서 가공한 가공식품도 인증 대상입니다.

- **유기농 원료 95% 이상 사용** 제품명에 '유기', '유기농', '유기농 가공식품' 등으로 표기 가능
- **유기농 원료 70% 이상 95% 미만 사용** 용기와 포장에 '유기' 또는 그와 유사한 표기 가능

수입 유기 농산물의 경우 원산지에서 인증을 받았더라도 국내 인증기관에서 재인증받아야 해요. 꼭 국내 인증 마크를 확인하세요.

- **ECOCERT** 유럽연합 EU 법률에 근거한 유기농 품질 관리 규정에 따라 농산물과 그 가공식품이 유기농 규정을 준수하는지 심사, 인증하는 민간 기관의 인증 마크. 공식적으로 연 1회 생산지를 직접 방문하고, 비공식적으로 수시로 방문해 검사를 하며 한번 인증하면 12~18개월간 효력이 유지됩니다. 
- **USDA** 미국 농무부가 인증하는 유기농 인증 마크. 최소 95% 이상 유기농이어야 인증 받을 수 있으며 3년 전부터 제초제, 비료, 살충제를 사용하지 않고 순수 천연 원료로 만든 식품, 관련 제품을 대상으로 인증 부여합니다. 
- **COSMEBIO** 프랑스의 자연, 유기농 화장품 기관. 인증을 받기 위해서는 최소 95% 이상의 자연 재료 또는 자연에서 추출한 원료를 사용해야 합니다. 96% 이상의 식물성 원료가 반드시 유기농 재배를 통해 생산된 것이어야 하고 제품 인증과 제품 생산의 모든 과정에 대한 통제는 에코서트ECOCERT에서 맡고 있습니다. 

생협(생활협동조합)이란?

믿을 수 있는 먹을거리를 소비자와 생산자를 직접 연결하는 직거래 방식으로 판매해요. △지구를 살리는 소비 △안전한 식품, 친환경 유기 농산물, 공정 무역 이용 △우리 농업과 농민, 서민 살리기 등 '윤리적 소비'를 모토로 하고 있어요. 제품 구매는 조합원 또는 일반회원 가입 후 온·오프라인 매장에서 이용 가능하며 출자금을 낸 조합원의 경우 할인된 가격에 제품을 살 수 있어요. 출자금, 월회원비, 배송료 등이 다양하므로 비교해보고 선택하세요. 한살림, 아이쿱iCOOP, 두레, 민우회 등이 대표적입니다.

유기 농산물, 못생겨도 맛과 영양은 듬뿍!

- **잎이 거칠고 모양이 고르지 않다** 대개 유기 농산물은 퇴비의 영향으로 일반 농산물에 비해 모양이 고르지 않아요. 모든 농산물이 그런 것은 아니지만 색이 지나치게 진하지 않고 윤기가 덜 나요.
- **맛과 향이 뛰어나다** 유기 농산물은 일반 농산물에 비해 맛이 매우 좋아요. 단맛이 더 많이 나고, 특유의 맛이 제대로 살아있으며 향도 훨씬 진해요. 부추나 오이, 토마토 등 향이 나는 농산물은 향을 맡아보고 고르면 좋아요.
- **뿌리가 굵고 잔뿌리가 많다** 유기농으로 재배된 채소는 뿌리가 길고 굵으며 잔뿌리가 많고 뿌리에는 흙이 많이 묻어 있어요. 일반 농산물은 뿌리가 많지 않고, 흙이 묻어 있지 않으며 깨끗해요.

인증 정보, 이곳에서 확인할 수 있어요

국립농산물품질관리원에서 운영하는 우수식품정보시스템 홈페이지(www.goodfood.go.kr)를 이용하세요. 농산물의 유기 인증 여부와 첨가물의 유기 함량 비율, 생산업체, 제품명과 일련번호, 인증기관, 성분과 함량 등 인증 제품에 대한 모든 정보를 공개하고 있어 소비자가 직접 확인할 수 있어요.

이유식 조리법 익혀두기

아무래도 요리 경험이 적은 첫 아기 엄마에게는 이유식 만들기가 어렵게 생각될 수 있어요. 하지만 미리 겁먹을 필요는 없답니다. 죽쑤기, 국물 내기, 갈기, 으깨기, 다지기 등 이유식에 자주 사용되는 조리법 몇 가지만 익혀두면 누구나 쉽게 이유식을 만들 수 있어요.

이유식 조리 원칙 10

1 조리 전, 반드시 손을 씻으세요

아기는 면역력이 약하고 장이 튼튼하지 못해 세균에 감염되거나 배탈이 나기 쉬워요. 조리 전, 반드시 세정제로 손을 깨끗이 씻으세요.

2 조리 도구는 어른 것과 구분하고 자주 소독하세요

이유식 조리 도구는 가족들 음식을 만들 때 사용하는 것들과 분리해서 사용하세요. 이유식을 만든 후 바로 세제로 씻어 깨끗이 헹구어 보관하고 1주일에 한 번 정도는 열탕소독하세요.

3 칼과 도마는 2개 이상 준비하세요

고기나 생선을 자를 때 사용하는 도마와 채소, 과일을 써는 도마는 따로 사용해야 세균 번식을 막을 수 있어요. 도마가 한 개밖에 없을 때는 비닐 랩을 깔고 손질한 뒤 걷어내는 것도 방법입니다. 고기나 생선을 손질한 후 바로 세제로 깨끗이 닦아낸 후, 항상 바짝 말려 보관하세요.

4 제철 재료를 사용하세요

제철 재료는 맛과 영양이 풍부하고 가격도 저렴합니다. 과일, 채소 등은 우리 땅에서 나는 것으로 구입해 깨끗이 씻어 사용하면 농약 걱정을 덜 수 있어요. 과일, 채소 전용 세제를 사용해도 좋아요.

5 채소는 구입해서 바로 조리하세요

이유식량이 적다고 해서 냉장고에 남아있는 자투리 재료로 이유식을 만들지 말고 신선한 재료를 구입해 그날 조리해 바로 먹이세요. 남은 재료는 끓여 육수를 내거나 어른 반찬으로 활용하세요. 만약 보관해야 한다면 삶거나 데치는 것이 좋아요.

6 한 번에 하루 이틀 분량만 만드세요

특히 이유식 초기는 양이 워낙 적어 매번 만들기 번거롭습니다. 그렇다고 한꺼번에 너무 많이 만들지 마세요. 냉동 보관을 해도 오래 두면 세균이 번식하므로 하루, 많아야 이틀 분량만 만들어 바로 냉장고에 보관하세요.

7 남은 음식은 반드시 뚜껑을 덮어 냉장고에 넣으세요

바로 먹일 것이 아니라면 한 김 식힌 후에 반드시 뚜껑을 덮어 냉장고에 넣으세요. 뚜껑도 덮지 않고 실온에 두거나 냉장고에 넣는 것은 좋지 않습니다. 세균 번식이 빨라져 음식이 상하기 쉬워요.

8 오래 보관할 식품은 나누어서 두세요

모든 재료는 손질한 후 한 번에 사용할 분량씩 나누어 보관하는 게 좋습니다. 잎채소는 삶아서 용도에 맞게 썰어 1회분씩 나누어 냉장 보관하거나 이틀 이상 둘 것은 냉동 보관하세요.

9 해동한 재료는 그날 안으로 사용하세요

냉동제품은 해동과 냉동을 반복하는 과정에서 세균이 급속도로 늘어납니다. 따라서 냉동할 때는 처음부터 1회분씩 나누어 보관하고, 해동한 재료가 남았다면 냉장고에 넣거나 조리해서 음식 형태로 보관하세요. 특히 해동한 고기는 냉장고에 2일 이상 두지 마세요.

10 맛본 숟가락을 그대로 사용하지 마세요

이유식을 만들면서 맛본 숟가락으로 다시 이유식을 만들 경우 음식이 쉽게 상하는 원인이 될뿐만 아니라 세균이 옮아 질병에 걸리기 쉬워요.

죽쑤기

이유식의 가장 기본이 되는 조리법입니다. 기본 죽 끓이는 법을 알아두면 어떤 죽이라도 문제없습니다. 이유식 시기에 따라 쌀알의 굵기, 물의 양을 조절해 아기에게 알맞은 죽 만드는 법을 소개합니다.

쌀로 끓이기

1 쌀은 흐르는 물에 씻은 후 찬물에 30분~1시간 정도 불린다.

TIP 이유식에 사용하는 양이 적으므로 가족들 밥할 때 조금 덜어두었다가 사용하거나 2일 분량을 불려서 물기를 뺀 뒤 밀폐용기에 담아 냉장고에 보관하세요.

2 불린 쌀을 절구 또는 핸드 블렌더에 넣고 아기 월령에 맞춰 알맞은 크기로 간다.

3 냄비에 2의 쌀가루를 넣고 쌀의 양을 기준으로 원하는 죽의 농도에 맞게 물을 부어 끓인다.

TIP 냄비가 끓어 넘치지 않게 주의해가며 중간 중간 죽이 바닥에 눌어붙지 않게 주걱으로 저어주세요.

4 끓기 시작하면 약한 불로 줄여 초기에 먹는 10배죽은 50분, 중기와 후기에 먹는 7~5배죽은 30분 정도 뭉근히 끓인다.

밥으로 끓이기

1 냄비에 밥을 넣고 끓인다.

TIP 밥으로 끓일 때는 물의 양을 쌀로 끓일 때의 절반 정도만 부어 끓이세요. 단, 불의 세기에 따라 조금씩 차이가 있으므로 끓이면서 물의 양을 조절하세요.

2 한소끔 끓으면 약한 불로 줄이고 밥알이 부드럽게 퍼질 때 까지 한소끔 더 끓인 후 이유식 시기에 맞춰 밥을 알맞게 으깨거나 체에 거른다.

단계별 죽 농도 맞추기

초기	중기	후기	완료기
생후 4~6개월	생후 7~8개월	생후 9~11개월	생후 12~15개월
미음 또는 10~8배죽	7~5배죽	4~2배죽 , 무른밥	진밥
불린 쌀 : 물 = 1 : 10~8	불린 쌀 : 물 = 1 : 7	불린 쌀 : 물 = 1 : 4~2	불린 쌀 : 물 = 1 : 2
불린 쌀은 곱게 간다.	불린 쌀은 반쯤 으깨지게 간다.	불린 쌀은 통째로 또는 살짝만 갈아서 조리한다.	불린 쌀은 갈지 않고 그대로 조리한다.

이유식 후기가 되면 갈고 으깨는 방법보다는 주로 써는 조리법을 사용해요. 먼저 재료를 깨끗이 손질해 적당한 굵기로 채 썰거나 막대 모양으로 썬 뒤 크기에 따라 깍둑 썰거나 작게 또는 곱게 다집니다.

막대 썰기 3~4㎝ 길이로 잘라 0.5㎝ 폭으로 썬다.

채 썰기 재료를 3~4㎝ 길이로 토막 내 길이로 얇게 썬 후 가지런히 놓고 가늘게 채 썬다.

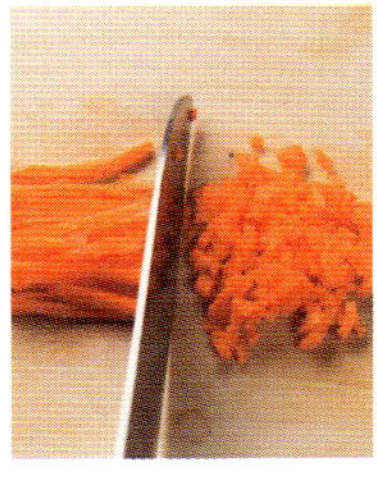

작게 썰기 채 썬 재료를 가지런히 모아 작게 썬다.

다지기 작게 썬 재료보다 입자를 좀 더 작게 다진다.

TIP 다질 때는 한쪽 손으로 칼끝의 등을 눌러 고정시키고 나머지 손으로 칼 손잡이를 잡은 다음 상하로 움직이면서 좌우로 이동하며 썰면 편해요. 고기를 다질 때도 채 썬 다음 잘게 썰듯이 다지세요.

갈기

이유식 초기에 주로 사용하는 조리법으로 단단한 재료는 미리 갈아서 조리하면 쉽게 익힐 수 있습니다.

강판에 갈기 과일이나 당근, 무, 감자 등을 갈 때는 강판이 편리합니다.

핸드 블렌더로 갈기 많은 양을 갈 때, 물기 있는 재료를 갈 때, 여러 가지 재료를 갈고 섞을 때는 블렌더가 편리합니다.

TIP 다시마나 멸치, 표고버섯 같은 재료들을 말렸다가 갈 때는 분쇄기를 사용하면 좀 더 곱게 갈 수 있어요.

절구로 갈기 대충 갈거나 으깨면 되는 웬만한 재료는 모두 가능하며, 불린 쌀을 으깰 때도 요긴하게 쓸 수 있습니다. 이유식 전용으로 조그만 것을 마련하면 좋아요.

이유식 초기에 주르륵 흐르는 유동식을 만들 때 주로 사용됩니다. 고운체나 면보, 즙 짜는 도구 등을 이용합니다.

체에 거르기 묽게 쑨 죽을 체에 거르면 고운 미음을 만들 수 있고 삶은 감자나 고구마 등을 푹 삶아 체에 넣어 내리면 알맹이 없이 아주 곱게 으깰 수 있어요.

즙 짜기 오렌지, 귤 등의 즙을 잘 때는 이유식 조리기 세트에 들어있는 즙 짜개를 이용하면 편리합니다.

으깨기

이유식 초기와 중기에 많이 사용합니다. 매셔, 나무주걱, 큰 포크, 칼 면 등을 이용해 으깨요.

칼 두부는 도마에 놓고 칼 면으로 누르면 잘 으깨집니다. 적은 양일 때는 작게 잘라 그릇에 담고 직접 숟가락으로 으깨도 좋아요.

숟가락, 포크 바나나, 푹 삶은 감자, 고구마 등 부드러운 재료를 으깰 때는 그릇에 담고 숟가락이나 포크를 이용하면 편리합니다.

데치기

이유식 초기와 중기에 넣는 부드러운 채소를 미리 익힐 때 주로 사용합니다. 시금치, 브로콜리, 양배추 등을 깨끗이 손질해 끓는 물에 30초 정도 데칩니다.

이유식 초기와 중기에 육류나 단단한 채소류를 미리 익힐 때 사용하는 조리법입니다. 재료의 단단한 정도에 따라 방법과 시간을 달리합니다.

육류, 생선 쇠고기, 닭고기는 먼저 기름기, 힘줄을 제거한 뒤 찬물에 담가 핏물을 뺍니다. 손질한 고기는 끓는 물에 넣어 삶은 후 다져서 이유식에 넣어요. 생선은 껍질과 가시를 꼼꼼하게 제거한 다음 끓는 물에 삶아 사용해요.

단단한 채소 당근, 감자, 무 등 단단한 채소를 익힐 때 좋아요.

고기나 채소 등을 푹 끓여 만든 육수는 이유식에 맛을 더해줍니다. 단, 육수을 사용할 때는 농도가 너무 진하지 않고 묽게 끓여야 합니다.

쇠고기육수   생후 6개월부터

재료 쇠고기 양지머리(또는 아롱사태) 100g, 물 3~4컵

1 손질한 쇠고기를 적당한 크기로 썰어 흐르는 물에 씻는다.

2 끓는 물에 쇠고기를 넣어 살짝 익으면 물을 따라내고 냄비와 고기를 다시 씻는다.

3 냄비에 준비해둔 물 3~4컵을 붓고 고기를 넣어 1시간 정도 끓인다. 끓으면서 생긴 거품과 불순물은 말끔히 걷어낸다.

4 육수를 식힌 후에 냉장고에 넣으면 표면에 응고된 기름이 생기는데, 이 덩어리를 걷어내면 기름기 없이 구수한 육수가 된다.

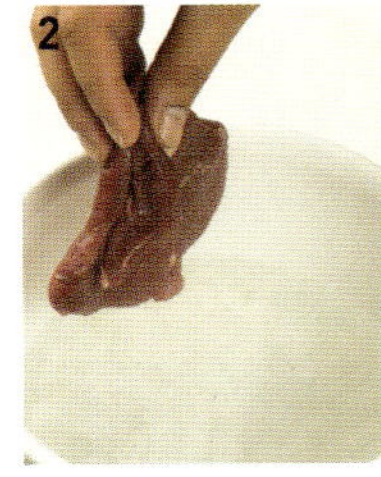

TIP 중기부터는 고기 누린내를 없애기 위해 파나 양파 등을 함께 넣고 끓여도 좋아요.

북어육수   생후 7개월부터

재료 북어포 40g, 콩나물 30g, 물 4컵

1 북어와 콩나물은 깨끗이 손질해 물에 씻는다.

2 냄비에 손질한 북어와 물 4컵을 넣고 끓인다.

3 한소끔 끓여 노란 물이 우러나오면 콩나물을 넣고 30분 정도 뭉근히 끓인다.

TIP 콩나물은 뚜껑을 열고 끓이면 비린내가 나므로 주의하세요.

4 고운체에 걸러 맑은 육수만 걸러내 식힌다.

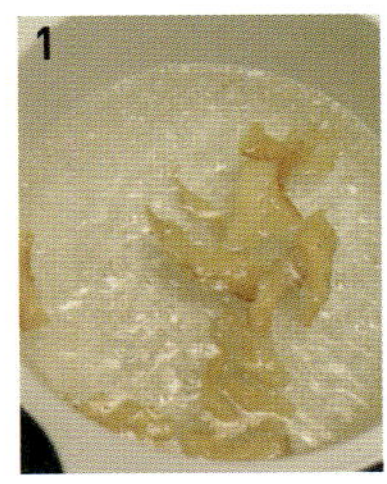

닭고기육수 〉 생후 6개월부터

재료 닭다리 1개(또는 닭가슴살 100g), 물 3~4컵

1 닭다리는 흐르는 물에 씻어 껍질
을 벗기고 노란 기름을 제거한다.

2 냄비에 닭다리와 물 3~4컵을 붓
고 센 불에서 끓인다. 물이 끓으
면 약한 불로 줄여 1시간 정도 뭉
근히 끓인다. 끓으면서 생긴 거품
과 불순물은 말끔히 걷어낸다.

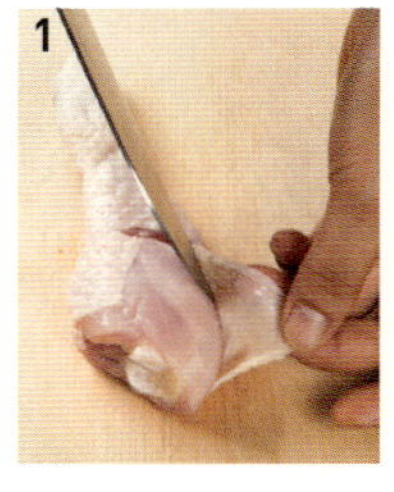

3 육수가 뽀얗게 우러나면 불을 끄고 한 김 식힌 후 냉장고에 넣어 식힌 뒤 표면에 굳은 기름을 걷어낸다.

채소육수 〉 생후 7개월부터

재료 무 30g, 당근 20g, 애호박 20g, 양파 20g, 파 10g, 표고버섯 20g, 물 6컵

1 무, 당근, 애호박, 양파, 파는 손질해 깨끗이 씻은 후 적당한 크기로 자른다.

2 표고버섯은 흐르는 물에 씻은 후 행주로 닦아낸다.

3 냄비에 손질한 채소들과 준비해둔 물 6컵을 넣고 센 불에서 끓인다.

4 물이 끓어오르면 약한 불로 줄여서 1시간 정도 뭉근히 끓인다.

5 고운체에 걸러 맑은 육수만 걸러내 식힌다.

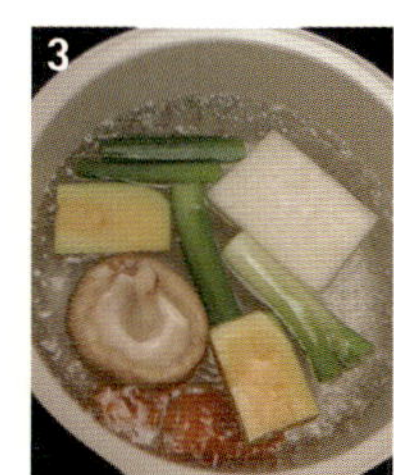

TIP 표고버섯 알레르기가 있는 아기라면 표고버섯은 빼고 육수를 내세요.

다시마육수 〉 생후 8개월부터

재료 다시마 2장(사방 5x5cm), 물 4컵

1 다시마는 알맞은 크기로 잘라 물로 깨끗이 씻어 짠맛을 뺀다.

2 냄비에 다시마와 물 4컵을 붓고 30분쯤 불린다.

3 약한 불에 올려 끓기 시작하면 거품을 걷어낸 후 불을 끈다.

4 고운 면보를 깐 체에 부어 맑은 육수만 걸러낸다. 식은 후에 냉장 또는 냉동 보관한다.

TIP 다시마는 짠 맛이 강한 편이라 되도록 초기 이유식에는 사용하지 말고 중기 이유식 이후에 농도가 연한 육수를 만들어 사용
하는 게 좋아요.

재료 멸치 10마리(육수용), 물 6컵

1 멸치는 머리를 떼고 내장을 발라낸다.

2 손질한 멸치를 체에 담고 끓는 물에 두세 번 끼얹어 비린
내와 짠맛을 없앤다.

3 냄비에 손질한 멸치와 물을 넣고 5분 정도 끓인다. 끓이
면서 생기는 거품은 말끔히 걷어낸다.

4 체에 고운 면보를 깔고 부어 맑은 육수만 걸러내 식힌다.

TIP 멸치는 짠맛이 강하고 알레르기를 일으키기 쉬워 돌 이전에는 사용하지 않는 게 좋아요. 사용할 때는 진하지 않게 살짝 끓
여서 사용해요.

나들이 이유식 챙기는 요령

하루 외출 이유식을 냉동해서 가져가면 자연 해동되는 과정에서 변질될 우려가 있으므로 주의하세
요. 외출시간이 짧다면 밀폐용기에 담아갈 수 있지만 4시간 이상 외출 시에는 냉동한 것을 중탕시켜
먹이는 게 더 나아요.

- **이유식 초기** 작은 보온병(60~70℃, 6시간 유지)에 한 번 먹을 양(30~80g)만 담아가세요. 아기가 입
을 댄 이유식은 변질되기 쉬우니 남았을 때는 그냥 버리세요.

- **이유식 중기** 하루에 한 번 먹는 아기는 작은 보온병 1개에, 하루에 두 번 먹는 아기라면 2개에 나누
어 담아가세요. 생후 8개월 이상인 아기라면 감자나 고구마 등 간식류를 가지고 가도 좋아요.

- **이유식 후기 이후** 볶음밥을 준비하는 게 간단해서 좋아요. 간식으로 과일과 단호박, 달걀, 고구마,
감자를 삶아 먹이고 돌이 지난 아기라면 두유, 우유 등의 유제품을 함께 먹여도 좋아요.

장기 외출 장기 여행 시에는 여러 가지 식단을 아기에게 먹이는 게 어려우므로 1~2가지 식단을 짜
서 재료별로 담아가요.

- **쌀** 주로 미음을 먹는 이유식 초기에는 물에 불려 물기를 빼고 절구나 핸드 블렌더에 갈아 밀폐 비닐
팩 등에 넣어 잘 밀봉한 후 냉동 보관하여 사용하세요. 날씨가 더운 여름에는 준비한 쌀가루가 변질
될 수 있는데 이럴 때는 밥을 끓여서 만든 물을 먹이는 것도 방법이에요. 이유식 중기나 후기에는 밥
을 불려서 사용하면 됩니다.

- **단백질 식품** 쇠고기는 먹일 양만큼 잘게 다져서 냉동 보관하고, 생선은 냉동 포를 사용하세요. 두
부나 닭고기는 상하기 쉬우므로 가급적 피하세요.

- **채소, 과일** 과일이나 채소는 단백질 식품보다 변질 우려가 적어요. 감자, 고구마, 단호박은 삶은 후
으깨서 냉동 보관하고, 브로콜리는 끓는 물에 살짝 데친 후 냉동 보관해서 사용하세요. 그 밖의 채
소는 깨끗하게 손질해 한 번 끓일 분량씩 냉동 보관하여 사용하세요.

● 단계별 이유식 농도 맞추기

	초기 생후 4~6개월	중기 생후 7~8개월	후기 생후 9~11개월	완료기 생후 12~15개월
쌀	10~8배죽 주르륵 흐르는 미음 상태	8~5배죽 덩어리가 조금 있고 뚝뚝 떨어지는 상태	5~3배죽, 무른밥 쌀알이 보이면서 아기가 잇몸으로 으깰 정도의 상태	진밥 물기 많은 질척한 진밥 상태
감자 고구마 단호박	푹 삶아서 곱게 으깨기	푹 삶아서 0.3cm로 다지기	푹 삶아서 0.5cm로 다지기	푹 삶아서 0.7~1cm로 썰기
양배추	잎 부분만 데쳐서 곱게 다지기	잎 부분만 데쳐서 0.3cm로 다지기	잎 부분만 데쳐서 0.5cm로 다지기	잎 부분만 데쳐서 0.7~1cm로 썰기
브로콜리	꽃송이 부분만 데쳐서 곱게 다지기	꽃송이 부분만 데쳐서 0.3cm로 다지기	꽃송이 부분만 데쳐서 0.5cm로 다지기	꽃송이 부분만 데쳐서 0.7~1cm로 썰기
사과	껍질을 벗기고 강판에 곱게 갈기	껍질을 벗기고 강판에 곱게 갈거나 0.3cm로 다지기	껍질을 벗기고 0.5cm로 다지기	껍질을 벗기고 0.7~1cm로 썰기
시금치 (잎 채소류)	잎 부분만 데쳐서 곱게 다지기	잎 부분만 데쳐서 0.3cm로 다지기	잎 부분만 데쳐서 0.5cm로 다지기	잎 부분만 데쳐서 0.7~1cm로 썰기

	초기 생후 4~6개월	중기 생후 7~8개월	후기 생후 9~11개월	완료기 생후 12~15개월
당근	푹 삶아서 곱게 으깨기	푹 삶아서 0.3cm로 다지기	푹 삶아서 0.5cm로 다지기	푹 삶아서 0.7~1cm로 썰기
쇠고기 닭고기	푹 삶아서 다진 후 체에 내리거나 육수로 만들기	푹 삶아서 0.3cm로 다지기	푹 삶아서 0.5cm로 다지기	푹 삶아서 0.7~1cm로 썰기
흰살 생선		푹 쪄서 가시는 발라내고 곱게 다지기	푹 쪄서 가시는 발라내고 0.5cm로 다지기	푹 쪄서 가시는 발라내고 0.7~1cm로 썰기
두부		끓는 물에 데쳐서 으깨기	끓는 물에 데쳐서 살짝 으깨기	끓는 물에 데쳐서 0.7~1cm로 썰기
콩류	푹 삶아서 껍질 벗기고 곱게 으깨기	푹 삶아서 껍질 벗기고 0.3cm로 다지기	푹 삶아서 껍질 벗기고 거칠게 으깨기	푹 삶아서 껍질 벗기고 거칠게 으깨거나 반 가르기

● 이유식 단골 재료, 손쉽게 계량하기

이유식은 만드는 양이 매우 적어서 재료를 계량하기가 까다롭고, 일일이 저울에 달기에는 번거로울 수 있어요. 자주 사용하는 몇 가지 재료들은 계량스푼을 이용해 계량하는 방법을 알아두면 편리해요.

불린 쌀 10g

감자(고구마, 단호박) 10g

양배추 10g

브로콜리 10g

시금치 10g

애호박 10g

당근 10g

두부 10g

닭고기 10g

흰살생선 10g

쇠고기 10g

보통 계량스푼에 수북하게 담으면 15g, 살짝 모자르게 담으면 10g입니다.
밥숟가락을 이용할 때는 수북하게 담으면 10g이니 참고하세요.

편리한 이유식 조리도구 고르기

재료를 준비할 때

- **칼&도마** 칼과 도마 모두 육류 · 생선용과 채소 · 과일용 두 가지로 구분해 사용하세요. 사용 후에는 뜨거운 물에 살균 처리해 물기 없이 바짝 말려 보관해야 해요.

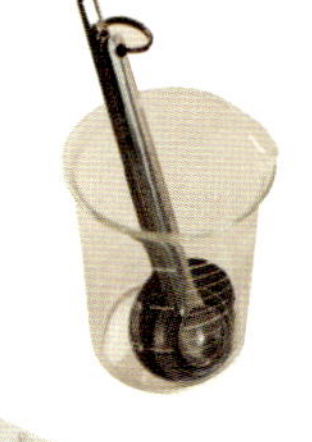

- **가위&필러** 가위는 채소 잎을 손질할 때, 조리한 음식을 작게 자를 때 두루두루 쓰여요. 필러는 감자나 단호박, 당근 껍질을 벗길 때 사용하면 편리해요.

- **이유식 조리기 세트** 체, 분말기, 강판, 과즙기가 세트로 구성되어 있어 유용해요.

- **저울&계량컵&계량스푼** 한번 마련하면 나중에 빵, 쿠키 등을 만들 때 요긴하게 쓰여요. 저울은 전자저울이 사용하기 편해요.

- **체** 이유식 초기에 요긴하게 쓰여요. 재료를 삶아서 곱게 만들 때, 육수를 거를 때 사용해요.

- **면보** 두부 물기를 짜거나 육수를 체에 거를 때, 떡을 찔 때 유용하게 사용할 수 있어요.

- **매셔** 고구마나 감자처럼 단단한 채소를 삶아 으깰 때 필요해요.

- **채소, 과일 세정제** 채소나 과일 등을 세척할 때 사용하면 혹

음식을 만들 때

- **냄비&팬** 1ℓ 정도의 편수 냄비가 적당해요. 바닥이 두꺼운 스테인리스나 강화유리 냄비가 좋아요. 도자기나 뚝배기 냄비는 설거지할 때 세제가 스며들어요.

- **조리용 스푼&주걱** 쇠나 나무로 된 것보다 실리콘 재질이 위생적이고 안전해요.

- **거품기** 죽을 끓일 때 사용하면 덩어리지지 않아서 편리해요.

- **깔때기** 고기나 채소 등으로 육수을 낸 후 보관용기에 담을 때 유용해요.

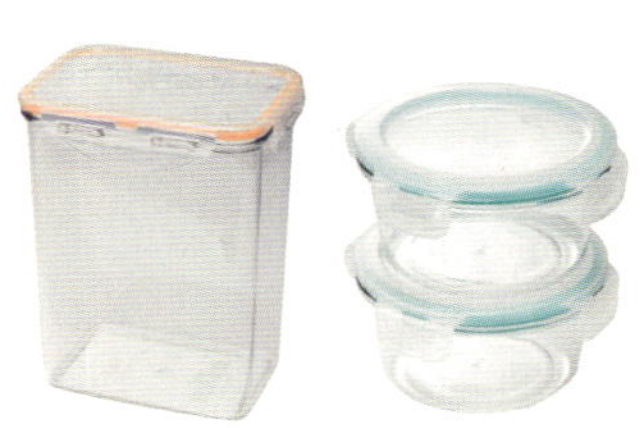

- **이유식 재료 보관용기** 재료명, 보관 날짜, 용량을 적을 수 있는 것으로 1회분씩 담아 보관할 수 있는 용기가 편리해요.

- **육수 보관용기** 유리병에 담아 보관하고 필요할 때 덜어서 사용해요.

- **이유식 보관용기** 1회분씩 보관할 수 있는 것으로 고르세요. 얼릴 수 있는 재질이 좋아요.

- **밀폐 비닐팩** 크기 별로 준비해 1회분씩 손질한 채소, 육류, 생선 등을 담아 냉장, 냉동 보관하면 편리해요.

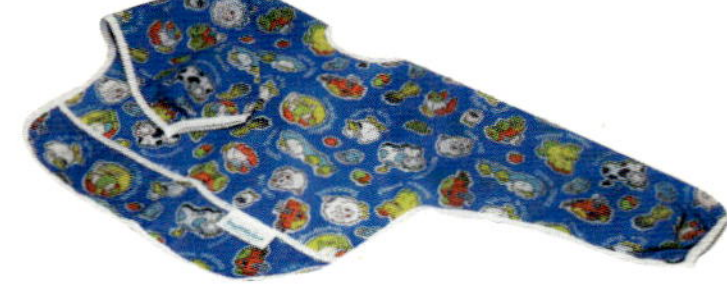

- **이유 식기** 도자기나 스테인리스 재질로 된 것이 안전해요. 단, 겉면까지 스테인리스로 되어있는 식기는 열전도율이 높으므로 이유식을 담을 때 주의하세요.

- **숟가락, 포크** 단계에 맞춰 아기 입에 맞는 것으로 바꿔가며 사용하세요. 초기에는 아기가 빨고 씹기도 하므로 실리콘 재질의 부드러운 것을 고르세요.

- **컵** 아기에게 물, 주스 등을 먹일 때 필요해요. 양손잡이형, 빨대형, 일반 컵 등 단계에 맞춰 사용해요.

- **턱받이** 방수천, 부드러운 고무, 플라스틱, 실리콘으로 된 제품이 세탁 등 사용하기 편리해요. 아기 목에 너무 끼지 않고, 무겁지 않은 것으로 고르세요.

- **식탁의자** 정해진 자리에서 먹는 식습관을 길러주는 데 큰 도움이 돼요. 가드와 벨트, 높이 조절 여부를 확인하고, 식판 분리가 되는 것을 골라 나중에 식탁에서도 함께 먹을 수 있게 하세요.

- **필립스 아벤트 이유식 마스터** 찜기와 블렌더가 하나로 되어 있어 이유식 재료를 한 번에 찌고 갈 수 있어 편리해요. 콤팩트한 디자인으로 공간 활용성이 좋아요. 물탱크 세척이 까다로운 편이에요.
- **치코 스팀 이유식 마스터** 찜기와 블렌더가 하나로 되어 있으며 스팀 요리 후 칼날을 끼워 사용할 수 있어요. 특수 칼날이 블렌딩 할 때 공기방울 생성을 줄여 아기의 배앓이를 방지해줍니다.
- **베이비무브 베베델리스 이유식 마스터** 스팀조리 후 믹서 용기로 음식을 옮겨 담아야 해요. 개방형 물탱크로 관리가 편리한 편으로 보틀 워머, 젖병 소독, 아기 밥 짓기, 음식물 데우기, 해동 등 다용도로 사용할 수 있어요. 비교적 가격이 저렴한 편이에요.
- **알파 비비로봇 이유식 마스터** 찜기와 블렌더가 하나로 되어 있어 편리할 뿐 아니라, 젖병 소독, 해동, 진공보관 기능까지 두루 갖추고 있어요. 물탱크를 포함한 모든 부분의 세척이 가능한 것도 장점이에요.
- **베아바 베이비쿡 이유식 마스터** 스팀조리 후 믹서 용기로 음식을 옮겨 담아야 해요. 물탱크 스팀주 입구를 넓혀 청소가 용이한 편이며 음식물 데우기, 해동 기능이 있어요.

바쁜 엄마를 위한
대한민국 대표 배달 이유식 업체

부득이하게 엄마가 직접 아기에게 이유식을 만들어줄 수 없을 때는 배달 이유식도 차선책이 됩니다.
물론 아기 발달에 맞춰 맛과 영양, 위생까지 생각해서 깐깐하게 선택해야겠지요.
우리나라 대표 배달 이유식 업체들을 비교 분석해봅니다.

베베쿡
www.bebecook.com

2000년부터 이유식을 만들어 냉장 배달해온 원조기업이에요. 아기 월령에 따른 발육 상태와 이유식 시작시기 등을 고려해 총 6단계로 구성한 식단 프로그램을 운영하고 있어요. 이유식 상담을 담당하는 영양사가 따로 있어 단계 상담 후 아기에게 맞는 이유식을 선택할 수 있습니다. 친환경 농산물과 국산 육류만을 사용하며 환경호르몬이 검출되지 않고, 125℃의 고온에서도 견디는 특수가공 처리용기에 담아 배달하고 있어요.

가격(주 6일 배송) 초기(5~6개월) 20,400~39,600원 / 중기(7~8개월) 45,600원 / 후기(9~11개월) 48,600~64,800원 /
완료기(12개월 전후) 66,600원

풀무원 베이비밀
www.babymeal.co.kr

2010년 1월부터 서비스를 시작했으며 사람 손을 최소화하기 위해 기계자동화를 최대화하고 있어요. 선주문, 후생산 원칙에 따라 당일 만든 이유식을 각 가정까지 매일 냉장 배송해요. 유기농 곡류, 국내산 채소, 무항생제 육류 등을 사용하고 소금, 설탕을 전혀 사용하지 않고 천연 재료를 사용해 우려낸 채소상탕(채소육수)도 특징이에요. 주문 후 1:1 맞춤 영양관리 서비스를 신청하면 식품영양학을 전공한 전문컨설턴트인 베이비밀(영양사)이 가정을 직접 방문, 아기의 영양, 성장에 관한 컨설팅을 해줘요.

가격(주 6일 배송) 초기(5~6개월) 24,000원 / 중기(7~8개월) 55,200원 / 후기(9~12개월) 57,600~81,000원 /
완료기(12~13개월) 63,600원

푸드케어시스템
www.eusik.com

아기 월령에 맞는 성장발달, 성향에 따라 영양사가 설계해서 제공하는 고객 맞춤형 이유식 업체예요. 플라스틱에 비해 작업 공정이 까다롭고 여러 공정을 거쳐야 하지만 아기의 안전을 위해 국내 유일하게 유리병에 담아 배달해줘요. 첨가물, 조미료 없이 천연 재료의 맛을 내기 위해 버섯육수, 채소육수 등을 만들어 사용해요. 6단계 이유식 프로그램 외에도 알레르기가 있는 아기를 위한 제한식, 소아빈혈이 있는 아기를 위한 철분식도 제공해요.

가격(주 6일 배송) 초기(5~6개월) 21,000~24,600원 / 중기(7~8개월) 43,800원 / 후기(9~11개월) 47,400~61,800원 / 완료기(12개월 전후) 63,600원

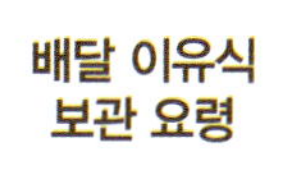

100% 수작업으로 만드는 엄마표 이유식이에요. 새벽 6시 식자재 검수를 시작으로 일일이 제도해 당일 배송해요. 아기 성장 단계에 따라 6단계로 나누어 시기별로 필요한 50여 가지 이유식을 제공하고 있어요. 오프라인 매장 겸 작업장을 방문해 위생 상태를 확인하고 제품을 신청, 구매할 수 있도록 해 엄마들의 만족도가 높은 편입니다.

가격(개당 주문) 초기(4~6개월) 2,000원 / 중기(7~8개월) 2,300~2,4000원 / 후기(9~11개월) 2,500원 / 완료기(12개월 전후) 2,700원

배달 이유식 보관 요령

배달 이유식은 받는 즉시 냉장고에 넣고 하나씩 꺼내서 먹이세요. 당일 내에 먹는 게 원칙이지만 만약 그렇지 못하다면 냉동실에 보관하는 게 좋아요. 개봉한 뒤에는 깨끗한 숟가락으로 먹일 만큼만 덜어내고 나머지는 뚜껑을 잘 닫아 냉장 보관하고, 하루 이틀 내에 모두 먹이는 것이 안전해요.

오장육부를 골고루 튼튼하게 해주는
한방 이유식 이야기

한방에서는 약식동원藥食同源이라 하여 평소에 음식만 잘 먹어도 약과 같은 효능을 발휘한다고 봅니다.
아기 때 먹는 이유식은 평생 건강의 기초를 다져주는 중요한 먹을거리입니다.
한방재료는 식물의 잎, 뿌리, 열매, 줄기와 같은 자연물로 별다른 부작용 없이
아기의 잦은 질병이나 잔병치레를 예방해주는 효과가 있어서 바로 알고 먹이면 큰 도움이 됩니다.
한방 이유식으로 아기의 오장육부를 골고루 튼튼하게 해주어 균형 있는 성장을 도와주세요.

● 한방 이유식 기본 원칙 8

1 생후 6개월부터 천천히 시작하세요

한방 이유식은 생후 6개월부터 시작해도 늦지 않습니다. 일반 이유식과 마찬가지로 위가 완전히 발달하지 않은 상태에서 서둘러 한방 이유식을 시작하면 아기가 소화를 못시키는 것은 물론 장에 무리를 주고 알레르기를 일으킬 확률이 높아집니다.

2 약재를 아주 묽게 끓여 우린 물을 사용하세요

약재를 미지근한 물이나 뜨거운 물에 담가 불린 뒤 다시 팔팔 끓여 우린 물을 사용합니다. 어른과 달리 아주 묽어야 하는데 보통 약재 2g에 물 1컵(200㎖) 정도가 적당하며 이보다 더 묽어도 괜찮아요. 재료에 따라 끓인 약재를 곱게 다져서 이유식 재료와 함께 섞어 조리하기도 하지만 대부분은 이유식에 들어가는 물 대신 약재 우린 물을 넣는 것으로도 충분합니다.

3 다른 식재료와 섞어서 만드세요

한방 이유식이라고 해서 한약재만 사용하는 게 아닙니다. 특히 이유식 초기일수록 약재의 농도는 아주 묽어야 합니다. 처음엔 쌀에 약재 우린 물을 부어 죽을 끓여 먹이고 차츰 감자나 단호박, 양배추 등의 채소를 섞어 만들어주세요.

4 같은 약재는 1주일 정도만 사용하세요

부작용이 없고 몸에 좋다고 해서 너무 오래, 많이 먹이는 것은 금물입니다. 정해진 양 이상은 사용하지 않도록 하고, 한 가지 약재를 1주일 이상 쓰지 않는 것이 좋습니

다. 만약 같은 약재로 1주일 이상 이유식을 만들었을 경우에는 2주 정도는 그 약재를 사용하지 마세요. 여러 가지 약재를 골고루 먹여야 건강에 도움이 되고, 아기도 다양한 맛을 알게 되며 식습관 형성에도 도움이 됩니다. 하지만 증상 개선을 위해 특정 약재를 오래 사용할 때는 전문한의사와 상의하세요.

5 아기를 주의 깊게 살피세요

약재를 선택하기 전에 엄마 · 아빠의 식습관을 살피는 것도 도움이 됩니다. 엄마나 아빠가 특정 음식을 잘 소화하지 못하면 아기에게도 비슷한 현상이 생길 수 있습니다. 따라서 그런 약재나 음식이 있다면 되도록 늦게 먹이는 게 좋습니다. 또한 아기에게 새로운 한방 재료 또는 이유식 재료를 먹일 때는 소량을 먹여 반응을 살피고, 본격적으로 음식을 먹이고 난 후에도 2~3일까지 대변이나 피부 상태 등의 변화를 살펴봐야 합니다.

6 무리하지 말고 천천히 진행하세요

처음부터 한방 이유식을 시작한 아기는 조금 낫겠지만 일반 이유식만 먹다가 뒤늦게 시작한 아기는 생소한 맛에 뱉어낼 수도 있습니다. 몸에 좋을 거라는 이유만으로 거부하는 아기에게 억지로 먹이지는 마세요. 일반 이유식과 마찬가지로 아기가 아프지 않고, 기분이 좋을 때 서서히 조금씩 먹여보세요. 그래도 거부한다면 좀 더 묽게 만들어서 조금씩 맛을 보게 하는 것도 좋은 방법입니다. 특히 아프면 먹는 것에 대한 거부감이 평소보다 심해지므로 아기의 상태를 잘 살펴야 합니다.

7 간을 하지 마세요

한방 이유식이 아기 입맛에 쓸 거라고 생각해 설탕이나 꿀을 넣는 경우가 있는데, 이는 잘못된 방법입니다. 한방 재료라고 해서 모두 쓴맛이 나지는 않아요. 또한 약재를 묽게 끓여 우린 물을 넣어 만든 이유식부터 서서히 시작하면 익숙해져서 거부감 없이 잘 먹을 수 있습니다. 일반 이유식과 마찬가지로 첫돌 이전에는 간을 하지 않는 게 원칙이며 특히 꿀은 넣지 마세요. 오염된 꿀은 영아 보툴리즘이라는 심각한 질병을 일으킬 수 있습니다.

8 일반 이유식 단계와 동일하게 진행하세요

한방 이유식을 할 때 약재 끓인 물을 젖병에 담아 약처럼 수시로 먹여야 한다고 잘못 생각하는 경우가 있습니다. 한방 이유식도 일반 이유식과 마찬가지로 초기에는 하루 1~2회, 중기에는 하루 2회, 후기부터는 하루 3회, 완료기에는 3회 식사와 간식을 주는 방식으로 단계에 따라 진행하면 됩니다.

한눈에 보는 단계별 한방 이유식 재료

한방 이유식 재료	한방재료	맛	특징
초기 생후 6개월	구기자	달다	근육과 뼈를 튼튼하게 하고 눈을 밝게 한다
	당귀	묽은 홍차 맛에 약간 맵고 달다	혈액을 보강하고 피부를 맑게 한다
	맥아	보리차 맛이 난다	소화기를 튼튼하게 해서 체기나 설사를 치료한다
	대추	묽은 홍차 맛이 나며 달다	위장을 편안하게 하고 기침을 다스린다
	진피	약간 쓰고 맵다	폐와 비위를 좋게 해서 기침과 식욕부진 증상을 완화시킨다
중기 생후 7~8개월	맥문동	구수한 둥굴레차 맛이 난다	폐와 위장의 진액을 보강해서 기침을 멎게 한다
	백출	연한 계피 향에 약간 달다	위를 튼튼하게 하여 식욕을 좋게 한다
	사인	맵고 향이 있다	소화 기능을 촉진시켜 체기와 구토, 설사 등을 치료한다
	산약	약간 달다	폐와 위장을 보강하여 기침, 설사, 식욕부진에 좋다
	연자육	달고 약간 떫다	비위를 보강해 잦은 설사를 하거나 깊은 잠을 자지 못하는 증상을 완화시킨다
	영지	달고 쓰다	열과 알레르기 증상을 완화시킨다
	길경(도라지)	쓰고 맵다	기침과 가래를 제거하는 효과가 있다

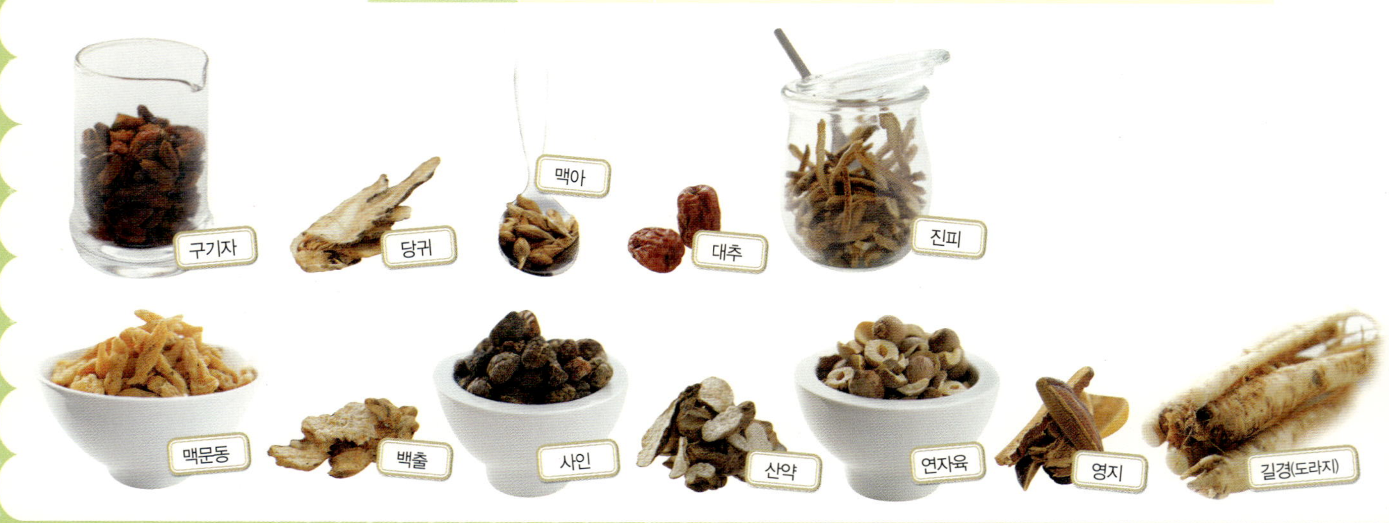

	갈근(칡뿌리)	달다	콧물, 재채기, 장염 등에 좋고, 상처도 빨리 아물게 한다
후기 생후 9~11개월	백모근	약간 쓰다	열이 많거나 코피가 잦을 때 도움이 된다
	백복령	약간 달다	신경을 안정시키는 효과가 있다
	생강	쓰고 맵다	기운을 순환시켜 감기 초기나 설사가 났을 때 먹으면 좋다
	소엽	진한 녹차 맛이 난다	가벼운 열 감기에 도움이 된다.
	택사	약간 달면서 끝 맛은 숭늉 맛이 난다	체내 수분 대사를 돕고 신장과 방광을 보강한다
	현삼	달고 짜다	목 감기와 열 감기, 속열이 많은 때 먹으면 도움이 된다
완료기 생후 12개월 이후	감초	달다	비위(소화기)와 폐를 건강하게 해준다
	백복신	연한 녹차 맛이 난다	마음을 안정시켜 숙면을 돕고 소변을 잘 보게 해준다
	산수유	매우 시고 쓰다	잦은 식은땀과 야뇨 증상이 있을 때 먹으면 좋다
	생지황	약간 쓰고 단맛이 난다	열이 많거나 코피가 잦을 때 도움이 된다
	원지	맵고 쓰다	총명탕의 주재료로 불면증, 언어 장애 등의 증상에 좋다
	은행	외피에서 고약한 냄새가 난다	폐를 튼튼하게 하여 천식, 기관지염 등에 좋다
	천마	달다	머리를 맑게하고 경기를 예방한다
	황정	둥굴레차처럼 맛이 약간 달다	오장육부를 튼튼하게 하며 병을 앓고 난 후에 먹으면 도움이 된다

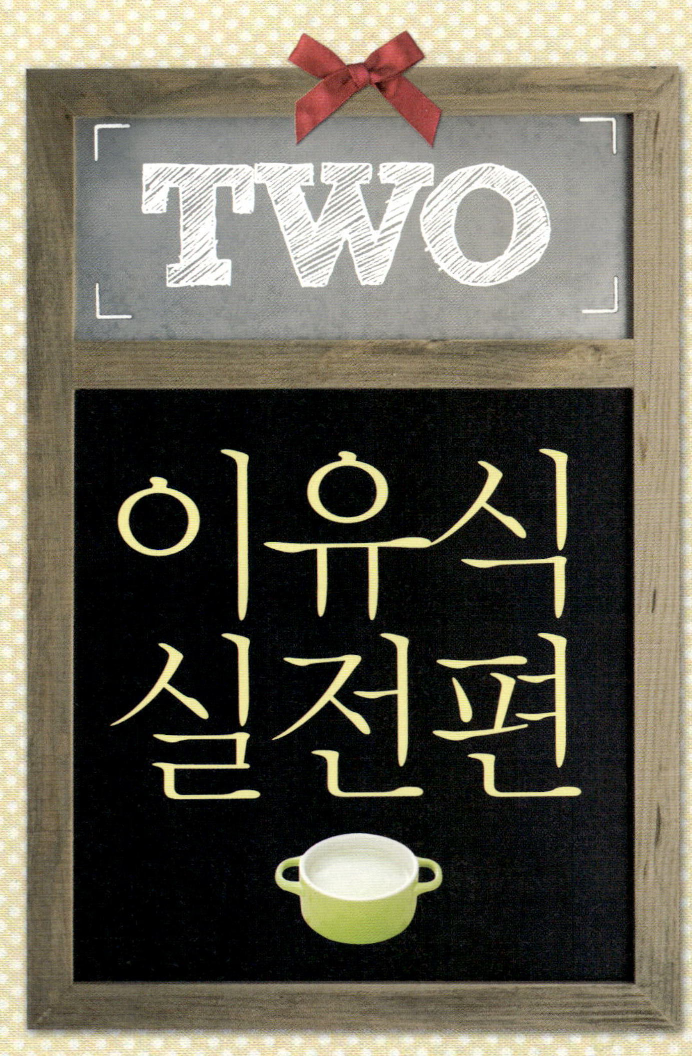
TWO
이유식
실전편

- 쌀미음으로 시작하는 **초기 이유식**
- 오물오물 혀로 으깨 먹는 **중기 이유식**
- 하루 세끼, 영양이 중요한 **후기 이유식**
- 가족과 함께 식탁에서 먹는 **완료기 이유식**

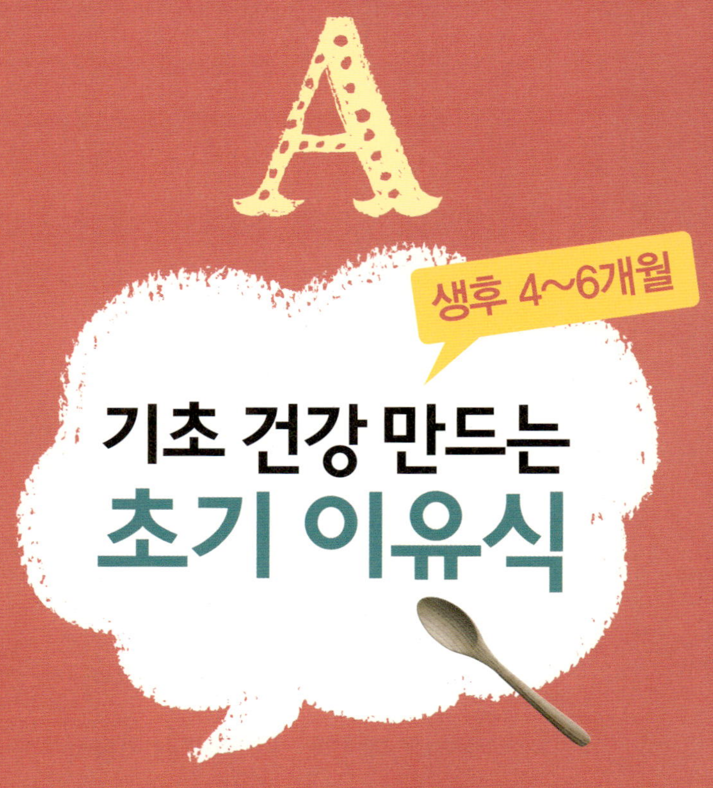

기초 건강 만드는
초기 이유식

이유식은 엄마와 아기의 2인 3각 경주입니다.

엄마의 조급한 마음과 잘 해내겠다는 욕심은 잠시 접어두고

아기의 기분에 맞춰 즐겁게 시작하는 것이 가장 중요합니다.

모유나 분유만 먹던 아기의 연약한 장을 생각해

여유를 가지고 차근차근 조금씩 먹이세요.

아기가 생후 4개월이 되면 체중이 태어날 때의 약 2배, 키는 10㎝ 이상 자라 있어요.
하지만 이후부터는 발육속도가 느려져 몸무게는 1주에 10g, 키는 두 달간 4㎝ 정도 큽니다.
목을 가누고, 소파나 쿠션에 기대어 잠시 앉아 있을 수도 있어요.
이젠 어깨나 등을 뒤틀어 뒤집기도 하고, 빠른 아기는 배밀이를 하면서 기어 다녀요.
겨드랑이를 잡고 일으켜 세우면 다리에 힘을 주어 쭉 펴기도 하는데,
엉덩이와 무릎 관절이 유연해지면서 발로 차는 힘도 제법이랍니다.

키와 몸무게(평균, 만 기준)

 **남** **생후 4개월** 63.5cm / 7.0kg
　　생후 5개월 65.7cm / 7.5kg
　　생후 6개월 67.6cm / 8.0kg

 **여** **생후 4개월** 62.3cm / 6.6kg
　　생후 5개월 64.4cm / 7.1kg
　　생후 6개월 66.3cm / 7.5kg

치아 발달과 씹기 능력

유치가 나는 시기는 보통 생후 6~8개월 사이예요. 하지만 아직은 혀와 잇몸으로 음식을 으깨어 먹어야 할 때입니다. 아기는 혀를 앞뒤로만 움직일 수 있고, 아직 위아래로 움직이지는 못해 삼키는 것보다 흘리는 게 더 많아요. 목 뒤로 꿀꺽 넘기는 정도예요.

수면과 배변

＊**수면** 밤잠 10~11시간 / 낮잠 3시간 15분~5시간(2~3회) ⇨ 총 수면시간 14시간 15분~15시간
＊**배변** 소변 20회 내외 / 대변 2회 내외

이유식은 아기가 생후 4~5개월경에는 하루 1회, 생후 6개월쯤 되면 하루에 2회 정도 먹여요.
먹이는 시간은 하루 중 오전 10시경이 가장 좋습니다.
처음에는 수유를 하는 도중 혹은 수유 후에 반 스푼 정도 먹여보고 익숙해지면,
수유 20~30분 전에 이유식을 먹인 후 부족한 양을 수유로 보충해주세요.
먹는 양은 약 5일 간격으로 한 숟가락씩 늘리는 것이 아기 장에 부담이 없어요.

초기 이유식 진행 방법

조리 형태
죽이나 알갱이가 없는 미음(10배죽 ···▶ 8배죽)

초기 이유식 섭취량
* **모유, 분유** 4~5회(1일 수유량 800~1,000㎖)
* **이유식** 1~2회(1회 이유식 섭취량 30~80g)
    이유식 섭취량은 아기마다 차이가 있어요. 무엇보다 수유량을 지키는 것이 중요해요.

초기 이유식 재료
* **곡류** 멥쌀, 찹쌀, 차조, 오트밀, 흑미(차조, 오트밀, 흑미는 생후 5개월 중후반 이후)
* **채소** 감자, 고구마, 단호박, 브로콜리, 애호박, 오이, 양배추, 청경채, 콜리플라워, 비타민,
    시금치, 당근, 배추, 양파, 비트(시금치, 당근, 배추, 양파, 비트는 생후 6개월 이후)
* **과일류** 사과, 배, 바나나, 수박
* **육류** 쇠고기(안심), 닭고기(가슴살, 안심)
* **콩류** 완두콩(생후 5개월 이후. 완두콩 알레르기나 아토피가 있는 아기는 중기 이후),
    강낭콩(생후 6개월 이후)
* **견과류&유지류** 밤, 대추

초기 이유식은 아기가 출생체중의 2배가량이 되어 최소한 6~7kg이 되고,
머리와 목을 가눌 정도의 근육이 발달한 생후 4개월 이후에 시작하는 것이 적당해요.

언제 시작할까요?

✻ 발육, 건강 상태 등 아기의 신호를 살피세요
이유식 시작시기를 정할 때 가장 중요한 것은 아기의 상태입니다. 준비가 덜 된 아기에게 무리해서 이유식을 먹이면 소화력이 약해 알레르기를 일으키기 쉽습니다. 아기가 출생체중의 2배가량이 되어 최소한 6~7㎏이 되고, 머리와 목을 가눌 정도의 근육도 발달한 생후 4개월 이후가 적당해요. 이즈음 아기는 정해진 양의 모유나 분유를 먹고도 더 먹고 싶어 하고, 유난히 먹을 것에 관심을 보이기 시작합니다. 침을 많이 흘리며 가족들이 먹는 것을 보면서 입을 오물거리기도 하는데 이럴 때 숟가락으로 물을 떠먹여 보아 혀로 밀어내지 않으면 준비가 되었다는 신호입니다.

✻ 알레르기가 있는 아기는 조금 늦추세요
아기가 알레르기가 있거나 가족 중에 알레르기 체질이 있어서 걱정된다면 생후 6개월경에 시작하는 것이 좋습니다. 만약 이유식을 시작할 무렵, 아기가 장염이 있거나 감기가 심한 경우 등 건강 상태가 좋지 않을 때는 1~2주 정도 늦춰도 크게 문제되지 않습니다.

✻ 너무 늦어도 시작하기 힘들어져요
간혹 이유식은 늦게 시작할수록 좋다고 생각하는 엄마들이 있습니다. 하지만 너무 늦게 시작하면 모유나 분유처럼 빨아먹기만 하던 아기가 덩어리진 음식을 자꾸 뱉어버려 이유식을 진행하기가 점점 힘들어집니다. 이 때문에 영양소 섭취가 부족해지고 다양한 자극을 경험하지 못해 성장발달에 영향을 받기도 합니다. 늦어도 생후 7개월 전에는 시작하는 것이 좋아요.

무엇을 먹일까요?

✻ 첫 번째 음식은 쌀미음이 가장 좋아요
아기의 첫 음식은 아무것도 넣지 않은 쌀미음으로 시작하세요. 맛이 담백하고 소화가 잘 되면서 알레르기를 일으킬 염려가 적어 가장 안전합니다. 맛이나 향도 강하지 않아 다른 재료와 섞어 먹이기에도 적당합니다.

* 2~3일 간격을 두고 새로운 음식을 첨가하세요

쌀미음에 익숙해지고 2~3일 정도 이상 반응이 없으면 채소를 한 가지 섞어 주세요. 처음 섞는 재료로는 감자, 고구마, 양배추, 호박, 브로콜리 등이 좋습니다. 다시 2~3일 먹여본 후 별 탈이 없으면 채소 종류를 바꿔서 주세요. 채소 대신 과일도 좋습니다. 이렇게 한 달 정도 지나면 두 가지 채소 또는 채소와 과일 등을 섞는 방식으로 진행합니다. 다만 초기 이유식은 영양가보다는 새로운 재료의 맛, 질감을 경험하도록 해주는 데 의미가 크므로 너무 무리해서 다양한 재료를 섞어 먹일 필요는 없습니다. 생후 6개월 이후에는 엄마로부터 받은 철분이 부족해지면서 빈혈이 생길 수 있으니 채소와 함께 쇠고기, 닭고기 같은 육류를 꼭 챙겨 먹이세요.

* 미음에서 차츰 걸쭉한 상태로 진행하세요

처음 시작하는 이유식은 모유와 비슷한 농도로 만들어주세요. 10배죽을 쑤어 체에 걸러 물과 같은 미음으로 주고, 점차 수분량을 줄여 생후 6개월 즈음에는 7배죽 정도로 걸쭉하게 쑤어 먹이세요. 만약 생후 6개월이 넘어서 이유식을 시작했다면 미음을 너무 오래 먹일 필요는 없습니다. 혀나 잇몸으로 으깰 수 있으므로 진행속도를 조금 빨리 해도 됩니다.

* 비위를 강하게 해주고 면역력을 키워주는 한방재료를 활용하세요

생후 6개월이 되면 한방 이유식을 시작하세요. 엄마로부터 얻어 나온 아기의 선천 면역력이 약해지는 때이며 아직 장이 약해 걸핏하면 체하고 설사하기 쉬운 만큼 비위를 튼튼하게 해주어야 하는 중요한 시기입니다. 비위란 비장과 위장을 말하는데, 비위가 약하면 소화능력이 떨어지기 때문에 아기가 아무리 잘 먹어도 잘 자랄 수 없습니다. 이럴 때에는 맥아, 진피 같은 한약재료가 도움이 됩니다. 평소 몸이 차고 소화가 안 되는 아기라면 황기, 대추, 밤 같이 따뜻한 성질의 재료를 섞어 먹이면 더욱 좋습니다.

어떻게 먹일까요?

* 초기에는 하루에 한 번만 먹이세요

처음 한 달 정도는 오전에 한 번 먹이는 정도로 충분합니다. 오전 10시경이 좋고 만약 아기가 배가 고파서 보챈다면 이유식을 아기용 숟가락 끝에 조금만 떠서 입에 넣어줍니다. 그러고 나서 모유나 분유를 양껏 먹이는 방법으로 시작하세요. 며칠 지나서 익숙해지면 먼저 이유식을 먹인 후 모유나 분유를 충분히 먹이는 방법으로 바꿉니다. 생후 6개월 정도 되면 이유식 횟수를 오전과 오후로 나눠서 하루에 두 번 먹이는 연습을 시작합니다.

✽ 무리하지 말고 서서히 양을 늘리세요

처음 줄 때는 아기용 숟가락 끝에 조금만 떠서 먹이는 것으로 충분합니다. 3~4일 동안 잘 먹으면 밥숟가락 1스푼(약 5~10g) 정도 먹여보고, 3~5일 간격으로 조금씩 양을 늘려주세요. 생후 6개월 무렵에는 하루에 밥숟가락 4~6스푼(약 30~60g)쯤 먹이면 됩니다. 아기마다 개인차가 있어 조금 더 먹을 수도 있고, 덜 먹을 수도 있으니 너무 비교하면서 걱정하지 마세요. 아직은 이유식이 주식이 아닌 때인 만큼 모유나 분유로 나머지 양을 채우면 됩니다.

✽ 느긋한 마음으로 시작하세요

처음 주었을 때 아기가 안 먹는다고 억지로 먹이면 오히려 좋지 않은 기억이 생겨 이유식 진행에 방해가 될 수도 있습니다. 이유식을 먹인지 한 달 정도 지나면 두 가지 채소 또는 채소와 과일 등을 섞는 방식으로 진행합니다. 먹이는 요령은 숟가락을 아기 혀 중간까지 넣어주는 것입니다. 그러나 두세 번 반복해도 아기가 삼키지 않고 싫은 표정이 역력하면 억지로 주지는 마세요. 다음날 아기가 기분이 좋을 때 느긋하게 다시 시도하세요.

✽ 반드시 숟가락으로 먹이세요

올바른 식습관을 만들어주는 것 또한 이유식의 큰 의미 중 하나입니다. 따로 아기용 숟가락을 준비해 이유식을 먹일 때는 반드시 숟가락을 사용하세요. 처음에는 엄마가 안고 떠먹이다가 아기가 혼자 앉을 수 있게 되면 아기 의자에 앉혀 먹이는 게 바람직합니다.

✽ 간은 하지 마세요

이유식은 설탕, 소금 같은 조미료를 사용하지 않는 것이 원칙입니다. 모유와 분유만 먹어 온 아기는 재료 그 자체의 맛과 향을 느끼는 게 중요한데 처음부터 단맛, 짠맛에 익숙해지면 이후에는 간이 되지 않은 음식을 거부하게 되고, 편식하는 습관이 생길 수 있습니다.

✽ 시판 과일주스는 NO! 과일을 직접 갈아주세요

아기가 곡류와 채소 맛에 익숙해지고 잘 먹으면 과일을 줄 수 있습니다. 처음 주는 과일은 신맛이 적은 것으로 계절에 따라 사과, 배, 바나나 등이 좋습니다. 오렌지나 귤은 생후 9개월 이후에 먹이고, 딸기, 토마토 등은 돌 이후에 시도해보세요. 과일을 줄 때는 과즙보다는 익혀서 으깨거나 갈아주고 차츰 입자가 있게 갈아주세요. 이 시기의 씹기 운동은 두뇌 발달에도 도움이 됩니다.

> 처음 주었을 때 아기가 안 먹는다고 억지로 먹이면 오히려 좋지 않은 기억이 생겨 이유식 진행에 방해가 될 수도 있습니다. 이유식을 먹인지 한 달 정도 지나면 두 가지 채소 또는 채소와 과일 등을 섞는 방식으로 진행합니다.

쌀미음

맛이 달고 오장의 기운까지 보충해주는 쌀!
영양이 풍부하면서 알레르기를 일으킬 가능성이 낮아
이유식을 시작하는 가장 안전한 음식으로 꼽혀요.

 **재료**

쌀 ··· 10g
물 ··· ½컵

 **만들기**

1 쌀은 깨끗이 씻어서 1시간 정도 찬물에 불린 후 체에 받쳐 물기를 뺀다.

2 1을 절구 또는 분쇄기에 넣어 곱게 간다.

3 냄비에 2의 쌀가루를 넣고 물 ½컵을 부어 센 불에서 끓인다.

4 한소끔 끓어오르면 불을 약하게 줄이고 쌀가루가 부드럽게 퍼질 때까지 저어가며 끓인다.

5 불을 끄고 고운체에 거른다.

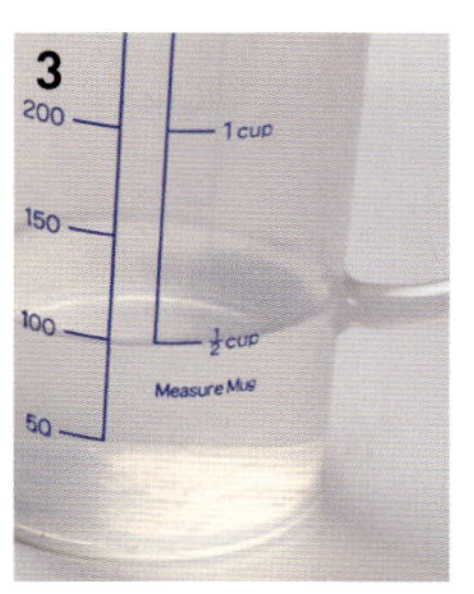

찹쌀미음

찹쌀은 성질이 따뜻해서
아기 뱃속을 따뜻하게 해줘요.
속이 허하고, 차가워서 생기는 설사에 특히 좋아요.

 **재료**

쌀 · · · 5g
찹쌀 · · · 5g
물 · · · ½컵

 **만들기**

1 쌀과 찹쌀은 각각 깨끗이 씻어서 1시간 정도 찬물에 불린 후 체에 밭쳐 물기를 뺀다.

2 **1**을 각각 분쇄기에 넣어 곱게 간다.

3 냄비에 **2**의 쌀가루와 찹쌀가루를 함께 넣고 물 ½컵을 부어 센 불에서 끓인다.

4 한소끔 끓어오르면 불을 약하게 줄이고 쌀가루가 부드럽게 퍼질 때까지 저어가며 끓인다.

5 불을 끄고 고운체에 거른다.

감자미음

감자는 혈액을 맑게 하고 기운을 북돋우며
소화기를 튼튼하게 해주는 재료입니다.
사과의 2배가량 되는 비타민 C도 들어있어요.

재료

쌀 ··· 10g
감자 ··· 10g
물 ··· ½컵

만들기

1 쌀은 깨끗이 씻어서 1시간 정도 찬물에 불린 후 체에 밭쳐 물기를 뺀다.

2 **1**을 분쇄기에 넣어 곱게 간다.

3 감자는 깨끗이 씻어 껍질을 벗긴 뒤 작게 썬다. 푹 삶아 뜨거울 때 곱게 으
  깬다.

4 냄비에 **2**의 쌀가루와 으깬 감자, 물 ½컵을 넣고 센 불에서 끓인다.

5 한소끔 끓어오르면 불을 약하게 줄이고 쌀가루가 부드럽게 퍼질 때까지
  저어가며 끓인다.

6 불을 끄고 고운체에 거른다.

고구마미음

고구마는 예로부터 비위를 튼튼하게 하고
혈액순환을 원활히 해준다고 하여
설사나 만성 소화불량증에 두루 사용되어 왔어요.
풍부한 섬유질이 장내 이로운 세균을 증가시켜
특히 이 시기 아기들 장에 좋은 재료예요.

3-1

3-2

 **재료**

쌀 … 10g
고구마 … 10g
물 … ½컵

 **만들기**

1 쌀은 깨끗이 씻어서 1시간 정도 찬물에 불린 후 체에 밭쳐 물기를 뺀다.

2 **1**을 분쇄기에 넣어 곱게 간다.

3 고구마는 깨끗이 씻은 후 껍질을 벗겨서 푹 삶는다. 뜨거울 때 작게 썰어서
  곱게 으깬다.

> Tip 고구마를 찬물에 10분 정도 담가 녹말 성분을 없앤 후 찌면 입자가 좀 더 부드러워
>   집니다. 더욱 곱게 으깰 수 있어요.

4 냄비에 **2**의 쌀가루와 으깬 고구마, 물 ½컵을 넣고 센 불에서 끓인다.

5 한소끔 끓어오르면 불을 약하게 줄이고 쌀가루가 부드럽게 퍼질 때까지
  저어가며 끓인다.

6 불을 끄고 고운체에 거른다.

단호박미음

단호박은 단맛이 나고 질감이 물러
아기에게 먹이기 좋은 이유식 단골재료로 손꼽혀요.
비타민이 풍부해 감기 예방은 물론
펙틴 성분이 장운동을 도와 변비 예방에도 좋아요.

 **재료**

쌀 ··· 10g
단호박 ··· 10g
물 ··· ½컵

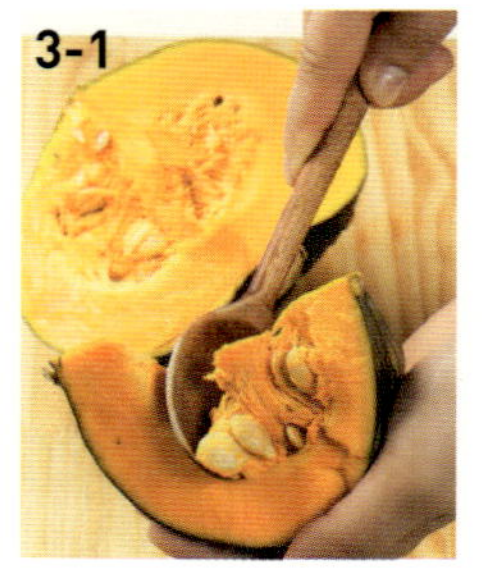

3-1

3-2

 **만들기**

1 쌀은 깨끗이 씻어서 1시간 정도 찬물에 불린 후 체에 밭쳐 물기를 뺀다.

2 **1**을 분쇄기에 넣어 곱게 간다.

3 단호박은 속과 씨를 말끔히 긁어내고 껍질을 벗겨 작게 썬다. 찜통에 찐 후
  곱게 으깬다.

4 냄비에 **2**의 쌀가루와 으깬 단호박, 물 ½컵을 넣고 센 불에서 끓인다.

5 한소끔 끓어오르면 약한 불로 줄이고 쌀가루가 부드럽게 퍼질 때까지 저
  어가며 끓인다.

6 불을 끄고 고운체에 거른다.

브로콜리미음

비타민은 우리 몸에서 합성되지 않아 식품으로 꼭 섭취해야 합니다.
브로콜리에는 비타민 C가 레몬의 2배나 들어있어 항암식품으로 꼽힐 정도예요.
철분도 풍부해 빈혈 예방에도 좋아요.

 **재료**

쌀 ··· 10g
브로콜리 ··· 10g
물 ··· ½컵

 **만들기**

1 쌀은 깨끗이 씻어서 1시간 정도 찬물에 불린 후 체에 받쳐 물기를 뺀다.

2 1을 분쇄기에 넣어 곱게 간다.

3 브로콜리는 깨끗이 씻어 꽃송이만 잘라 끓는 물에 데친 후 곱게 다진다.

4 냄비에 2의 쌀가루와 다진 브로콜리, 물 ½컵을 넣고 센 불에서 끓인다.

5 한소끔 끓어오르면 약한 불로 줄이고 쌀가루가 부드럽게 퍼질 때까지 저어가며 끓인다.

6 불을 끄고 고운체에 거른다.

애호박미음

애호박은 말 그대로 덜 자란 어린 호박을 뜻해요.
〈본초강목〉에는 애호박의 효능에 대해
'보중익기補中益氣'라 하여 비위(비장과 위)를 보호하고
기운을 더해준다고 기록되어 있어요.
위장이 약한 아기들에게 먹이기 정말 좋은 재료예요.

 **재료**

쌀 · · · 10g
애호박 · · · 10g
물 · · · ½컵

 **만들기**

1 쌀은 깨끗이 씻어서 1시간 정도 찬물에 불린 후 체에 밭쳐 물기를 완전히
   뺀다.
2 **1**을 분쇄기에 넣어 곱게 간다.
3 애호박은 깨끗이 씻어 껍질을 돌려 깎고 씨는 버린 후 연두색 부분만 채 썰
   어 곱게 다진다.
4 냄비에 **2**의 쌀가루와 다진 애호박, 물 ½컵을 넣고 센 불에서 끓인다.
5 한소끔 끓어오르면 약한 불로 줄이고 쌀가루가 부드럽게 퍼질 때까지 저
   어가며 끓인다.
6 불을 끄고 고운체에 거른다.

양배추미음

양배추에는 질병의 저항력을 키워주는
비타민 C, B1, B2가 듬뿍 들어있어 허약한 아기에게 좋아요.
끓이면 단맛이 우러나와 이유식에 넣어도
아기가 잘 먹어요.

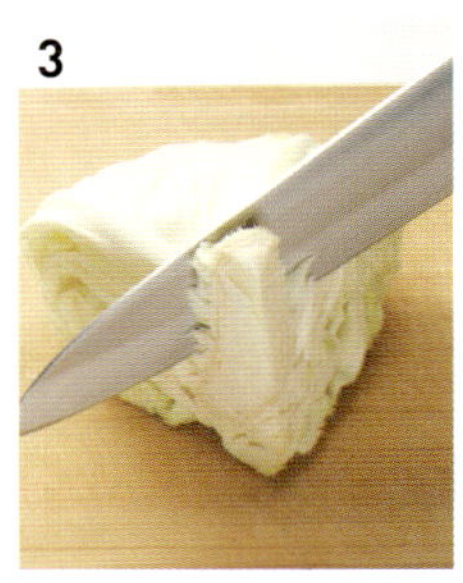

 **재료**

쌀 · · · 10g
양배추 · · · 10g
물 · · · ½컵

만들기

1 쌀은 깨끗이 씻어서 1시간 정도 찬물에 불린 후 체에 밭쳐 물기를 뺀다.

2 1을 분쇄기에 넣어 곱게 간다.

3 양배추는 심과 줄기를 저며내고 연한 잎 부분만 손질해 깨끗이 씻는다. 끓
는 물에 데쳐 급게 다진다.

4 냄비에 2의 쌀가루와 다진 양배추, 물 ½컵을 넣고 센 불에서 끓인다.

5 한소끔 끓어오르면 약한 불로 줄이고 쌀가루가 부드럽게 퍼질 때까지 저
어가며 끓인다.

6 불을 끄고 고운체에 거른다.

찹쌀사과미음

사과는 비타민과 식이섬유가 풍부한 좋은 이유식 재료예요.
다만 아기가 과일 맛에 익숙해지면 다른 이유식은 잘 먹지 않으려고 할 수 있어요.
쌀미음과 채소미음을 잘 먹게 되면 그 이후에 필요에 따라 과일을 조금 섞어주세요.

 **재료**

쌀 ··· 5g
찹쌀 ··· 5g
사과 ··· 10g
물 ··· ½컵

 **만들기**

1 쌀과 찹쌀은 각각 깨끗이 씻어서 1시간 정도 찬물에 불린 후 체에 받쳐 물기를 뺀다.

2 1을 분쇄기에 넣어 곱게 간다.

3 사과는 깨끗하게 씻어 껍질을 벗기고 속과 씨는 도려낸 뒤 과육만 강판에 곱게 간다.

4 냄비에 **2**의 쌀가루와 찹쌀가루, 곱게 간 사과, 물 ½컵을 넣고 센 불에서 끓인다.

5 한소끔 끓어오르면 약한 불로 줄이고 쌀가루가 부드럽게 퍼질 때까지 저어가며 끓인다.

6 불을 끄고 고운체에 거른다.

배미음

배는 수분이 많고 단맛이 나서 아기들이 좋아하는 과일 중 하나예요.
비타민과 식이섬유가 풍부하고 다른 과일에 비해 칼륨 함량도 높은 편이죠.
하지만 차가운 성질의 과일이라서 소화기가 약한 아기에게 자주 먹이는 건 좋지 않아요.

재료

쌀 · · · 10g
배 · · · 10g
물 · · · ½컵

만들기

1 쌀은 깨끗이 씻어서 1시간 정도 찬물에 불린 후 체에 밭쳐 물기를 뺀다.

2 1을 분쇄기에 넣어 곱게 간다.

3 배는 깨끗하게 씻어 껍질을 벗기고 속과 씨는 도려낸 뒤 과육만 강판에 곱게 간다.

4 냄비에 2의 쌀가루와 곱게 간 배, 물 ½컵을 넣고 센 불에서 끓인다.

5 한소끔 끓어오르면 약한 불로 줄이고 쌀가루가 부드럽게 퍼질 때까지 저어가며 끓인다.

6 불을 끄고 고운체에 거른다.

바나나미음

바나나는 껍질에 검은 깨 같은 점이 생겼을 때가 가장 맛있어요.
이유식에 넣으면 맛이 달고 질감이 부드러워서 아기가 잘 먹어요.
섬유질이 많아 변비 예방에도 좋아요.

 **재료**

쌀 … 10g
바나나 … 10g
물 … ½컵

 **만들기**

1 쌀은 깨끗이 씻어서 1시간 정도 찬물에 불린 후 체에 밭쳐 물기를 뺀다.

2 **1**을 분쇄기에 넣어 곱게 간다.

3 바나나는 껍질을 벗긴 후 수저로 곱게 으깬다.

4 냄비에 **2**의 쌀가루와 으깬 바나나, 물 ½컵을 넣고 센 불에서 끓인다.

5 한소끔 끓어오르면 약한 불로 줄이고 쌀가루가 부드럽게 퍼질 때까지 저어가며 끓인다.

6 불을 끄고 고운체에 거른다.

브로콜리애호박미음

어른은 브로콜리의 꽃송이가 달린 줄기 부분도 먹지만
이유식에 넣을 때에는 꽃송이 부분만 사용하세요.
애호박도 껍질 부분을 돌려 깎기해 씨 부분은 제거하고 부드러운 과육만 곱게 다져서 넣으세요.

 **재료**

쌀 · · · 10g
브로콜리 · · · 10g
애호박 · · · 10g
물 · · · ¾컵

 **만들기**

1 쌀은 깨끗이 씻어서 1시간 정도 찬물에 불린 후 체에 밭쳐 물기를 뺀다.

2 **1**을 분쇄기에 넣어 곱게 간다.

3 브로콜리는 깨끗이 씻어 꽃송이만 잘라 끓는 물에 데친 후 곱게 다진다.

4 애호박은 깨끗이 씻어 껍질을 돌려 깎고 씨는 버린 후 연두색 부분만 채 썰
어 곱게 다진다.

5 냄비에 **2**의 쌀가루, 다진 브로콜리, 다진 애호박, 물 ¾컵을 넣고 센 불에서
끓인다.

6 한소끔 끓어오르면 약한 불로 줄이고 쌀가루가 부드럽게 퍼질 때까지 저
어가며 끓인다.

7 불을 끄고 고운체에 거른다.

밤청경채미음

청경채는 중국 배추의 일종으로
카로틴, 비타민 C, 칼륨이 많아요.
자체에 즙이 많고 특히 섬유질이 풍부해
변비 있는 아기에게 자주 먹이면 좋아요.

 **재료**

쌀 ⋯ 10g
밤 ⋯ 10g
청경채 ⋯ 10g
물 ⋯ ¾컵

 **만들기**

1 쌀은 깨끗이 씻어서 1시간 정도 찬물에 불린 후 체에 밭쳐 물기를 뺀다.

2 1을 분쇄기에 넣어 곱게 간다.

3 밤은 무르게 쪄서 속껍질까지 말끔히 벗겨 뜨거울 때 곱게 으깬다.

4 청경채는 녹색 잎만 깨끗하게 씻어 끓는 물에 데친 후 찬물에 헹궈 곱게 다
진다.

5 냄비에 **2**의 쌀가루와 으깬 밤, 다진 청경채, 물 ¾컵을 넣고 센 불에서 끓인다.

6 한소끔 끓어오르면 약한 불로 줄이고 쌀가루가 부드럽게 퍼질 때까지 저
어가며 끓인다.

7 불을 끄고 고운체에 거른다.

양배추배미음

양배추와 배 모두 섬유질과 수분이 많이 들어있어 변이 된 아기에게 먹이기 좋은 메뉴예요.
손질하다 잘라낸 양배추 심은 맛이 달고 영양이 풍부하므로
버리지 말고 강판에 갈아 넣으면 좋아요.

재료

쌀 · · · 15g
양배추 · · · 5g
배 · · · 10g
물 · · · ¾컵

만들기

1 쌀은 깨끗이 씻어서 1시간 정도 찬물에 불린 후 체에 밭쳐 물기를 뺀다.

2 1을 분쇄기에 넣어 곱게 간다.

3 양배추는 심과 줄기를 저며내고 연한 잎 부분만 손질해 씻는다. 끓는 물에 부드럽게 데친 후 곱게 다진다.

4 배는 껍질을 벗기고 속과 씨를 도려낸 뒤 과육만 강판에 곱게 간다.

5 냄비에 2의 쌀가루와 다진 양배추, 곱게 간 배, 물 ¾컵을 넣고 센 불에서 끓인다.

6 한소끔 끓어오르면 약한 불로 줄이고 쌀가루가 부드럽게 퍼질 때까지 저어가며 끓인다.

7 불을 끄고 고운체에 거른다.

무미음

무에는 비타민 C가 풍부할 뿐 아니라
디스타아제라는 소화효소 성분이 많아
소화력이 약한 아기의 소화를 도와주고 식욕을 돋워줘요.

재료

쌀 ··· 10g
무 ··· 5g
물 ··· ¾컵

만들기

1 쌀은 깨끗이 씻어서 1시간 정도 찬물에 불린 후 체에 밭쳐 물기를 빼고 분쇄기에 넣어 곱게 간다.
2 무는 깨끗이 씻어서 껍질을 두껍게 벗긴다. 결(섬유질) 반대방향으로 썰어 강판에 곱게 간다.
3 냄비에 1의 쌀가루와 간 무, 물 ¾컵을 넣고 센 불에서 끓인다.
4 한소끔 끓어오르면 약한 불로 줄이고 쌀가루가 부드럽게 퍼질 때까지 저어가며 끓인다.
5 불을 끄고 고운체에 거른다.

흑미미음

흑미는 백미보다 단백질, 지방, 칼슘과 비타민 B1, B2,
함량이 높아서 아기의 골격 형성에 큰 도움을 줍니다.
하지만 아직은 아기의 소화기능이 약하므로
초기에는 너무 많은 양을 넣지 마세요.

재료

흑미 ··· 15g
쌀 ··· 5g
물 ··· ¾컵

만들기

1 흑미는 하루 전날 깨끗이 씻어서 찬물에 불려둔다. 쌀은 깨끗이 씻어서 1시간 정도 불린다.
2 불린 흑미와 불린 쌀은 체에 밭쳐 물기를 빼고 분쇄기에 넣어 곱게 간다.
3 냄비에 2의 흑미가루와 쌀가루, 물 ¾컵을 넣고 센 불에서 끓인다.
4 한소끔 끓어오르면 약한 불로 줄이고 쌀가루가 부드럽게 퍼질 때까지 저어가며 끓인다.
5 불을 끄고 고운체에 거른다.

닭고기미음

닭고기는 다른 육류에 비해
고기 결이 부드럽고 달아 아기들이 좋아해요.
육수 내기 전, 모유나 분유에 20분 정도 담갔다가
조리하면 특유의 누린내도 없앨 수 있어요.

 **재료**

쌀 ··· 10g
닭고기(다리 또는 안심) ··· 10g
물 ··· 1컵

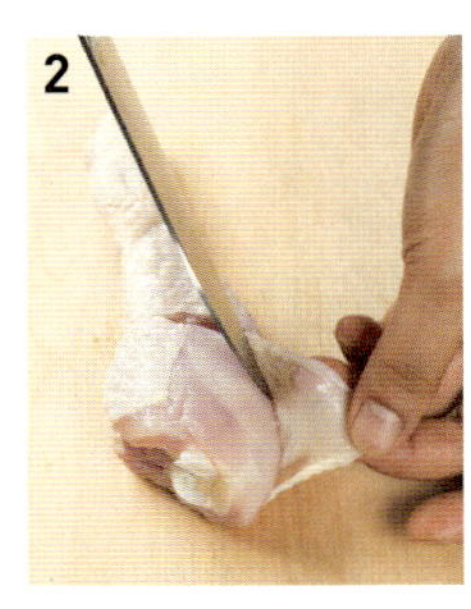

만들기

1 쌀은 깨끗이 씻어서 1시간 정도 불린 후 체에 밭쳐 물기를 빼고 분쇄기에
   넣어 곱게 간다.
2 닭고기는 기름기와 힘줄, 껍질을 떼어내서 끓는 물 ¾컵을 넣고 3~4분 정
   도 삶는다.
3 삶은 닭고기는 적당히 다진 다음 분쇄기에 넣어 곱게 간다. 이때 닭고기 삶
   은 물 ¾컵은 버리지 말고 남겨둔다.
4 냄비에 체를 받치고 곱게 간 닭고기를 올린 후 닭고기 삶은 물을 붓는다.
5 4의 닭고기 내린 물이 담긴 냄비에 1의 쌀가루와 물 ¼컵을 넣고 센 불에
   서 끓인다.
6 한소끔 끓어오르면 약한 불로 줄이고 쌀가루가 부드럽게 퍼질 때까지 저
   어가며 끓인다.

쇠고기육수 시금치미음

이맘때 아기에게 부족하기 쉬운 철분을
공급해줄 수 있는 대표 메뉴예요.
쇠고기는 안전한 재료로 꼽히지만
먼저 육수로 만들어 이유식에 사용해
쇠고기에 알레르기 반응은 없는지 살펴보세요.

재료

쌀 ··· 10g
시금치 ··· 10g
쇠고기육수 ··· ½컵

쇠고기육수 만들기는
37p 참조

만들기

1 쌀은 깨끗이 씻어서 1시간 정도 불린 후 체에 받쳐 물기를 빼고 분쇄기에
   넣어 곱게 간다.
2 시금치는 줄기를 잘라내고 잎 부분만 깨끗이 씻는다. 끓는 물에 데친 뒤 찬
   물에 헹궈 물기를 짜서 곱게 다진다.
3 냄비에 1의 쌀가루와 다진 시금치, 쇠고기육수 ½컵을 넣고 센 불에서 끓
   인다.
4 한소끔 끓어오르면 약한 불로 줄이고 쌀가루가 부드럽게 퍼질 때까지 저
   어가며 끓인다.
5 불을 끄고 고운체에 거른다.

찹쌀오이미음

95%가 수분인 오이는 찬 성질을 가진 대표적인 알칼리성 식품이에요.
비타민 A, C가 많고 체내 노폐물을 배출시켜주어 피를 맑게 해주고 열이 있는 아기의 설사에 좋아요.

재료

찹쌀 ··· 10g
오이 ··· 5g
물 ··· ¾컵

 **만들기**

1 찹쌀은 깨끗이 씻어서 1시간 정도 불린 후 체에 밭쳐 물기를 빼고 분쇄기
  에 넣어 곱게 간다.
2 오이는 깨끗이 씻어 껍질을 벗긴 후 과육만 강판에 곱게 간다.
3 냄비에 1의 찹쌀가루와 곱게 간 오이, 물 ¾컵을 넣고 센 불에서 끓인다.
4 한소끔 끓어오르면 약한 불로 줄이고 쌀가루가 부드럽게 퍼질 때까지 저
  어가며 끓인다.
5 불을 끄고 고운체에 거른다.

 완두콩미음

아기에게 콩 알레르기가 없다면 초기부터 먹여도 좋아요.
완두콩미음은 소화가 잘 되고 장에도 좋아
설사로 고생하는 아기에게 특효예요.

재료

쌀 ⋯ 15g
완두콩 ⋯ 10g
물 ⋯ ¾컵

 **만들기**

1 쌀은 깨끗이 씻어서 1시간 정도 불린 후 체에 밭쳐 물기를 빼고 분쇄기에
  넣어 곱게 간다.
2 완두콩은 깨끗이 씻어 푹 삶은 후 속껍질을 벗긴다. 뜨거울 때 체에 밭쳐
  곱게 으깬다.
3 냄비에 **1**의 쌀가루, 으깬 완두콩, 물 ¾컵을 넣고 센 불에서 끓인다.
4 한소끔 끓어오르면 약한 불로 줄이고 쌀가루가 부드럽게 퍼질 때까지 저
  어가며 끓인다.

밤암죽

암죽이란 곡식이나 밤 등의 가루를
밥물에 타서 끓인 것을 말해요.
밤은 예로부터 배탈이나 설사가 났거나
입맛이 없을 때 약처럼 쓰였어요.
단백질과 탄수화물이 풍부해 아기의 성장발육에도 좋아요.

재료

쌀 · · · 15g
밤 · · · 2개
물 · · · ¾컵

만들기

1 쌀은 깨끗이 씻어서 1시간 정도 불린 후 체에 밭쳐 물기를 빼고 분쇄기에
　넣어 곱게 간다.
2 밤은 무르게 쪄서 속을 파낸 후 뜨거울 때 체에 밭쳐 곱게 으깬다.
3 냄비에 1의 쌀가루, 으깬 밤, 물 ¾컵을 넣고 센 불에서 끓인다.
4 한소끔 끓어오르면 약한 불로 줄이고 쌀가루가 부드럽게 퍼질 때까지 저
　어가며 끓인다.

밤양배추죽

밤에는 위장을 튼튼하게 해주는 효소가 있어
배탈, 설사가 잘 나는 아기의 소화를 도와줘요.
이뇨작용이 뛰어나고 신장병에 좋다고 해서
한의학에서는 밤을 가리켜 '신장'의 과일이라고 불러요.

재료

쌀 ··· 15g
밤 ··· 1개
양배추 ··· 10g
물 ··· ¾컵

만들기

1 쌀은 깨끗이 씻어서 1시간 정도 불린 후 체에 밭쳐 물기를 빼고 분쇄기에
　넣어 곱게 간다.

2 밤은 푹 삶아서 속껍질까지 깨끗하게 벗겨낸 후 뜨거울 때 곱게 으깬다.

3 양배추는 줄기를 저며내고 연한 잎 부분만 깨끗이 씻은 후 살짝 데쳐 곱게
　다진다.

4 냄비에 1의 쌀가루와 물 ¾컵을 넣고 센 불에서 저어가며 끓인다.

5 끓기 시작하면 약한 불로 줄이고 쌀가루가 퍼질 때까지 저어가며 끓인다.
　으깬 밤과 다진 양배추를 넣고 한소끔 더 끓인다.

비트고구마죽

비트는 속이 빨갛게 생긴 무예요.
비트에 들어 있는 철분은 혈액을 만들고
조절하는 효과가 뛰어나요. 허약하고
빈혈이 있는 아기라면 비트가 들어간
이유식을 자주 만들어주세요.

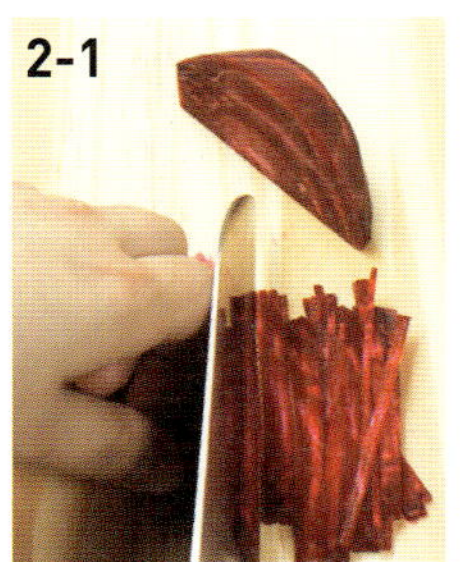

 **재료**

쌀 · · · 15g
비트 · · · 5g
고구마 · · · 5g
물 · · · ¾컵

만들기

1 쌀은 깨끗이 씻어서 1시간 정도 불린 후 체에 밭쳐 물기를 빼고 분쇄기에
　넣어 곱게 간다.

2 비트는 깨끗이 씻어 껍질을 벗긴 후 얇게 채 썰어 끓는 물에 살짝 데쳐 곱
　게 간다.

3 고구마는 깨끗이 씻어 푹 삶아 껍질을 벗긴 후 뜨거울 때 곱게 으깬다.

4 냄비에 1의 쌀가루와 물 ¾컵을 넣고 센 불에서 끓인다.

5 끓기 시작하면 약한 불로 줄이고 으깬 고구마와 곱게 간 비트를 넣고 쌀가
　루가 퍼질 때까지 저어가며 끓인다.

감자브로콜리죽

감자와 브로콜리는 모두 비타민 C가 풍부한 채소들이에요.
대부분의 채소와 과일은 비타민 C가
쉽게 산화되는 반면 감자의 비타민은 전분으로 둘러싸여 있어
열을 가해도 쉽게 파괴되지 않아요.

 **재료**

쌀 ··· 15g
감자 ··· 10g
브로콜리 ··· 5g
물 ··· ¾컵

만들기

1 쌀은 깨끗이 씻어서 1시간 정도 불린 후 체에 밭쳐 물기를 빼고 분쇄기에
  넣어 곱게 간다.
2 감자는 깨끗이 씻어 껍질을 벗기고 작게 썰어 푹 삶은 후 뜨거울 때 곱게
  으깬다.
3 브로콜리는 깨끗이 씻어 꽃송이만 잘라 끓는 물에 살짝 데친 후 잘게 다진
  다.
4 냄비에 **1**의 쌀가루와 물 ¾컵을 넣고 센 불에서 끓인다.
5 끓기 시작하면 약한 불로 줄이고 쌀가루가 퍼질 때까지 저어가며 끓인다.
  으깬 감자와 다진 브로콜리를 넣고 한소끔 더 끓인다.

애호박당근죽

부드러운 애호박에 당근을 넣어 이유식을 만들면
색도 곱지만 당근에 풍부하게 들어있는 카로틴 성분이
아기의 면역력을 높여줘요.
또 비타민 B1, B2, C와 철분도 풍부해
감기와 잔병치레 예방 효과도 있어요.

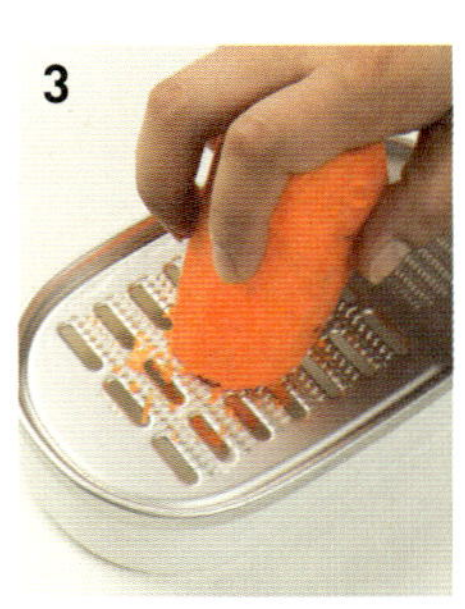

재료

쌀 ··· 15g
애호박 ··· 10g
당근 ··· 5g
쇠고기육수 ··· ¾컵

쇠고기육수 만들기는
37p 참조

만들기

1 쌀은 깨끗이 씻어서 1시간 정도 불린 후 체에 밭쳐 물기를 빼고 분쇄기에
   넣어 곱게 간다.
2 애호박은 깨끗이 씻어 껍질은 돌려 깎고 씨는 버린 후 연두색 부분만 곱게
   다진다.
3 당근은 깨끗이 씻어 껍질을 벗기고 강판에 간다.
4 냄비에 1의 쌀가루와 다진 애호박, 간 당근, 쇠고기육수 ¾컵을 넣고 센 불
   에서 끓인다.
5 한소끔 끓어오르면 약한 불로 줄이고 쌀가루가 퍼질 때까지 저어가며 끓
   인다.

시금치배죽

철분, 칼슘, 칼륨 등 무기질이 골고루 섞여 있어

줄기보다는 잎 부분에 영양소가 더 많이 들어 있어요.

 **재료**

쌀 · · · 15g
시금치 · · · 5g
배 · · · 10g
쇠고기육수 · · · ¾컵

쇠고기육수 만들기는
37p 참조

 **만들기**

1 쌀은 깨끗이 씻어서 1시간 정도 불린 후 체에 밭쳐 물기를 빼고 분쇄기에
  넣어 곱게 간다.
2 시금치는 줄기를 잘라내고 잎 부분만 깨끗이 씻어 끓는 물에 데친 후 찬물
  에 헹군다. 물기를 짜낸 뒤 곱게 다진다.
3 배는 껍질을 벗기고 속과 씨를 도려낸 뒤 과육만 강판에 곱게 간다.
4 냄비에 **1**의 쌀가루와 쇠고기육수 ¾컵을 넣고 센 불에서 끓인다.
5 한소끔 끓어오르면 약한 불로 줄이고 다진 시금치, 간 배를 넣고 쌀가루가
  완전히 퍼질 때까지 저어가며 끓인다.

콜리플라워 사과죽

감기에 걸린 아기에게 먹이면 좋은 이유식이에요.
콜리플라워는 브로콜리보다 조직이 연하므로
너무 오래 데치지는 마세요.

 **재료**

쌀 · · · 15g
콜리플라워 · · · 5g
사과 · · · 10g
물 · · · ¾컵

 **만들기**

1 쌀은 깨끗이 씻어서 1시간 정도 불린 후 체에 밭쳐 물기를 빼고 분쇄기에 넣어 곱게 간다.

2 콜리플라워는 깨끗이 씻어 꽃송이 부분만 잘라 끓는 물에 데친 후 잘게 다진다.

3 사과는 껍질을 벗기고 속과 씨를 도려낸 뒤 과육만 강판에 곱게 간다.

4 냄비에 **1**의 쌀가루와 물 ¾컵을 넣고 센 불에서 저어가며 끓인다.

5 한소끔 끓어오르면 약한 불로 줄이고 다진 콜리플라워, 간 사과를 넣고 쌀가루가 완전히 퍼질 때까지 저어가며 끓인다.

고구마완두묽은죽

장에 좋은 식이섬유가 풍부한
완두와 고구마로 만든 이유식이에요.
변비가 있는 아기에게 먹이면 효과가 좋아요.

재료

고구마 ··· 20g
완두콩 ··· 10g
물 ··· ¼컵

만들기

1 고구마는 깨끗이 씻어 푹 삶아 껍질을 벗긴 후 뜨거울 때 썰어 곱게 으깬다.

2 완두콩은 깨끗이 씻어 푹 삶은 후 속껍질을 벗겨 내서 으깬다.

3 으깬 고구마와 완두콩을 잘 섞어 체에 담고 물 ¼컵을 부어가며 내려 걸쭉
하게 농도를 조절한다.

시금치바나나 묽은죽

한 번에 아기가 먹는 양이 적은 초기 이유식은
2~3일 먹일 분량을 한꺼번에 만드세요.
1회분씩 나누어 냉동보관했다가 한 개씩 꺼내
해동시켜 먹이면 좋아요. 해동은 전자레인지를 사용하기보다
끓는 물에 중탕으로 하세요.

재료

시금치 ··· 10g
바나나 ··· 15g
분유물 ··· 2큰술(분유 또는 모유:물=1:1)

만들기

1 시금치는 줄기를 잘라내고 잎 부분만 깨끗이 씻어 끓는 물에 데친다. 찬물
  에 헹궈 물기를 짜내고 곱게 다진다.
2 바나나는 껍질을 벗겨 수저로 곱게 으깬다.
3 다진 시금치와 으깬 바나나를 섞은 뒤 분유물을 넣어 잘 개서 걸쭉하게 농
  도를 조절한다.

Q 혀로 음식을 자꾸 밀어내요.

A 모유나 분유만 주다가 맛과 농도가 다른 이유식을 먹였을 때 아기가 혀 밖으로 밀어내는 것은 익숙하지 않은 음식에 대한 자연스러운 반응입니다. 넙죽넙죽 잘 받아먹는 아기도 있지만 대부분의 아기는 얼굴을 찡그리거나 혀를 내밀어 뱉어요. 2~3일가량 계속 거부하면 잠시 쉬었다 다시 시도하세요. 어른들이 맛있게 먹는 모습을 자주 보여주고, 숟가락으로 물을 떠먹이는 연습을 하는 것도 도움이 됩니다.

Q 수유가 불규칙한 아기, 이유식을 어떻게 먹일까요?

A 초기 이유식은 영양공급을 위한 것보다는 밥을 먹기 위한 연습 과정이에요. 이 시기는 수유가 아기의 성장과 발달에 필요한 주영양공급원이 되어야 하므로 이유식이 수유를 방해해서는 안 돼요. 하지만 수유와 이유식 모두 일정한 시간에 먹어야 소화흡수도 잘 되고, 특히 이유식은 같은 시간대에 먹여야 아기가 빨리 익숙해져요. 아기가 배고파 울더라도 수유 시간이 아니면 먹이지 말고, 아무리 노력해도 수유 간격이 일정해지지 않을 때에는 이유식 시간(초기 1회, 오전 10시가 적당)을 정해놓고 먼저 먹인 후 수유하는 것을 원칙으로 진행해보세요.

Q 이유식 시작 후 변이 묽어졌어요.

A 이유식으로 인해 변이 묽어진 것이 명확하다면 이유식의 양과 종류를 살펴봐야 합니다. 만약 배변 횟수는 예전과 비슷한데 변만 묽어진 경우라면 이유식을 계속 진행해도 됩니다. 장이 새로운 음식을 받아들이는 과정에서 점차 형태를 갖추게 되기 때문입니다. 그러나 묽은 상태가 계속된다면 이유식의 양을 조금 줄이거나 원인이 될 만한 음식을 찾아 그것만 빼고 1~2주일 먹여보세요. 대변이 예전 상태로 돌아가면 천천히 양을 늘리고, 뺐던 음식도 조금씩 첨가해 적응시키면 됩니다. 만약 같은 음식에서 똑같은 반응이 일어난다면 한동안 그 음식은 주지 말고 이유식 중기나 후기에 다시 시도하는 것이 좋습니다.

Q 뚜렷한 증상이 없을 경우, 아기의 알레르기를 어떻게 알 수 있나요?

A 현재 알레르기 발생 원인에 대해 명확히 밝혀진 부분은 그리 많지 않습니다. 아기는 환경의 변화에 어른만큼 빨리 적응하지 못합니다. 장의 발달이 미숙한 상태로 음식을 먹기 시작하면

알레르기가 생길 가능성이 상대적으로 높습니다. 특히 부모가 알레르기 질환이 있는 경우 더 세심한 주의가 필요합니다. 새로운 음식을 먹일 때 피부에 좁쌀만 한 붉은 발진이나 두드러기가 생기거나 입가에 붉은색의 홍반 등이 나타나는지 잘 관찰해야 됩니다.

Q 이유식에 넣는 물, 꼭 끓여서 사용해야 하나요?

A 초기 이유식은 대부분 끓이는 과정을 거치기 때문에 반드시 끓인 물을 사용해야 하는 건 아닙니다. 다만 아직은 면역력이 약한 아기가 먹는 음식이므로 깨끗하게 정수된 물이나 생수를 사용하는 것이 안전합니다.

Q 이유식을 잘 안 먹는 아기, 2~3일에 한 번 정도 이유식을 걸러도 괜찮나요?

A 아기가 치아와 잇몸을 이용해 씹고 삼키는 기능을 체득하는 데에는 시간이 필요합니다. 또 새로운 맛을 익히고 받아들이는 시간도 아기마다 다릅니다. 안 먹는 아기에게 억지로 먹이면 성격이나 올바른 식습관 형성에 좋지 않은 영향을 끼칠 가능성이 큽니다. 영양공급 면에서 2~3일 정도 이유식을 거르는 것은 크게 문제가 되지 않아요. 수유량이 충분하다면 1주일 정도는 괜찮으니 기다린 후 다시 시도해보세요. 기다리는 동안에는 전에 잘 먹었던 이유식을 조금씩 먹여보는 것도 좋은 방법입니다.

Q 먹다 남은 이유식, 두었다 먹여도 될까요?

A 일단 입에 넣었던 숟가락이 닿은 음식은 버려야 합니다. 침에는 여러 가지 촉매반응을 일으키는 효소와 세균이 있어서 죽이나 미음 같은 유동식의 경우 더 빨리 묽어지고 쉽게 상합니다.

Q 이유식을 먹기 시작하면 따로 물을 주어야 하나요?

A 일반적으로 생후 6개월 이하의 아기에게는 따로 물을 줄 필요가 없습니다. 수유만으로도 수액대사에 필요한 수분을 충분히 섭취하기 때문입니다. 특히 초기 이유식은 대부분 미음 형태여서 아기가 쉽게 삼킬 수 있습니다. 오히려 이유식을 먹이고 바로 물을 주면 위산을 묽게 만들어 소화에 방해가 됩니다. 중기 이유식부터는 수액대사와 별개로 아기가 갈증을 느낄 수 있으므로 이유식을 먹인 후 조금씩 먹여보는 것도 괜찮습니다.

Q 이유식을 잘 먹고는 갑자기 구토를 해요.

A 이 시기의 아기는 아직 식도와 위를 연결하는 근육이 완전히 발달하지 못해 위 속의 음식물을 쉽게 토하기도 합니다. 특히 위 속에 공기와 음식이 함께 꽉 차 있는 경우 토하기 쉽고, 한 번에 너무 많은 이유식을 먹었거나, 트림을 못했을 때도 구토를 할 수 있습니다. 이유식을 먹인 후에는 아기를 무릎에 앉히거나 어깨에 걸쳐서 안은 후 등을 두드려 트림을 시켜주세요. 그래도 계속 토한다면 음식에 대한 알레르기 반응인지, 다른 문제가 있는지 소아전문의와 상담하는 것이 좋습니다.

Q 이유식을 거부하는 아기, 늦게 시작해도 될까요?

A 아무리 늦어도 생후 6개월이 되면 이유식을 시작해야 합니다. 알레르기도 없는 아기의 이유식이 늦어지면 오히려 영양이 부족해져 성장에 영향을 미칠 수 있습니다. 또 액체 상태의 음식에만 익숙해져서 덩어리진 음식을 주면 뱉어내거나 토하는 경우가 많아지고 숟가락이나 컵을 사용하는 등 바른 식습관을 길들이기도 힘들어집니다. 알레르기가 걱정되는 상황이 아니라면 생후 4개월 즈음, 아기가 태어났을 때의 몸무게의 2배가 되면 이유식을 시작하세요.

Q 아토피 아기의 이유식, 어떻게 시작하나요?

A 아토피가 있더라도 생후 6개월에는 이유식을 시작하여 일반적인 이유식 단계대로 차근차근 진행하세요. 쌀미음부터 시작하되 진행속도를 빠르게 해도 별 탈 없이 잘 먹는다면 중기로 넘어가도 됩니다. 예전에는 알레르기를 걱정해 많은 종류의 식품을 제한했지만, 이 방법이 오히려 아기의 영양 불균형을 초래한다는 연구 결과에 따라 최근에는 한 가지씩 먹여보면서 아기에게 알맞은 음식을 찾을 것을 권장합니다.

Q 이유식 중기를 앞두고 아픈 아기, 진행을 미룰까요?

A 아기가 이유식을 잘 먹고 소화도 잘 시킨다면 중기로 넘어가세요. 아기의 발달은 중기인데 초기 이유식을 먹으면 영양소와 칼로리 면에서 부족할 수 있습니다. 다만 아플 때는 소화가 잘 안 되고, 위에 부담을 줄 수 있으므로 수분과 영양을 보충해줄 수 있는 이유식으로 만들어 먹이세요.

Q 육류는 언제부터 먹여야 하나요?

A 생후 6개월이 되면 태어나면서 엄마로부터 받은 철분이 부족해져 아기에게 빈혈이 생길 수 있어요. 이때부터는 반드시 음식을 통해 철분을 보충해주어야 합니다. 국물보다는 육류 자체를 먹여야 하는데, 쇠고기나 닭고기의 살코기 부분을 곱게 갈아서 먹이도록 하세요.

Q 과일은 언제부터 먹일 수 있나요?

A 과일은 생후 4~6개월부터 먹일 수 있습니다. 사과, 배, 바나나, 자두, 살구 등을 갈거나 으깨서 주면 좋아요. 비타민과 섬유질 등이 풍부한 과일은 아기에게 꼭 먹여야 하는 재료이지만 아기가 단맛에 익숙해지면 다른 이유식을 거부할 수 있으므로 주의해야 합니다. 채소나 육류를 넣은 이유식을 잘 먹으면 과일을 주기 시작하세요. 알레르기를 일으킬 수 있는 귤과 오렌지는 생후 9개월 이후, 딸기와 토마토는 첫돌 이후가 적당합니다.

Q 이유식 초기에는 미음만 먹여야 하나요?

A 한 달 정도는 쌀미음에 채소나 과일을 한 가지만 섞어 먹여야 아기의 장에 무리가 없습니다. 미음은 액체 형태의 우유(분유)와 비슷하기 때문에 아기가 새로운 음식에 적응하는 것도 쉽고, 소화흡수도 잘 됩니다. 4~5개월 정도에는 쌀미음에 채소나 과일을 한 가지만 섞어 먹이고, 차츰 이

유식에 적응해가는 생후 5~6개월부터는 재료를 곱게 갈아서 10~7배죽 정도로 먹이며 넣는 재료도 두 가지 정도로 늘려주세요.

Q 생후 6개월 아기, 한 번에 먹는 이유식 섭취량이 적은데 횟수를 늘려서 하루 양을 늘려도 괜찮을까요?

A 생후 6개월부터는 엄마의 뱃속에서 받아 나온 영양분이 부족해지는 시기입니다. 수유만으로는 영양을 채우기 부족하기 때문에 이유식이 영양공급원으로 중요해지는 때이기도 합니다. 아기가 한 번에 먹는 이유식 섭취량이 부족할 경우 1회 정도 추가하는 것은 괜찮습니다. 하지만 1회 수유량이나 횟수가 줄어 아기가 혼란을 겪어 이유식을 먹지 않는다면 오히려 영양이 부족해지므로 주의해야 합니다. 아기마다 먹는 양이 제각각인 이유는 이유식에 적응하는 정도에 차이가 있기 때문입니다. 먹는 양보다는 아기가 얼마나 잘 받아먹고 규칙적인지를 기준으로 하는 게 적당합니다. 또한 이유식을 시작하는 목적 중 하나는 아기에게 다양한 음식을 맛보게 하기 위해서입니다. 횟수가 늘어나면 그만큼 다양한 재료와 음식을 경험하게 할 수 있죠.

Q 엄마 · 아빠가 알레르기 체질이라서 걱정이에요.

A 엄마 · 아빠가 알레르기 체질이라고 해서 아기까지 100% 알레르기 체질이 되는 것은 아닙니다. 다만 이 경우 일반적으로 70~80% 정도의 확률이 있다고 알려져 있는 만큼 이유식을 시작할 때 아기의 알레르기 반응을 주의해서 살피도록 하세요. 이유식 시작 후 설사를 자주 한다거나 얼굴에 울긋불긋 뭔가 돋으면서 열이 나는 증상 등이 대표적인 알레르기 반응입니다. 알레르기를 유발한다고 알려진 달걀, 우유, 흰콩은 물론 이런 재료들을 인공적으로 처리해서 만든 가공식품 등은 조금 늦게 먹이는 것이 좋으며, 그래도 걱정이 될 때는 소아과전문의와 상담 후 시작시기나 방법을 결정하세요.

Q 닭고기 넣은 것만 먹으면 얼굴이 빨갛게 올라오고 간지러워 해요. 평생 닭고기를 안 먹여야 하나요?

A 아기는 이유식을 시작하며 처음으로 다양한 음식을 접하게 됩니다. 하지만 아직 아기의 소화기관이 충분히 발달되어 있지 않기 때문에 종종 음식 알레르기가 나타나기도 합니다. 닭고기를 먹은 아기가 얼굴이 붉어지고 간지러워 한다면 닭고기에 대한 알레르기 반응이므로 당분간 먹이지 않는 것이 좋아요.
3개월 정도 뒤에 다시 소량을 먹여보세요. 다시 먹어서 괜찮다면 알레르기가 없어졌다고 봐도 됩니다. 만약 다시 알레르기 반응이 나타난다면 3개월 이후에 다시 시도해보세요. 알레르기를 일으키는 음식으로는 우유, 달걀, 생선, 땅콩, 메밀과 같은 것들이 있습니다. 이중 땅콩, 메밀 알레르기는 늦게까지 지속되는 경우가 많지만 나머지 음식들은 나이가 들면서 차차 알레르기가 없어지는 일이 많습니다. 보통 음식 알레르기는 만 4세가 지나면 거의 대부분 없어집니다. 다만 위에서 언급한 땅콩, 메밀 알레르기는 성인까지 지속되기도 하니 계속해서 주의하세요.

♠ 첫 이유식은 멥쌀로 시작!

멥쌀은 탄수화물인 녹말이 74%나 들어 있어 인체에 필요한 에너지를 쉽게 공급할 수 있습니다. 소화흡수율이 거의 100%에 달하고 단백질 함량도 6% 이상으로 영양적인 면에서도 우수합니다. 또 농도를 자유롭게 조절할 수도 있고, 다른 재료와 섞어 먹이기도 쉬워요. 특히 알레르기 반응이 가장 적은 식품이라 장이 약한 아기의 첫 이유식 재료로 안성맞춤이에요. 아토피가 있는 아기에게는 잡곡을 섞지 말고 멥쌀로 이유식을 만들어주는 것이 좋습니다.

♣ 쇠고기 누린내 없애기

쇠고기 누린내는 입맛이 예민한 아기가 이유식을 거부하게 되는 원인이 될 수도 있어요. 쇠고기를 찬물에 담가 핏물을 뺀 다음 조리하면 누린내가 없어지고 육수도 더 깨끗하게 만들 수 있답니다. 간혹 핏물을 빼면 철분이 다 빠져나가는지 궁금해하는 엄마가 많은데 고기 자체에 철분이 풍부하므로 크게 염려할 필요는 없습니다.

♠ 미숙아의 이유식 시작시기

미숙아로 태어났더라도 체중이나 발달 정도가 다른 아기들과 큰 차이가 없다면 이유식 시작시기를 늦출 이유는 없습니다. 성장발육 표준치의 체중을 감안해서 아기의 몸무게가 6kg 이상이 되면 시작하세요. 체중은 아기의 소화력을 예측해볼 수 있는 기준 중의 하나입니다.

♣ 미음이란?

미음은 쌀에 물을 충분히 부어서 푹 끓인 후 건더기를 걸러낸 국물을 말해요. 위에 부담이 없고 알레르기 위험도 낮아 모유나 분유처럼 액체 상태의 음식에 익숙한 아기의 첫 음식으로 적당합니다.

♠ 미음, 꼭 체에 내려 먹이기

쌀을 곱게 빻고, 재료를 갈거나 푹 삶아 곱게 으깨어 넣었더라도 초기 이유식은 미음으로 만들어 체에 걸러 먹이세요. 모유나 분유만 먹던 아기에게는 작고 부드러운 건더기도 부담스러울 수 있어요. 장을 자극해 피부 발진이 생기기도 합니다. 아기가 이유식을 시작하고 한 달 정도 잘 받아먹으면 체에 거르지 않아도 됩니다. 생후 6개월 이후부터 이유식을 시작한 아기라면 거친 시금치, 당근 같은 채소들만 체에 거르고 나머지는 거르지 않아도 돼요.

♣ 아기 딸꾹질, 차가운 장이 문제

'애역(呃逆)'이라고도 불리는 딸꾹질은 횡격막의 신경이 여러 원인에 자극을 받아 근육에 경련이 일어나면서 생기는 현상입니다. 아기들의 경우 찬 음식을 먹었을 때, 목욕 후 찬바람을 쐬는 경우, 배가 고팠다가 음식을 허겁지겁 먹은 후에 딸꾹질을 많이 하곤 합니다. 한의학에서 볼 때 몸이 차고 장이 약한 아기일수록 딸꾹질을 더 잘 하며 평소 손발이 차고 설사를 자주 하고 얼굴이 창백한 것이 특징이에요. 이런 아기들은 몸을 따뜻하게 해주는 데 신경 써야 합니다. 몸을 데워주는 음식과 차를 먹이고, 찬바람을 직접 쐬지 않도록 옷을 따뜻하게 입히세요. 가능하면 평소에도 찬 음식을 먹이지 말고, 음식을 먹인 후에는 반드시 트림을 시켜주도록 하세요.

♠ 이유식 먹일 때 가장 적당한 온도

아기는 위장이 약해 너무 차거나 뜨거운 음식을 먹으면 탈이 나기 쉬워요. 아기가 먹기 좋은 이유식 온도는 체온을 기준으로 합니다. 분유 탈 때와 마찬가지로 이유식 그릇을 만져보았을 때 따끈하게 느껴지는 정도면 적당해요. 처음 몇 번은 엄마가 먼저 먹어보아 온도가 어느 정도인지 가늠해두면 더 좋아요. 나중에 먹이게 될 밥과 반찬, 국, 찌개, 음료수 등 역시 미지근한 상태가 가장 알맞아요. 냉장고에서 바로 꺼낸 음식, 과일 등은 실온에 두었다가 차지 않게 먹이세요.

♣ 과즙 먹이는 요령

초기 이유식을 먹는 아기에게 희석시키지 않은 과즙은 지나치게 자극적입니다. 진한 농도의 과즙은 장에서 삼투압 반응을 일으켜 장의 수분을 높여 설사를 일으키기도 합니다. 과즙에 끓여서 식힌 물을 2배 정도 타서 먹이는 게 좋아요. 이때 아기가 잘 먹는다고 해서 과즙을 자주 먹이면 단맛에 길들여져 다른 이유식을 거부할 수 있으니 주의하세요.

♠ 이유식, 반드시 숟가락으로 먹여야 하는 이유

초기 이유식이 중요한 이유는 모유나 분유 이외의 음식을 처음 접하는 아기가 새로운 맛을 기억하고 음식에 흥미를 갖기 시작하는 시기이기 때문입니다. 빨아먹기만 하던 아기가 음식을 오물거리고 씹어서 삼킬 수 있게 연습을 하는 단계인 만큼 숟가락을 이용해 먹여야 해요. 숟가락으로 먹이면 엄마 젖이나 젖병을 빨 때보다 천천히 이유식의 맛을 느끼면서 먹게 되고 음식 본연의 맛을 경험할 수 있게 됩니다.

♣ 중기 이유식, 시작은 언제부터?

초기 이유식 후반기 무렵이 되면 아기가 한 번에 열숟가락 이상을 먹고도 더 달라고 보채기도 합니다. 특히 숟가락을 입에 댔을 때 입맛을 다시거나 입술을 양쪽으로 오므려 입을 벌리면서 침을 흘리면 중기 이유식을 시작해도 좋다는 신호입니다.

♣ 아기가 충분히 먹었다는 신호

이유식을 잘 받아먹던 아기기 갑자기 얼굴을 돌리거나 음식을 씹지 않고 물고 있는 경우 또는 받아먹는 속도가 느려지면 충분히 먹었다는 신호입니다. 다만 평소에 먹던 이유식량에 한참 부족하면서 수유량까지 줄면 소화불량 등 다른 원인을 고려해봐야 합니다.

♠ 냉동시킨 이유식 재료 사용기한

손질한 재료를 장기간 보관하기 위해서는 냉동만 시키면 된다고 생각하는 사람이 많지만 무조건 안심할 일은 아닙니다. 냉장고 안에서도 세균이나 곰팡이에 노출될 수 있기 때문입니다. 어른들과 달리 아기들은 면역력이 약하므로 1주일이 넘은 냉동 식재료는 사용하지 마세요. 가급적 1주일 이내에 사용하고, 1주일이 넘은 이유식 재료는 어른 음식을 만들 때 넣으세요.

♣ 신생아 구역질

신생아는 식도에서 위로 연결되는 부위의 근육이 아직 미숙하여 음식물이 역류하면서 구역질을 하는데, 이것을 '생리적 게우기'라고 합니다. 생후 9~12개월에 가장 많이 나타나고 1세 미만의 아기들 중 90%가 경험하는데 크면서 대부분 자연스럽게 고쳐져요. 〈경악전서〉에서는 "약소아다유若小兒多乳, 만이일자滿而溢者. 역시상사亦是常事, 유행즉지乳行則止. 불필치야不必治也"라는 말이 있어요. 아기가 우유를 많이 먹어 위가 가득 차면 넘쳐흐르는 것은 당연한 일이며, 우유가 다 소화되면 그치므로 치료할 필요가 없다는 뜻입니다. 식후에는 트림을 꼭 시키고 되도록 몸을 세운 자세를 오래 유지한 후에 머리를 약간 높게 하여 눕히고 엄마의 따뜻한 손으로 손을 데워주거나 복부마사지를 자주 해주면 좋습니다.

★아기가 아래의 증상을 보이면 꼭 소아전문의와 상담하세요

◈ 분수처럼 많은 양을 토한다
◈ 구토가 지속적으로 나타난다
◈ 잘 먹으려 하지 않는다
◈ 구토 횟수가 잦다
◈ 구토 후 눈에 띄게 힘이 없다

생후 6개월, 차근차근 한방 이유식 시작하기

이 시기의 아기는 장이 약하므로 한방재료 중에서는 비위를 강하게 하는 맥아, 당귀, 진피, 등을 넣은
이유식을 먹이면 좋습니다. 몸이 차고 소화가 잘 안 되는 아기라면 밤이나 당근,
양파(생후 6개월 이후) 등의 재료를 먹이면 효과가 있어요. 또 생후 6개월 즈음에는 선천적으로 타고난 면역력도
약해지므로 이를 보충해줄 수 있는 대추, 밤, 구기자 등에 사과, 감자, 브로콜리 등을 섞어서 이유식을 만들면 좋아요.

● 초기 한방 이유식 진행 원칙 3

1 생후 6개월부터 시작하세요 아기가 생후 6개월이 되면
엄마로부터 얻어 나온 선
천적인 면역력이 약해지고 칼로리와 철분, 구리, 비타민 D 등
의 영양소가 부족해집니다. 한방 이유식은 부족한 영양을 보
충해주고 저항력과 면역력을 길러주어 성장에 무리가 없도록
도와줘요. 한방 이유식을 시작한 후에는 알레르기 반응을 일
으키지는 않는지 아기의 상태를 잘 살피고, 만약 이상 반응이
있다면 한방 이유식을 중지하고 소아전문한의사를 찾아 진료
를 받으세요.

2 약재를 묽게 끓여 먹이세요 한방 이유식을 만들어 먹일
때는 약재를 우려서 사용
하세요. 약재를 끓일 때는 어른과 다르게 물을 많이 넣어서 아주
묽게 달여야 합니다. 보통 약재 2g에 물 1컵 정도가 적당합니다.

3 비위를 강하게 해주는 약재를 주로 사용하세요 아기는 장이 약합니다. 갓 태
어난 아기에게 모유나 분유를
먹이는 이유도 바로 장이 약
하기 때문입니다. 그래서 한방 이유식은 장이 약한 아기의 비위
(비장과 위장)를 강하게 해주는 약재로 시작합니다. 비위가 튼튼
해야 소화가 잘 되고, 소화가 잘 되어야 영양분을 흡수하기 쉽

고, 그래야 아기가 잘 성장할 수 있습니다. 아기의 기초 건강은
비위를 튼튼히 하는 것에서 시작된다고 할 수 있어요.

● 초기 한방 이유식 약재

· 대추

12경락을 도와 오장과 피를 보해
주는 대표적인 약재예요. 단백질
과 당류, 유기산, 비타민, 인, 철,
칼슘 등의 영양소가 풍부하고 열
량 또한 높습니다. 특히 말린 대
추는 체내 수분과 진액을 보충해

주어 영양실조, 혈소판감소성빈혈, 철결핍성빈혈 등에 효과가
좋아요. 풋대추는 많이 먹으면 설사를 하거나 열이 나기도 하
니 아기의 이유식에는 말린 대추를 이용하세요.

· 이런 아기에게 좋아요
위장이 약해 소화가 잘 안되고 살이 찌지 않는 아기, 기침을 자주 하고
목이 건조한 아기, 신경이 예민해 잠을 깊이 자지 못하고 밤에 깜짝깜짝
놀라는 아기, 식은땀을 잘 흘리는 아기

· 좋은 대추 고르기
알이 굵고 주름이 고르며 눌렀을 때 탄력 있는 것이 좋아요.

• 구기자

맛이 달고 성질이 평平한 약재로, 기가 허한 아기에게 먹이면 효과적이에요. 쓰임새가 다양해 차로 먹여도 좋고, 죽으로 만들어 먹여도 좋아요. 아기에게 부족한 음혈陰血을 기르고 정기를 더해주어 근육과 뼈를 튼튼히 해주며, 눈을 밝게 해줍니다. 구기자는 이유식 초기에는 물론 유아기의 아기에게 꾸준히 먹여도 좋은 영양만점 한방 재료입니다.

• 이런 아기에게 좋아요
특별한 원인 없이 입맛을 잃은 아기, 소화기능이 약한 아기, 근력이 부족하고 힘없어 하는 아기, 기력이 없어 자주 보채는 아기

• 좋은 구기자 고르기
전체적인 모양이 방추형으로 조금 납작하면서 표면이 선홍색을 띠는 것이 좋아요. 껍질은 주름이 잡혀있되 부드러운 것을 골라요.

• 당귀

맛이 달고 매우며 따뜻한 성질을 가지고 있어 아기들의 몸, 특히 혈血을 보해주는 역할을 해요. 매운맛이 혈액순환을 도와 타박상이나 외상이 있을 때 먹으면 어혈(뭉친 피)을 없애서 통증을 가라앉혀줘요. 다만 식욕부진, 복부 팽만, 설사, 설태(혀의 표면에 이끼 모양의 찌꺼기가 붙은 상태)가 두터운 아기에게는 삼가고 설사 증세를 보이면 소아전문한의사와 상의하세요.

• 이런 아기에게 좋아요
갑작스러운 출혈이 있었던 아기, 대변을 잘 못보는 아기

• 좋은 당귀 고르기
조금 잘라서 입에 넣어 보아 단맛이 나며 향기가 짙으며 푸석푸석한 것을 골라요.

• 진피

귤껍질을 말려서 만든 약재예요. 우리 몸의 기氣 흐름을 원활히 해주며, 주로 폐와 비위의 기를 잘 통하게 해줘요. 몸속 노폐물을 배출시켜주는 효과도 있어요. 돌 이후에는 진피와 생강 3~4g을 같이 넣고 끓여 하루 3~4번 정도 차처럼 따뜻하게 먹이면 효과가 더 좋아요. 단, 열이 심한 독감에 걸린 아기에게는 주지 마세요.

• 이런 아기에게 좋아요
기침, 가래, 감기 기운 있는 아기, 밤잠을 설치고 보채며 우는 아기, 자주 체하거나 구역질하는 등 소화기가 약한 아기

• 좋은 진피 고르기
오래된 것일수록 좋고, 황갈색 또는 흑갈색의 외피에 내면은 백색 또는 짙은 갈색으로 가볍고 부스러지기 쉬운 것이 좋아요.

• 맥아

발아시킨 보리의 이삭으로, 소화를 촉진시켜 아기의 약한 비위기능을 건강하게 해주는 데 탁월한 효과가 있어요. 쉽게 구할 수 있고 향과 색이 은은해 아기에게 손쉽게 먹일 수 있어요. 특히 맛이 달고 성질이 따뜻하지도 차지도 않은 평平한 성질로 어린 아기에게 먹이기도 부담 없어요.

• 이런 아기에게 좋아요
모유를 안 먹고 보채는 아기, 체해서 설사하는 아기, 국수류나 전분류 음식을 먹고 체한 아기

• 좋은 맥아 고르기
발아된 것이 좋고, 쪼갰을 때 가루가 흩날리고 약간 노르스름한 빛을 띠는 것을 선택해요.

대추미음

대추에는 단백질과 비타민, 인, 철, 칼슘 등
아기 건강에 도움이 되는 영양소가 풍부하게 들어 있어요.
특히 말린 대추는 피를 보해주는
역할을 해서 아기의 영양발달에도 효과적이에요.

재료

쌀 ··· 10g
말린 대추 ··· 1개
물 ··· 1컵

만들기

1 쌀은 깨끗이 씻어서 1시간 정도 불린 후 체에 밭쳐 물기를 빼
　고 분쇄기에 넣어 곱게 간다.

2 말린 대추는 깨끗이 씻어 물에 3분 정도 불린 후 면보로 물기
　를 닦는다.

3 불린 대추는 돌려 깎기해 씨를 발라내고 편편하게 펴서 잘게
　썬 다음 한 번 더 다진다.

4 냄비에 **1**의 쌀가루와 다진 대추, 물 1컵을 붓고 약한 불에서
　쌀가루와 대추가 푹 풀어지도록 저어가며 끓인다.

5 불을 끄고 고운체에 거른다.

 맥아미음

맥아는 소화를 촉진시키는 약재예요. 이유식 재료로 사용해
아기에게 먹이면 영양흡수를 도와줍니다.

재료

쌀 ⋯ 10g
맥아 ⋯ 2g
물 ⋯ 1½컵

만들기

1 쌀은 깨끗이 씻어서 1시간 정도 불린 후 체에 밭쳐 물기를 빼
고 분쇄기에 넣어 곱게 간다.

2 냄비에 맥아와 물 1컵을 넣고 5분간 끓인다.

3 끓인 맥아는 얇은 면보에 밭쳐 건더기를 걸러내고 우린 물을
받는다.

4 냄비에 **1**의 쌀가루와 맥아 우린 물 1작은술과 물 ½컵을 넣고
센 불에서 끓이다가 약한 불로 잘 저어가며 1분 정도 끓인다.

5 불을 끄고 고운체에 거른다.

 진피미음

진피는 아기 몸 전체는 물론 특히 폐와 비위의
기를 잘 통하게 해 노폐물을 없애줍니다. 아기가 밤에
보채거나 울 때 먹이면 안정시키는 효과가 있어요.

재료

쌀 ⋯ 10g
진피 ⋯ 2g
물 ⋯ 1½컵

만들기

1 쌀은 깨끗이 씻어서 1시간 정도 불린 후 체에 밭쳐 물기를 빼
고 분쇄기에 넣어 곱게 간다.

2 진피는 물 1컵에 3분 정도 불린 후 센 불에서 5분간 끓여서 체
에 밭쳐 우린 물을 받는다.

3 냄비에 **1**의 쌀가루와 물 ½컵을 넣고 센 불에서 끓인다.

4 한소끔 끓어오르면 진피 우린 물 1작은술을 붓고 약한 불에서
1분 정도 더 끓인다.

5 불을 끄고 고운 체에 거른다.

구기자감자미음

이유식 초기에는 아기의 면역력이 떨어지기 쉬워요.
구기자와 감자로 이유식을 만들어주면
아기에게 필요한 무기질을 보충하고
기를 충전해 면역력을 키워줄 수 있어요.

재료

찹쌀 … 5g
구기자 … 2g
물 … 1½컵
감자 … 10g

만들기

1 찹쌀은 깨끗이 씻어서 1시간 정도 불린 후 체에 밭쳐 물기를 빼고 분쇄기에 넣어 곱게 간다.

2 구기자는 깨끗이 씻어 물 ½컵에 담가 20분 정도 불린 뒤 물 ½컵을 더 부어 센 불에서 끓인다.

3 한소끔 끓어오르면 약한 불로 줄여 물이 반으로 줄 때까지 졸인 후 고운체에 밭쳐서 구기자 우린 물을 받는다.

4 감자는 껍질을 벗겨 깨끗이 씻은 후 찜통에 쪄서 곱게 으깬다.

5 냄비에 1의 쌀가루와 물 ½컵을 넣고 약한 불에서 끓인다.

6 끓기 시작하면 구기자 우린 물 1작은술과 으깬 감자를 넣고 한소끔 더 끓인다.

7 불을 끄고 고운체에 거른다.

2

4

당귀사과미음

몸을 보해주는 당귀와 비타민 함유량이 높은
사과가 어우러진 건강 이유식입니다.
천연 단맛이 나는 재료들로 만들어 맛도 좋답니다.

재료

쌀 ··· 10g
당귀 ··· 2g
물 ··· 1½컵
사과 ··· 15g

만들기

1 쌀은 깨끗이 씻어서 1시간 정도 불린 후 체에 밭쳐 물기를 빼고 분쇄기에 넣어 곱게 간다.

2 당귀는 물 ½컵에 20분 정도 불린 뒤 물 ½컵을 더 넣고 센 불에서 한소끔 끓인 후 체에 밭쳐 우린 물을 받는다.

3 사과는 깨끗이 씻어 껍질을 벗기고 반 갈라 심 부분을 도려낸 뒤 강판에 곱게 간다.

4 냄비에 **1**의 쌀가루와 물 ½컵을 넣고 센 불에서 끓인다.

5 끓기 시작하면 약한 불로 줄이고 당귀 우린 물 1작은술과 곱게 간 사과를 넣고 한소끔 더 끓인다.

6 불을 끄고 고운 체에 거른다.

대추감자죽

소화가 잘 되는 감자와 오장육부를 보호해주는
대추를 함께 넣어 만들면 아기의 기력을 살려주는
이유식이 완성돼요.

재료

쌀 ··· 10g
말린 대추 ··· 1개
물 ··· 1½컵
감자 ··· 10g

만들기

1 쌀은 깨끗이 씻어서 1시간 정도 찬물에 불린 후 체에 밭쳐 물
 기를 빼고 분쇄기에 넣어 곱게 간다.

2 대추는 깨끗이 씻어 물 ½컵에 3분쯤 담가 불린다. 물 ½컵을
 더 부어 대추 씨와 껍질이 분리될 정도로 푹 삶은 후 체에 부
 어 우린 물을 받는다.

3 감자는 깨끗이 씻어 껍질을 벗겨 작게 썬 후 푹 삶아 뜨거울
 때 곱게 으깬다.

4 냄비에 1의 쌀가루와 대추 우린 물 1작은술, 으깬 감자, 물 ½
 컵을 넣고 센 불에서 저어가며 끓인다.

5 한소끔 끓어오르면 약한 불로 줄이고 쌀가루가 퍼질 때까지
 저어가며 끓인다.

6 불을 끄고 고운 체에 거른다.

진피애호박죽

기를 보하는 진피와 비타민이 풍부하게 들어있는
애호박이 아기의 점막을 튼튼하게 해주어
감기 등 질병에 대한 저항력을 길러주는 이유식이에요.

 **재료**

쌀 ··· 10g
진피 ··· 2g
물 ··· 1½컵
애호박 ··· 10g

 **만들기**

1 쌀은 깨끗이 씻어서 1시간 정도 찬물에 불린 후 체에 밭쳐 물
기를 뺀 뒤 분쇄기로 곱게 간다.

2 진피는 물 1컵에 3분 정도 불린 뒤 센 불에서 5분간 끓인다. 체
에 밭쳐 우린 물을 받는다.

3 애호박은 깨끗이 씻어 껍질을 돌려 깎고 씨는 버린 후 연두색
부분만 곱게 다진다.

4 냄비에 **1**의 쌀가루와 곱게 다진 애호박, 물 ½컵을 넣고 센 불
에서 끓인다.

5 애호박과 쌀가루가 퍼지면 약한 불로 줄인 후 진피 우린 물 1
작은술을 붓고 1분 정도 더 끓인다.

6 한소끔 끓어오르면 불을 끄고 고운 체에 거른다.

 구기자죽

구기자는 눈에 좋을 뿐 아니라
아기의 부족한 음혈을 기르고,
정기를 충전해 근육과 뼈를 튼튼하게 하는 등
효능이 다양한 재료예요.

재료

쌀 … 5g
찹쌀 … 5g
구기자 … 2g
물 … 1½컵

만들기

1 쌀과 찹쌀은 깨끗이 씻어서 1시간 정도 찬물에 불린 후 체에
  밭쳐 물기를 빼고 분쇄기에 넣어 곱게 간다.
2 구기자는 깨끗이 씻어 물 ½컵에 담가 20분 정도 불린다. 물
  ½컵을 더 부어 센 불에서 끓인다.
3 구기자 물이 끓으면 약한 불로 줄여 물이 반으로 줄 때까지 졸
  인 후 체에 밭쳐서 우린 물을 받는다.
4 냄비에 **1**의 쌀가루와 구기자 내린 물 1작은술, 물 ½컵을 넣고
  약한 불에서 끓인다.
5 쌀가루가 퍼지면 불을 끄고 고운체에 거른다.

3

당귀고구마미음

따뜻한 성질을 가지고 있는 당귀는
아기의 몸을 보하는 작용을 해요.
특히 빈혈이나 출혈이 있는 아기에게 사용하면 효과적이에요.

재료

쌀 ··· 10g
고구마 ···10g
당귀 ··· 2g
물 ··· 1½컵

만들기

1 쌀은 깨끗이 씻어서 1시간 정도 찬물에 불린 후 체에 밭쳐 물
  기를 뺀 뒤 분쇄기로 곱게 간다.

2 고구마는 깨끗이 씻어 푹 삶아 껍질을 벗긴 후 뜨거울 때 곱게
  으깬다.

  Tip 고구마를 찬물에 10분 정도 담가 녹말 성분을 없앤 후 찌면 입자가
      좀 더 부드러워집니다. 더욱 곱게 으깰 수 있어요.

3 냄비에 당귀와 물 ½컵을 넣어 20분 정도 불린다. 물 ½컵을 더
  넣고 센 불에서 한소끔 끓인 후 체에 밭쳐 우린 물을 받는다.

4 냄비에 1의 쌀가루와 물 ½컵을 넣고 센 불에서 끓인다.

5 한소끔 끓어오르면 약한 불로 줄이고 으깬 고구마, 당귀 우린
  물 1작은술을 넣고 저으면서 1분 정도 더 끓인다.

쑥쑥 성장 돕는
중기 이유식

지금까지가 아기가 이유식에 익숙해지는 시기였다면
이제부터는 본격적으로 이유식을 훈련할 때입니다.
이 시기에 다양하고 영양가 있는 음식을 고루 섭취해야
성장의 기본기가 다져진다고 해도 과언이 아니에요.
다만 아직은 모유나 분유가 아기의 주된 영양공급원입니다.
이유식에 지나친 욕심을 부리는 것은 삼가세요.

배밀이를 하느라 팔의 근육이 강해진 아기는 혼자 상체를 일으킨 채 제법 오래 버티게 됩니다.
스스로 몸을 일으켜 앉지는 못하지만 앉혀놓으면 한참 동안 혼자 앉아 있을 수 있어요.
양손으로 물건을 잡거나 혼자 젖병이나 과자를 잡고 먹을 수도 있게 돼요.
서툴지만 숟가락을 쥐어주면 쥘 수 있고, 음식을 보면 손을 뻗어 잡으려고 합니다.

키와 몸무게(평균, 만 기준)

 **남**   **생후 7개월** 69.3cm / 8.4kg
      생후 8개월 70.8cm / 8.7kg

 **여**   **생후 7개월** 68.0cm / 7.9kg
      생후 8개월 69.6cm / 8.2kg

**이맘때
아기 발달**

치아 발달과 씹기 능력

이 시기에 유치는 보통 아랫니 2개가 나고 이른 아기는 윗니도 보여요. 다만 유치가 나는
시기는 개인차가 커서 태어나면서부터 나기도 하고 늦게는 돌 무렵에 나기도 하니 미리 걱
정할 필요는 없습니다. 중기 이유식부터는 아기가 앞뒤로만 움직이던 혀를 위아래로도 움
직일 수 있게 되어 씹어 먹는 훈련을 할 수 있어요. 음식을 입에 넣어주면 혀를 이용해 위로
밀어 올려 잇몸으로 으깨요. 치아가 나면서 아기가 침을 많이 흘리고 손에 잡히는 물건은
모두 입으로 가져가므로 치아발육기를 주거나 가제수건을 이용한 잇몸마사지를 틈틈이 해
주세요. 특히 유치에 충치가 생기면 영구치에도 영향을 주므로 꼼꼼한 관리가 필요합니다.

수면과 배변

＊**수면** 밤잠 11시간 / 낮잠 3시간(2회) ⇨ 총 수면시간 14시간
＊**배변** 소변 18회 내외 / 대변 2회 내외

이유식량이 늘면서 수유량이 상대적으로 줄어드는 시기입니다.
이유식은 하루 2회, 오전 10시와 오후 2시 정도에 먹이는 것이 적당하지만
아기가 먹는 양, 수유 시간에 따라 조절하세요.
생후 7~8개월이면 아기 밥그릇의 ½ 공기를 먹이다가 잘 받아먹으면
⅔로 늘리고 생후 9개월이 되면 1공기 정도로 늘려서 주세요.

**중기 이유식
진행 방법**

조리형태

부드러운 알갱이가 섞인 걸쭉한 상태. 두부 정도의 굳기(7배죽 … 5배죽)

중기 이유식 섭취량

* **모유, 분유** 4~5회(1일 수유량 700~800㎖)
* **이유식** 2회 + 간식 1회(1회 이유식 섭취량 70~100g)

  이유식 섭취량은 아기마다 차이가 있어요. 무엇보다 수유량을 지키는 것이 중요해요

중기 이유식에 추가되는 재료

* **곡류** 조, 녹두, 현미가루, 보리, 수수, 옥수수가루(보리, 수수, 옥수수 알레르기가 있는 아기는 후기 이후부터 가능)
* **채소** 버섯류, 적양배추, 아욱, 쑥, 연근
* **과일류** 감, 건포도
* **육류** 쇠고기(안심), 닭고기(가슴살, 안심)
* **해산물** 대구, 병어, 가자미, 동태 등 흰살생선류, 멸치(중기 후반부터 가능, 짠맛 주의), 김(조미되지 않은 것, 짠맛 주의), 미역(가공되지 않은 것, 짠맛 주의)
* **난류** 달걀노른자(흰자는 안 됨)
* **유제품** 아기용 치즈, 플레인 요구르트(알레르기가 없으면 생후 8개월부터 가능)
* **콩** 두부, 대두, 강낭콩, 두유(두유는 콩 먹을 수 있는 아기라면 가능)
* **견과류&유지류** 참깨(생후 8개월부터 가능)

언제 시작할까요?

＊ 평소 먹던 양을 다 먹고도 보챌 때가 적기예요

생후 6개월로 접어든 아기는 이유식을 보통 하루에 두 번, 한 번에 약 ¼컵(50~60㎖)을 먹을 수 있게 됩니다. 적정량을 먹고도 아기가 입맛을 다시고 침을 흘리면서 더 먹고 싶어한다면 중기 이유식을 시작하기에 적당한 시기입니다. 이렇게 아기가 이유식을 별 탈 없이 소화시키고 먹는 것에 익숙해지면 차츰 양도, 횟수도 늘립니다.

얼마나 먹일까요?

＊ 생후 7~8개월에는 하루 2회, 9~11개월에는 3회 시도

보통 중기 이유식 후반(7개월 시작 무렵)부터는 서서히 하루에 두 번 먹는 연습을 시작하게 됩니다. 그래서 중기 이유식에 접어들면(7개월 후반) 하루에 두 번 규칙적으로 먹는 습관을 들이는 게 좋습니다. 그러다가 8개월 후반이 되면 서서히 하루에 세 번으로 늘려주세요. 시간은 중기 때와 마찬가지로 수유를 하기 전에 먹이는 게 좋아요. 오전 10시에 한 번, 그리고 오후 2시 또는 아기에 따라 오후 6시도 괜찮습니다. 세 번 먹일 때는 오전 10시, 오후 2시와 오후 6시가 좋습니다. 다만 매일 같은 시간에 주는 걸 원칙으로 해야 아기에게도 리듬이 생겨 앞으로의 식습관 형성에 도움이 됩니다.

＊ 하루에 70~120g 정도가 적당해요

먹는 양은 아기마다 개인차가 크고 또 하루하루 쑥쑥 자라기 때문에 콕 집어 말하긴 어렵지만 보통 생후 7개월까지는 한 번에 70g 정도, 하루에 총 150g이 적당합니다. 차츰 양을 늘려 8개월경에는 한 번에 100g 정도 먹이세요. 양을 늘릴 때에는 한꺼번에 늘리지 말고 4~7일 간격으로 아기의 상태를 살피면서 한두 숟가락씩 더 주세요. 아기가 먹는 이유식량이 늘어난 만큼 모유나 분유의 섭취량은 줄겠죠. 하지만 아직은 아기가 이유식보다 모유나 분유에서 더 많은 영양을 섭취하는 시기라는 걸 잊지 마세요. 정해진 양의 이유식을 먼저 먹인 후, 모유나 분유로 부족한 부분을 충분히 채워주세요.

무엇을 먹일까요?

*** 육류 섭취가 꼭 필요합니다**

초기 이유식이 곡류 중심이었다면 지금부터는 아기가 육류와 다양한 채소를 섭취할 수 있어요. 특히 육류의 섭취가 무엇보다 중요해요. 생후 6개월이 되면 태어날 때 엄마로부터 받은 철분이 거의 없어지므로 반드시 음식을 통해 보충해야 합니다. 이 시기에 먹일 수 있는 철분 음식으로는 쇠고기(안심)나 닭고기(가슴살, 안심)가 가장 좋습니다. 곱게 갈아서 이유식을 만들 때 넣어주세요.

*** 고른 영양, 균형 잡힌 식사가 중요해요**

몸에 저장되었던 영양분이 빠져나가고 성장발육은 왕성하게 이루어지는 시기인 만큼 충분한 영양이 필요한 때입니다. 오전에 채소 두 가지를 섞은 죽, 오후엔 육류와 채소가 들어간 죽 그리고 간식으로 과일을 주고 여기에 모유나 분유를 충분히 먹이면 아기에게 균형 잡힌 하루 식사가 됩니다.

*** 하루 한 번, 간식을 주세요**

생후 8개월 후반에는 아기에 따라 이유식을 하루에 2회 또는 3회를 먹기도 합니다. 여기에 하루 한 번, 간식을 주세요. 아기는 아직 위가 작고 먹는 양이 적어 식사와 식사 사이에도 배가 고플 수 있습니다. 처음 간식을 주는 시간은 오후 4시가 적당하며 양은 많지 않게 주어야 합니다. 너무 많이 먹으면 오히려 이유식을 잘 먹지 않습니다. 또한 아기가 단맛에 길들여지지 않도록 주의하세요. 얇게 썬 과일이나 삶은 채소 등을 손으로 집어 먹을 수 있게 만들어 줍니다.

아기가 이유식을 잘 먹지 않는다고 소금, 설탕, 간장으로 간을 하지 마세요.

어떻게 조리할까요?

*** 7~5배죽, 혀로 으깰 수 있도록 부드럽게!**

이 시기의 아기는 이유식을 통해 음식의 맛과 향, 질감을 배웁니다. 유치가 나기 시작하고 혀와 잇몸으로 제법 으깨 먹을 수 있는 시기이므로 곱게 갈지 않아도 됩니다. 죽은 7배죽에 서 차츰 5배죽으로 만들고, 채소나 육류는 쌀알 크기로 다지고, 고구마나 감자 등은 푹 삶아 서 덩어리가 약간 느껴지도록 으깨주면 됩니다. 지금부터는 아기가 손으로 잡고 먹을 수 있 는 형태의 음식을 주어 스스로 먹는 연습을 시키는 것도 좋습니다.

*** 음식에 간은 NO! 육수는 활용해도 좋아요**

아기가 이유식을 잘 먹지 않는다고 소금, 설탕, 간장으로 간을 하지 마세요. 이 시기부터 간 을 하기 시작하면 아기가 먹기에 알맞은, 간이 안 된 이유식을 먹지 않게 됩니다. 이럴 때에 는 식재료 고유의 맛을 우려낸 다양한 육수를 활용해보세요. 단, 너무 자주 사용하면 아기가 육수 넣은 이유식만 먹으려고 할 수 있으니 주의하세요.

어떻게 먹일까요?

*** 숟가락, 컵과 친해지게 하세요**

생후 7~8개월경에는 아기에게 직접 숟가락을 쥐어주세요. 또 손으로 집어 먹게 하세요. 다 소 지저분해지더라도 이를 통해 아기가 혼자서 먹는 법을 배우게 되고, 손을 움직이는 동안 소근육과 두뇌발달도 함께 이뤄진답니다. 아기가 혼자서 젖병을 들고 먹을 수 있다면 물이 나 분유 등을 컵에 담아주세요. 처음엔 뚜껑이 있는 양손잡이 컵이 좋습니다. 점차 익숙해지 면 후기 이유식 무렵에는 혼자서도 컵을 들고 마실 수 있어요.

*** 한곳에 앉아서 먹도록 하세요**

이유식은 올바른 식습관을 가르칠 수 있는 기회이기도 합니다. 아기가 혼자 앉기 시작하면 아기용 식탁의자를 마련해 정해진 장소에서 먹도록 하세요. 간식을 먹을 때도 마찬가지입 니다. 방바닥을 기어 다니는 아기 뒤를 쫓아다니면서 먹이다 보면 커서도 밥그릇을 들고 쫓 아다니며 먹여야 해요. 한곳에 앉아서 스스로 먹는 습관을 길러주려면 이 시기를 놓치지 마 세요.

쇠고기양파죽

양파는 칼슘과 철분이 풍부해 쇠고기만큼이나
성장기 아기에게 좋은 채소예요.
신경이 예민하고 허약한 아기의 피로 회복,
원기 충전에도 도움을 줍니다.

 **재료**

쌀 ··· 20g
쇠고기(안심) ··· 10g
양파 ··· 10g
쇠고기육수 ··· ⅔컵

쇠고기육수 만들기는
37p 참조

 **만들기**

1 쌀은 깨끗이 씻어서 1시간 정도 불린 후 체에 받쳐 물기를 빼고 분쇄기에
넣어 쌀알이 반쯤 으깨지도록 간다.

2 쇠고기는 찬물에 씻은 뒤 종이타월로 살짝 눌러 핏물을 닦아내고 0.3㎝ 크
기로 다진다.

Tip 기름기가 많은 쇠고기는 칼로 기름기를 제거한 후에 조리를 시작하세요.

3 양파는 껍질을 벗기고 깨끗이 씻어 0.3㎝ 크기로 다진다.

4 냄비에 다진 쇠고기를 넣고 볶다가 반 정도 익으면 1의 쌀가루와 다진 양
파, 쇠고기육수를 붓고 센 불에서 끓인다.

5 한소끔 끓어오르면 약한 불로 줄이고 눌어붙지 않게 저어가며 쌀가루가
완전히 퍼질 때까지 끓인다.

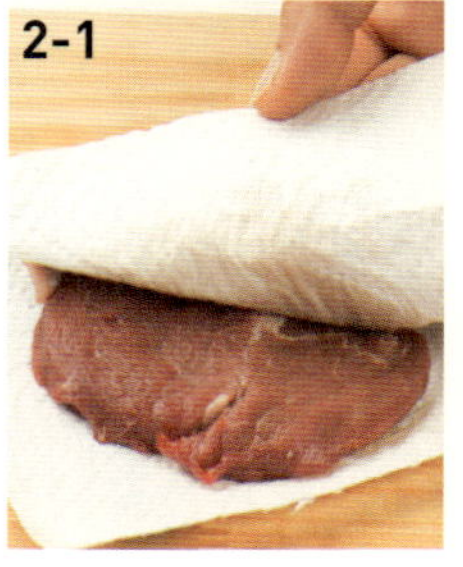

2-1

2-2

3

쇠고기브로콜리죽

쇠고기는 성장 발달과 두뇌 발달에 꼭 필요한 아미노산이 고루 들어있어
이유식 초기부터 먹이는 단백질이에요.
비타민 함량은 적은 편이므로 채소, 과일 등을 곁들여 먹이세요.

재료

쌀 ··· 20g
쇠고기(안심) ··· 10g
브로콜리 ··· 10g
물 ··· ⅔컵

만들기

1 쌀은 깨끗이 씻어서 1시간 정도 불린 후 체에 밭쳐 물기를 빼고 분쇄기에
넣어 쌀알이 반쯤 으깨지도록 간다.

2 쇠고기는 찬물에 씻은 뒤 종이타월로 살짝 눌러 핏물을 닦아내고 0.3㎝ 크
기로 다진다.

3 브로콜리는 깨끗이 씻어 꽃송이 부분만 잘라 끓는 물에 데친 후 잘게 다진
다.

4 냄비에 다진 쇠고기를 볶다가 반 정도 익으면 1의 쌀가루와 다진 브로콜
리, 물 ⅔컵을 붓고 센 불에서 끓인다.

5 한소끔 끓어오르면 약한 불로 줄이고 눌어붙지 않게 저어가며 쌀가루가
완전히 퍼질 때까지 끓인다.

찹쌀쇠고기 시금치죽

뱃속을 편안하게 해주는 찹쌀은
아기의 식은땀을 멎게 하며 해독작용도 합니다.
여름철에 삼계탕을 끓일 때
찹쌀을 넣는 것도 이런 이유에서랍니다.

재료

쌀 ··· 15g
찹쌀 ··· 5g
쇠고기(안심) ··· 10g
시금치 ··· 10g
물 ··· ⅔컵

만들기

1 쌀과 찹쌀은 깨끗이 씻어서 1시간 정도 불린 후 체에 밭쳐 물기를 빼고 분
쇄기에 넣어 쌀알이 반쯤 으깨지도록 간다.

2 쇠고기는 찬물에 씻은 뒤 종이타월로 살짝 눌러 핏물을 닦아내고 0.3㎝ 크
기로 다진다.

3 시금치는 줄기를 잘라내고 잎 부분만 깨끗이 씻어 끓는 물에 데친 뒤 찬물
에 헹궈 물기를 짜내고 0.3㎝ 크기로 다진다.

4 냄비에 다진 쇠고기를 볶다가 반 정도 익으면 **1**의 쌀가루와 찹쌀가루, 물
⅔컵을 붓고 센 불에서 끓인다.

5 한소끔 끓어오르면 약한 불로 줄이고 다진 시금치를 넣은 뒤 눌어붙지 않
게 저어가며 쌀가루가 완전히 퍼질 때까지 끓인다.

차조단호박
시금치죽

재료

쌀 · · · 15g
차조 · · · 5g
단호박 · · · 10g
시금치 · · · 10g
닭고기육수 · · · ⅔컵

닭고기육수 만들기는
38p 참조

만들기

1 쌀과 차조는 깨끗이 씻어서 1시간 정도 불린 후 체에 밭쳐 물기를 빼고 분 쇄기에 넣어 쌀알이 반쯤 으깨지도록 간다.

2 단호박은 속과 씨를 말끔히 긁어내고 껍질을 벗긴 뒤 작게 썰어 푹 삶아 으 깬다.

3 시금치는 줄기를 잘라내고 잎 부분만 깨끗이 씻어 끓는 물에 데친 뒤 찬물 에 헹궈 물기를 짜내고 0.3㎝ 크기로 다진다.

4 냄비에 1의 쌀가루와 차조가루, 닭고기육수를 넣고 센 불에서 끓인다.

5 한소끔 끓어오르면 약한 불로 줄이고 으깬 단호박과 다진 시금치를 넣은 뒤 눌어붙지 않게 저어가며 쌀가루가 완전히 퍼질 때까지 끓인다.

닭고기 채소죽

찰떡궁합인 닭고기와 채소가 어우러진 건강 이유식이에요.
단백질은 물론 비타민과 식이섬유가
고루 들어갔어요.

재료

쌀 ··· 20g
닭가슴살 ··· 10g
시금치 ··· 10g
당근 ··· 5g
닭고기육수 ··· ⅔컵

닭고기육수 만들기는
38p 참조

만들기

1 쌀은 깨끗이 씻어서 1시간 정도 불린 후 체에 밭쳐 물기를 빼고 분쇄기에
　넣어 쌀알이 반쯤 으깨지도록 간다.

2 닭가슴살은 삶아서 0.3㎝ 크기로 다진다.

3 시금치는 줄기를 잘라내고 잎 부분만 깨끗이 씻어 끓는 물에 데친 뒤 찬물에
　헹궈 물기를 짜내고 0.3㎝ 크기로 다진다.

4 당근은 깨끗이 씻은 후 껍질을 벗기고 0.3㎝ 크기로 다진다.

5 냄비에 1의 쌀가루와 다진 당근, 닭고기육수를 넣고 센 불에서 끓인다.

6 한소끔 끓어오르면 약한 불로 줄이고 다진 닭가슴살과 시금치를 넣어
　눌어붙지 않게 저어가며 쌀가루가 완전히 퍼질 때까지 끓인다.

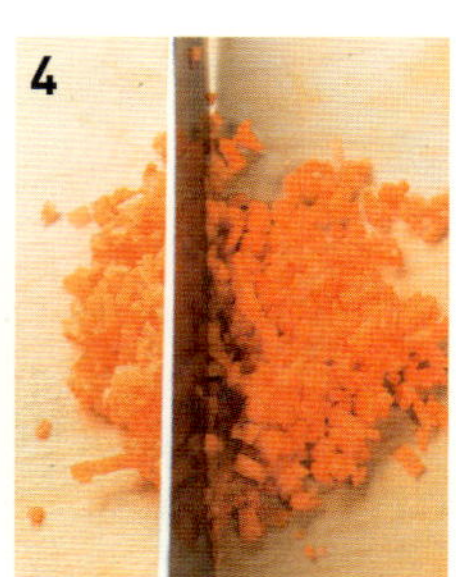

쇠고기아욱당근죽

아욱에는 특히 칼슘이 많아
발육기 아기에게 좋아요.
또한 찬 성질의 식품이어서 여름철 땀을 많이 흘리는 아기,
더위를 타는 아기의 건강한 여름나기를 도와줘요.

재료

쌀 ··· 20g
쇠고기(안심) ··· 10g
아욱 ··· 10g
당근 ··· 5g
물 ··· ⅔컵

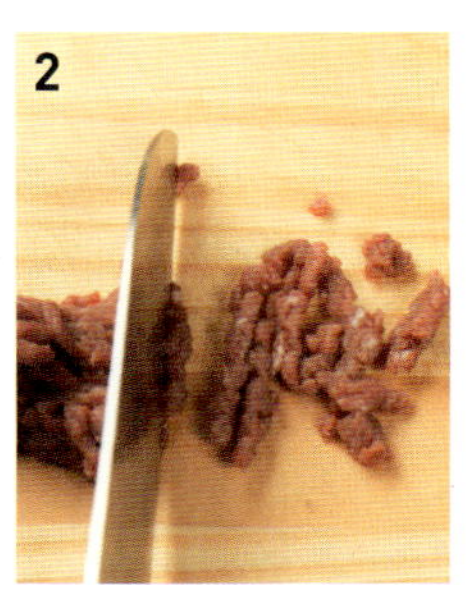

만들기

1 쌀은 깨끗이 씻어서 1시간 정도 불린 후 체에 받쳐 물기를 빼고 분쇄기에
넣어 쌀알이 반쯤 으깨지도록 간다.

2 쇠고기는 찬물에 씻은 뒤 종이타월로 살짝 눌러 핏물을 닦아내고 0.3㎝ 크
기로 다진다.

3 아욱은 잎 부분만 잘라내어 물을 조금 넣어 바락바락 주물러 씻은 다음 푸
른 물을 빼고 깨끗이 헹군다. 끓는 물에 살짝 데쳐서 찬물에 헹군 뒤 물기
를 빼고 0.3㎝ 크기로 다진다.

4 당근은 깨끗이 씻어 껍질을 벗기고 물기를 닦고 0.3㎝ 크기로 다진다.

5 냄비에 다진 쇠고기를 볶다가 반 정도 익으면 1의 쌀가루와 다진 당근, 물
⅔컵을 붓고 센 불에서 끓인다.

6 한소끔 끓어오르면 약한 불로 줄이고 다진 아욱을 넣은 뒤 눌어붙지 않게
저어가며 쌀가루가 완전히 퍼질 때까지 끓인다.

브로콜리 사과조림

치아가 나기 시작하고 씹는 힘도
제법 생기게 되는 중기 이유식부터는 아기가 다양한 재료의
맛과 향, 질감을 경험하는 것이 중요해요.
브로콜리사과조림처럼 다양한 조리법을 활용해서
만든 이유식으로 먹는 즐거움을
함께 느끼도록 해주세요.

재료

사과 · · · 10g
브로콜리 · · · 20g
물 · · · ¼컵
녹말물 · · · 2작은술(녹말가루 : 물 = 1:1)

만들기

1 사과는 깨끗하게 씻어 껍질을 벗기고 속과 씨는 도려낸 뒤 다지거나 강판
  에 간다.

2 브로콜리는 깨끗이 씻어 꽃송이 부분만 자른 뒤 끓는 물에 데친 다음 잘게
  다진다.

3 냄비에 다진 사과와 브로콜리, 물 ¼컵을 넣고 고루 섞은 후 한소끔 끓어오
  르면 약한 불로 줄이고 녹말물을 부어 덩어리지지 않게 저어가며 익힌다.

고구마 사과조림

고구마와 사과 모두 단맛이 나는 천연 재료로
아기의 입맛을 살리는 데 제격이에요.
하지만 너무 자주 주면 아기가 단맛에 길들여져
채소나 육류가 들어있는 이유식을
거부할 수 있으니 주의하세요.

재료

사과 ··· 10g
고구마 ··· 20g
물 ··· ¼컵
녹말물 ··· 2작은술(녹말가루:물 = 1:1)

만들기

1 사과는 깨끗하게 씻어 껍질을 벗기고 속과 씨는 도려낸 뒤 다지거나 강판
   에 간다.
2 고구마는 깨끗이 씻어 푹 삶은 뒤 껍질을 벗기고 뜨거울 때 곱게 으깬다.
3 냄비에 다진 사과와 고구마, 물 ¼컵을 넣고 고루 섞은 후 한소끔 끓어오르
   면 약한 불로 줄이고 녹말물을 부어 덩어리지지 않게 저어가며 익힌다.

밤닭고기 완두콩죽

밤, 닭고기, 완두콩 모두 성질이 따뜻해
몸을 보하는 효과가 있어 여름철 보양 이유식으로 좋아요.
땀을 많이 흘리는 아기, 배탈과 설사가 잦은 아기,
여름에도 감기를 달고 사는 아기에게 만들어주세요.

재료

쌀 ··· 20g
밤 ··· 1개
닭가슴살 ··· 10g
완두콩 ··· 5g
당근 ··· 5g
물 ··· ⅔컵

만들기

1 쌀은 깨끗이 씻어서 1시간 정도 불린 후 체에 밭쳐 물기를 빼고 분쇄기에
  넣어 쌀알이 반쯤 으깨지도록 간다.

2 밤은 삶아서 속껍질까지 벗긴 후 뜨거울 때 곱게 으깬다.

3 닭가슴살은 삶아서 0.3㎝ 크기로 다진다.

4 완두콩은 깨끗이 씻어 삶은 후 속껍질을 벗겨내고 으깬다.

5 당근은 깨끗이 씻어 껍질을 벗긴 후 0.3㎝ 크기로 다진다.

6 냄비에 **1**의 쌀가루와 다진 당근, 물 ⅔컵을 넣고 센 불에서 끓인다.

7 한소끔 끓어오르면 약한 불로 줄이고 으깬 밤과 다진 닭가슴살, 으깬 완두
  콩을 넣고 눌어붙지 않게 저어가며 쌀가루가 완전히 퍼질 때까지 끓인다.

닭고기 미역죽

미역은 무기질, 섬유소, 리놀레산, 비타민 등이 풍부한
알칼리성 식품이에요. 칼슘 함량도 높아
성장기 아기에게 좋아요.
대장의 연동운동을 도와 변비 예방 효과도 뛰어나요.

재료

쌀 · · · 20g
닭가슴살 · · · 10g
미역 · · · 10g
닭고기육수 · · · ⅔컵

닭고기육수 만들기는
38p 참조

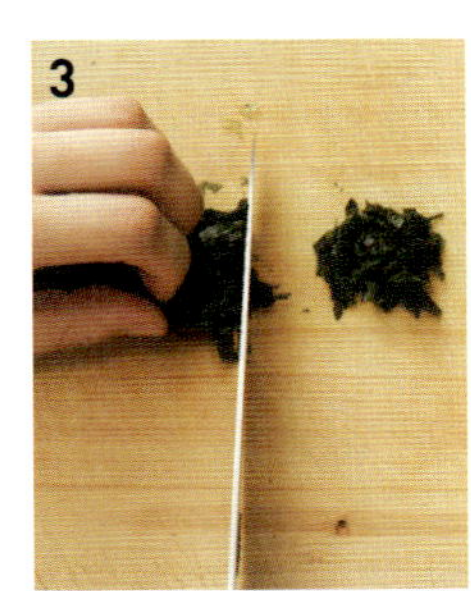

만들기

1 쌀은 깨끗이 씻어서 1시간 정도 불린 후 체에 밭쳐 물기를 빼고 분쇄기에
  넣어 반쯤 으깨지도록 간다.

2 닭가슴살은 삶아서 0.3㎝ 크기로 다진다.

3 미역은 부드럽게 불린 다음 바락바락 주물러 여러 번 씻은 후 물기를 짜서
  0.3㎝ 크기로 다진다.

4 냄비에 1의 쌀가루와 닭고기육수를 넣고 센 불에서 끓인다.

5 한소끔 끓어오르면 약한 불로 줄이고 다진 닭가슴살과 미역을 넣고 눌어
  붙지 않게 저어가며 쌀가루가 완전히 퍼질 때까지 끓인다.

닭고기옥수수분유수프

이유식에 넣는 옥수수는 여름철에 갓 수확한 찰옥수수를 직접 삶아
사용하는 것이 가장 좋아요. 부득이하게 통조림 옥수수를 넣어야 한다면
국내산 옥수수를 가공한 제품으로 준비하고, 반드시 물에 헹궈서 사용하세요.

 **재료**

닭가슴살 ··· 10g
옥수수알 ··· 5g
닭고기육수 ··· ½컵
분유물 ··· 1큰술(분유 또는 모유:물=1:1)

닭고기육수 만들기는
38p 참조

만들기

1 닭가슴살은 삶아서 0.3㎝ 크기로 다진다.

2 옥수수알은 깨끗이 씻어 닭고기육수에 삶은 후 함께 믹서에 넣어 곱게 간다.

3 냄비에 **2**를 체에 내려서 센 불에서 끓인다.

4 한소끔 끓어오르면 약한 불로 줄이고 다진 닭가슴살을 넣고 분유물로 농
　도를 조절하여 한소끔 더 끓인다.

달걀노른자 고구마죽

아기에게 달걀의 노른자부터 먹여야 하는 이유는
흰자에 포함된 아미노산 성분이 노른자보다 복잡해
알레르기를 일으킬 가능성이 크기 때문이에요.
달걀의 흰자는 아미노산 분해효소가 분비되는
첫돌 이후부터 먹이는 것이 좋아요.

재료

쌀 ··· 20g
삶은 달걀노른자 ··· ½개
고구마 ··· 10g
물 ··· ⅔컵

만들기

1 쌀은 깨끗이 씻어서 1시간 정도 불린 후 체에 밭쳐 물기를 빼고 분쇄기에
  넣어 쌀알이 반쯤 으깨지도록 간다.

2 삶은 달걀노른자는 뜨거울 때 고운체에 담고 숟가락으로 으깨가며 가루를
  만든다.

3 고구마는 깨끗이 씻어 푹 삶아 껍질을 벗기고 뜨거울 때 곱게 으깬다.

4 냄비에 1의 쌀가루와 물 ⅔컵을 넣고 센 불에서 끓인다.

5 한소끔 끓어오르면 약한 불로 줄이고 으깬 고구마와 달걀노른자가루를 넣
  고 고루 섞어 쌀가루가 완전히 퍼질 때까지 끓인다.

브로콜리 양송이버섯죽

양송이버섯은 버섯 중에 단백질 함량이 가장 높아요.
채소와 과일의 무기질까지 고루 갖춰
종합영양세트에 비유되지요. 트립신, 아밀라아제,
프로타제 같은 효소가 들어 있어
소화를 도와줘요.

 **재료**

쌀 ⋯ 20g
브로콜리 ⋯ 10g
양송이버섯 ⋯ 5g
쇠고기육수 ⋯ ⅔컵

쇠고기육수 만들기는
37p 참조

 **만들기**

1 쌀은 깨끗이 씻어서 1시간 정도 불린 후 물기를 빼고 분쇄기에 넣어 반쯤
　으깨지도록 간다.

2 브로콜리는 깨끗이 씻어 꽃송이 부분만 잘라 끓는 물에 데친 후 잘게 다
　진다.

3 양송이버섯은 갓 부분만 준비해 껍질을 벗겨내고 끓는 물에 살짝 데쳐 찬
　물에 헹군 뒤 0.3㎝ 크기로 다진다.

4 냄비에 **1**의 쌀가루와 쇠고기육수를 넣고 센 불에서 끓인다.

5 한소끔 끓어오르면 약한 불로 줄이고 다진 브로콜리와 양송이버섯을 넣고
　고루 섞어 쌀가루가 완전히 퍼질 때까지 끓인다.

표고버섯 달걀노른자 배춧잎죽

표고버섯은 칼슘과 인의 흡수율을 높여
아기의 뼈와 치아를 튼튼하게 해줍니다.
비타민D도 풍부하게 함유하고 있어
성장기 아기에게 딱 좋은 재료예요.

재료

쌀 ··· 20g
표고버섯 ··· 10g
배춧잎 ··· 5g
삶은 달걀노른자 ··· ½개
쇠고기육수 ··· ⅔컵

쇠고기육수 만들기는
37p 참조

만들기

1 쌀은 깨끗이 씻어서 1시간 정도 불린 후 체에 밭쳐 물기를 빼고 분쇄기에 넣어 반쯤 으깨지도록 간다.

2 표고버섯은 갓 부분만 준비해 깨끗이 씻은 후 끓는 물에 살짝 데친 다음 0.3cm 크기로 다진다.

3 배춧잎은 깨끗이 씻어 끓는 물에 데친 후 줄기는 저며내고 잎부분만 0.3cm 크기로 다진다.

4 삶은 달걀노른자는 뜨거울 때 고운체에 담고 숟가락으로 으깨가며 가루를 만든다.

5 냄비에 1의 쌀가루와 쇠고기육수를 넣고 센 불에서 끓인다.

6 한소끔 끓어오르면 약한 불로 줄이고 다진 표고버섯과 배춧잎, 달걀노른자가루를 넣고 쌀가루가 완전히 퍼질 때까지 끓인다.

연근달걀노른자 애호박죽

연근은 비위를 튼튼하게 하는 대표식품으로 꼽혀요.
몸속 뭉친 피를 풀어주고 혈액순환을 돕기 때문에
성장기 아기에게 먹이면 좋아요.

 **재료**

쌀 · · · 20g
연근 · · · 10g
삶은 달걀노른자 · · · ½개
애호박 · · · 10g
물 · · · ⅔컵

 **만들기**

1 쌀은 깨끗이 씻어서 1시간 정도 불린 후 체에 밭쳐 물기를 빼고 분쇄기에
넣어 쌀알이 반쯤 으깨지도록 간다.

2 연근은 양끝을 잘라낸 후 껍질을 벗겨 깨끗이 씻어 얇게 썬다. 손질한 연근
을 식촛물에 잠깐 담갔다 건져 다시 흐르는 물로 씻은 뒤 핸드 블렌더로 곱
게 간다.

3 삶은 달걀노른자는 뜨거울 때 고운체에 담고 숟가락으로 으깨가며 가루를
만든다.

4 깨끗이 씻어 돌려 깎고 씨를 제거한 애호박은 연두색 부분만 곱게 다진다.

5 냄비에 **1**의 쌀가루와 곱게 간 연근, 물 ⅔컵을 넣고 센 불에서 끓인다.

6 한소끔 끓어오르면 약한 불로 줄이고 다진 애호박과 달걀노른자가루를 넣
고 고루 섞어 쌀가루가 완전히 퍼질 때까지 끓인다.

양파애호박 당근죽

물 대신 채소를 우려서 만든 육수를
이유식에 넣으면 감칠맛이 나요.
미리 만들어 두었다가 아기가 입맛이 없을 때
이유식에 넣어주면 좋아요.

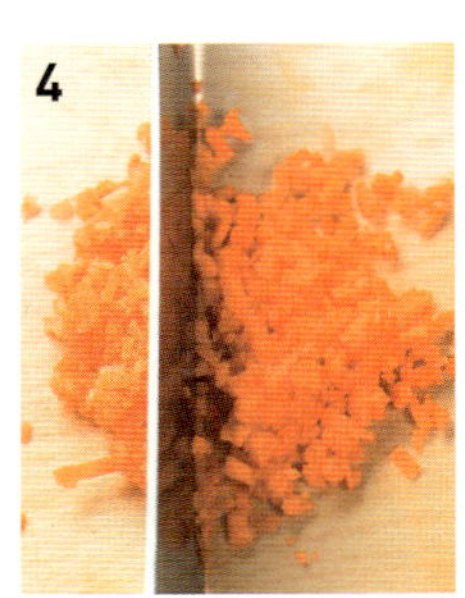

재료

쌀 · · · 20g
양파 · · · 5g
애호박 · · · 5g
당근 · · · 5g
채소육수 · · · ⅔컵

채소육수 만들기는
38p 참조

만들기

1 쌀은 깨끗이 씻어서 1시간 정도 불린 후 체에 밭쳐 물기를 빼고 분쇄기에 넣어 쌀알이 반쯤 으깨지도록 간다.

2 양파는 껍질을 벗기고 깨끗이 씻어 0.3㎝ 크기로 다진다.

3 깨끗이 씻어 돌려 깎아 씨를 제거한 애호박은 연두색 부분만 곱게 다진다.

4 당근은 깨끗이 씻은 후 껍질을 벗기고 0.3㎝ 크기로 다진다.

5 냄비에 1의 쌀가루와 채소육수를 넣고 센 불에서 끓인다.

6 한소끔 끓어오르면 약한 불로 줄이고 다진 양파와 애호박, 당근을 넣고 고루 섞어 쌀가루가 완전히 퍼질 때까지 끓인다.

두부감자배추 달걀노른자찜

콩 알레르기가 없는 아기라면 이맘때부터
즐겨 먹게 되는 재료 중 하나가 바로 두부예요.
단백질과 칼슘이 풍부해 성장발육에 좋고,
소화흡수도 잘 돼 두루두루 사용할 수 있어요.

 재료

두부 ··· 20g
감자 ··· 10g
배춧잎 ··· 5g
달걀노른자 ··· ½개
분유물 ··· 1큰술(분유 또는 모유:물＝1:1)

 만들기

1 두부는 찬물에 20분 정도 담갔다가 적당한 크기로 썰어 끓는 물에 데친 뒤
　건져 물기를 빼고 적당히 으깬다.

2 깨끗이 씻어 껍질을 벗긴 감자는 작게 썬 후 삶아 뜨거울 때 곱게 으깬다.

3 배춧잎은 깨끗이 씻어 끓는 물에 데쳐 줄기는 저며내고 잎 부분만 0.3㎝
　크기로 다진다.

4 내열용기에 달걀노른자와 분유물을 넣고 잘 풀어 섞은 뒤 으깬 두부와 감
　자, 다진 배춧잎을 넣고 한 번 더 고루 섞는다.

5 찜통을 센 불에 올려 김이 오르면 4를 넣고 찜통 뚜껑을 덮은 후 약한 불에
　서 10분 정도 찐다.

당근두부 브로콜리죽

당근, 두부, 브로콜리 모두 아기 건강에 좋은
대표적인 이유식 재료예요.
채소 종류를 한두 가지씩 바꾸어 아기가 다양한 맛을
경험할 수 있게 해주는 것도 좋아요.

재료

쌀 ··· 20g
두부 ··· 10g
당근 ··· 10g
브로콜리 ··· 5g
쇠고기육수 ··· ⅔컵

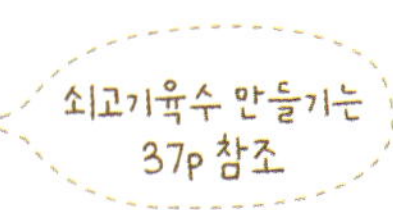

만들기

1 쌀은 깨끗이 씻어서 1시간 정도 불린 후 체에 밭쳐 물기를 빼고 분쇄기에 넣어 쌀알이 반쯤 으깨지도록 간다.

2 두부는 찬물에 20분 정도 담갔다가 적당한 크기로 썰어 끓는 물에 데친 뒤 건져 물기를 빼고 적당히 으깬다.

3 당근은 깨끗이 씻은 후 껍질을 벗기고 0.3㎝ 크기로 다진다.

4 브로콜리는 깨끗이 씻어 꽃송이만 잘라 끓는 물에 데친 후 잘게 다진다.

5 냄비에 1의 쌀가루와 다진 당근, 쇠고기육수를 넣고 센 불에서 끓인다.

6 한소끔 끓어오르면 약한 불로 줄이고 으깬 두부와 브로콜리를 넣고 고루 섞어 쌀가루가 완전히 퍼질 때까지 끓인다.

쇠고기두부 배추죽

쇠고기 대신 닭가슴살을 이용해도 됩니다.
배춧잎 대신 당근이나 양파 등을 넣어
맛과 색을 살려도 좋아요.

 **재료**

쌀 … 20g
쇠고기 … 10g
두부 … 20g
배추잎 … 10g
쇠고기육수 … ⅔컵

쇠고기육수 만들기는
37p 참조

 **만들기**

1 쌀은 깨끗이 씻어서 1시간 정도 불린 후 체에 밭쳐 물기를 빼고 분쇄기에 넣어 쌀알이 반쯤 으깨지도록 간다.

2 쇠고기는 찬물에 씻은 뒤 종이타월로 살짝 눌러 핏물을 닦아내고 곱게 다진다.

3 두부는 찬물에 20분 정도 담갔다가 적당한 크기로 썰어 끓는 물에 데친 뒤 건져 물기를 빼고 적당히 으깬다.

4 배춧잎은 깨끗이 씻어 끓는 물에 데쳐 줄기는 저며내고 잎 부분만 0.3㎝ 크기로 다진다.

5 냄비에 **1**의 쌀가루와 다진 쇠고기, 쇠고기육수를 넣고 센 불에서 끓인다.

6 한소끔 끓어오르면 약한 불로 줄이고 으깬 두부와 다진 배춧잎을 넣고 고루 섞어 쌀가루가 완전히 퍼질 때까지 끓인다.

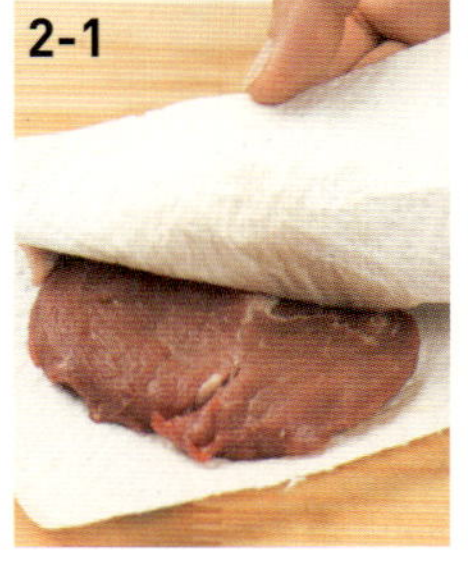

연두부고구마 브로콜리죽

연두부는 콩으로 만들어 두뇌 활동을 돕는
'레시틴'이라는 성분을 그대로 섭취할 수 있는 식품이에요.
질감이 부드럽고 소화도 잘 돼
이 시기에 먹이기 좋은 재료랍니다.

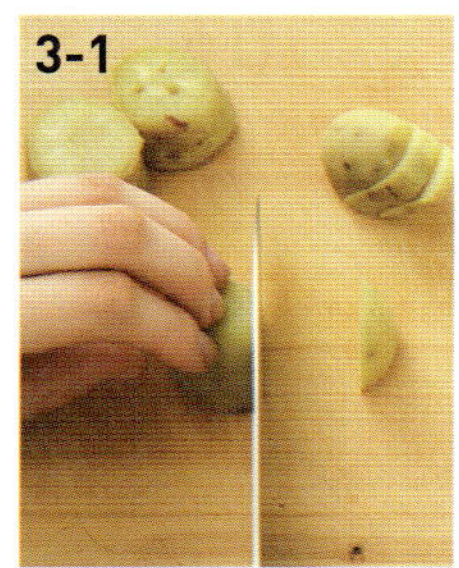

재료

쌀 ··· 20g
연두부 ··· 10g
고구마 ··· 10g
브로콜리 ··· 5g
다시마육수 ··· ⅔컵

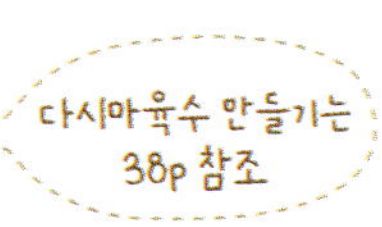

만들기

1 쌀은 깨끗이 씻어서 1시간 정도 불린 후 체에 밭쳐 물기를 빼고 분쇄기에
  넣어 쌀알이 반쯤 으깨지도록 간다.
2 연두부는 찬물에 10분 정도 담갔다가 건져 곱게 으깬다.
3 고구마는 깨끗이 씻어 푹 삶아 껍질을 벗긴 후 뜨거울 때 곱게 으깬다.
4 브로콜리는 깨끗이 씻어 꽃송이만 잘라 끓는 물에 데친 후 잘게 다진다.
5 냄비에 1의 쌀가루와 다시마육수를 넣고 센 불에서 끓인다.
6 한소끔 끓어오르면 약한 불로 줄이고 으깬 연두부와 다진 고구마, 브로콜
  리를 넣고 고루 섞어 쌀가루가 완전히 퍼질 때까지 끓인다.

단호박감자 참깨버무리

찐 단호박은 곱게 으깨서 1회 분량씩 나누어
냉동보관했다가 사용하면 편리해요.
이유식에 넣어도 좋고 한 끼 간식으로도 그만이랍니다.

재료

단호박 ··· 20g
감자 ··· 10g
참깨 ··· 1작은술
분유물 ··· 1큰술(분유 또는 모유 : 물 = 1:1)

만들기

1 단호박은 속과 씨를 말끔히 긁어내고 껍질을 벗긴 뒤 작게 썰어 찜통에 찐
  후 곱게 으깬다.

   Tip 단호박 껍질을 벗기기 힘들 때는 씨만 긁어내고 푹 찐 후에 벗기세요.

2 깨끗이 씻어 껍질을 벗긴 감자는 작게 썰어 푹 삶아 뜨거울 때 곱게 으깬다.

3 참깨는 깨끗이 씻어 체에 밭쳐 물기를 뺀 뒤 팬에 살짝 볶아 절구 또는 분
  쇄기에 넣어 곱게 간다.

4 볼에 으깬 단호박과 감자, 참깨가루, 분유물을 넣고 덩어리가 지지 않게 고
  루 섞어 잘 버무린다.

1

2

3-1

3-2

사과참깨죽

참깨는 두뇌에 영양분을 공급해주는
불포화지방산이 많은 대표적인 건뇌식품이에요.
장운동을 돕고 몸의 독소를 분해하고
배설시켜줘서 변비에도 좋아요.

재료

쌀 ··· 20g
사과 ··· 20g
참깨 ··· 1큰술
물 ··· ⅔컵

만들기

1 쌀은 깨끗이 씻어서 1시간 정도 불린 후 체에 밭쳐 물기를 빼고 분쇄기에
  넣어 쌀알이 반쯤 으깨지도록 간다.

2 깨끗하게 씻어 껍질을 벗기고 씨를 도려낸 사과는 강판에 곱게 간다.

3 참깨는 깨끗이 씻어 체에 밭쳐 물기를 뺀 뒤 팬에 살짝 볶아 절구 또는 분
  쇄기에 넣어 곱게 간다.

4 냄비에 **1**의 쌀가루와 간 사과, 물 ⅔컵을 넣고 센 불에서 끓인다.

5 한소끔 끓어오르면 약한 불로 줄이고 참깨가루를 넣어 쌀가루가 완전히
  퍼질 때까지 끓인다.

두부무참깨죽

두부와 무를 넣어 만든 이유식은 입이 헐어
식욕이 떨어져 있는 아기에게 먹이면 좋아요.
특히 무에는 녹말을 분해해주는 디아스타제라는 효소가
풍부해 소화를 돕고 뱃속을 편안하게 해줘요.

재료

쌀 · · · 20g
두부 · · · 20g
무 · · · 10g
참깨 · · · 1큰술
물 · · · ⅔컵

만들기

1 쌀은 깨끗이 씻어서 1시간 정도 불린 후 체에 밭쳐 물기를 빼고 분쇄기에
　넣어 쌀알이 반쯤 으깨지도록 간다.

2 두부는 찬물에 20분 정도 담갔다가 적당한 크기로 썰어 끓는 물에 데친 뒤
　건져 물기를 빼고 적당히 으깬다.

3 무는 깨끗이 씻어 껍질을 두껍게 벗긴 뒤 무속만 강판에 갈거나 칼로 잘게
　다진다.

4 참깨는 깨끗이 씻어 체에 밭쳐 물기를 뺀 뒤 팬에 살짝 볶아 분쇄기에 넣어
　곱게 간다.

5 냄비에 **1**의 쌀가루와 다진 무, 물 ⅔컵을 넣고 센 불에서 끓인다.

6 끓어오르면 약한 불로 줄이고 쌀가루가 완전히 퍼질 때까지 끓인 뒤 으깬
　두부와 참깨가루를 넣고 한소끔 더 끓인다.

표고버섯아욱 참깨죽

참깨는 비타민 E가 풍부할 뿐 아니라
고소한 맛이 음식의 풍미를 좋게 하는 재료입니다.
다만 아직은 적은 양을 사용하는 단계이므로
하루 1큰술 정도가 적당해요.
비타민 E는 낮은 온도에서 영양소가 파괴되므로
참깨나 참기름은 실온에 보관하세요.

재료

쌀 ··· 20g
표고버섯 ··· 15g
아욱 ··· 15g
참깨 ··· 1큰술
물 ··· ⅔컵

만들기

1 쌀은 깨끗이 씻어서 1시간 정도 불린 후 체에 밭쳐 물기를 빼고 분쇄기에
  넣어 쌀알이 반쯤 으깨지도록 간다.

2 표고버섯은 갓 부분만 준비해 깨끗이 씻어 끓는 물에 살짝 데쳐 찬물에 헹
  군 뒤 0.3㎝ 크기로 다진다.

3 아욱은 잎 부분만 깨끗이 씻어 끓는 물에 살짝 데쳐 찬물에 헹군 뒤 물기를
  짜고 0.3㎝ 크기로 다진다.

4 참깨는 깨끗이 씻어 체에 밭쳐 물기를 뺀 뒤 팬에 살짝 볶아 분쇄기에 넣어
  곱게 간다.

5 냄비에 1의 쌀가루와 물 ⅔컵을 넣고 센 불에서 끓인다.

6 끓어오르면 약한 불로 줄이고 다진 표고버섯과 아욱을 넣어 고루 섞어 쌀
  가루가 완전히 퍼질 때까지 끓인 후 참깨가루를 넣어 한소끔 더 끓인다.

대구살시금치 사과죽

대구살은 알레르기 위험이 적어 이유식에
처음 사용하는 생선으로 좋아요.
지방이 적고 맛이 담백해서 이유식 재료로 제격이에요.

재료

쌀 ··· 20g
대구 ··· 20g
시금치 ··· 10g
사과 ··· 10g
물 ··· ⅔컵

만들기

1 쌀은 깨끗이 씻어서 1시간 정도 불린 후 체에 밭쳐 물기를 빼고 분쇄기에
넣어 쌀알이 반쯤 으깨지도록 간다.

2 대구는 깨끗이 손질해서 찜통에 찐 후 살만 발라 잘게 다진다.

3 시금치는 잎 부분만 잘라내어 깨끗이 씻어 끓는 물에 데친 후 찬물에 헹군
다음 물기를 짜 곱게 다진다.

4 깨끗하게 씻어 껍질을 벗기고 씨를 도려낸 사과는 과육만 강판에 곱게
간다.

5 냄비에 **1**의 쌀가루와 간 사과, 물 ⅔컵을 넣고 센 불에서 끓인다.

6 한소끔 끓어오르면 약한 불로 줄이고 다진 대구살과 시금치를 넣고 고루
섞어 쌀가루가 완전히 퍼질 때까지 끓인다.

대구살팽이버섯 당근죽

당근은 다른 채소에 비해 소화가 잘 안 되는 편이에요.
평소 소화력이 약한 아기라면
당근 대신 소화가 잘 되는 잎채소로 대체하는 것이 좋아요.

재료

쌀 ··· 20g
대구 ··· 20g
팽이버섯 ··· 15g
당근 ··· 5g
물 ··· ⅔컵

만들기

1 쌀은 깨끗이 씻어서 1시간 정도 불린 후 체에 밭쳐 물기를 빼고 분쇄기에 넣어 쌀알이 반쯤 으깨지도록 간다.

2 대구는 깨끗이 손질해서 찜통에 찐 후 살만 발라 잘게 다진다.

3 팽이버섯은 뭉친 밑동을 넉넉히 잘라내어 깨끗이 씻은 후 0.3㎝ 크기로 다진다.

4 당근은 깨끗이 씻은 후 껍질을 벗기고 0.3㎝ 크기로 다진다.

5 냄비에 1의 쌀가루와 다진 당근, 물 ⅔컵을 넣고 센 불에서 끓인다.

6 한소끔 끓어오르면 약한 불로 줄이고 으깬 대구살과 다진 팽이버섯을 넣고 고루 섞어 쌀가루가 완전히 퍼질 때까지 끓인다.

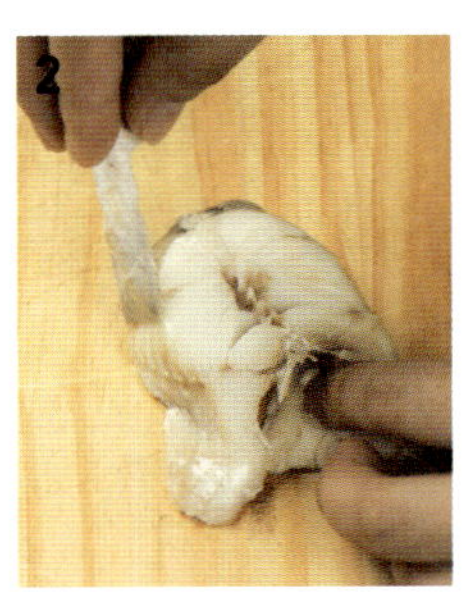

동태살표고버섯 양파수프

동태살은 조리하기 전 우유에 20분 정도 담가두면
비린내를 제거할 수 있어요.
동태 대신 대구, 조기, 도미 등을 이용해도 좋아요.

 **재료**

동태 · · · 20g
표고버섯 · · · 10g
양파 · · · 5g
채소육수 · · · ½컵
분유물 · · · 1큰술(분유 또는 모유 : 물 = 1 : 1)

채소육수 만들기는
38p 참조

만들기

1 동태는 깨끗이 씻어 물기를 빼고 찜통에 찐 후 살만 발라 잘게 다진다.

2 표고버섯은 갓 부분만 준비해 깨끗이 씻어 끓는 물에 살짝 데쳐 찬물에 헹
   군 뒤 0.3㎝ 크기로 다진다.

3 양파는 껍질을 벗기고 깨끗이 씻어 0.3㎝ 크기로 다진다.

4 냄비에 다진 양파와 채소육수를 넣고 센 불에서 끓인다.

5 한소끔 끓어오르면 약한 불로 줄이고 다진 대구살과 표고버섯을 넣고 양
   파가 말갛게 익을 때까지 끓인다. 분유물로 농도를 조절해가며 마무리한
   다.

동태살김브로콜리죽

김에는 마그네슘, 인, 칼륨, 철 등 미네랄이 많이 들어있어요.
시력과 피부에 좋은 비타민 A,
성장기에 꼭 필요한 단백질도 풍부해요.
이유식에는 조미되지 않은 것을 넣어야 해요.

 **재료**

쌀 ··· 20g
동태 ··· 20g
브로콜리 ··· 15g
생김 ··· 5g
채소육수 ··· ½컵

채소육수 만들기는
38p 참조

 **만들기**

1 쌀은 깨끗이 씻어 1시간 정도 불린 후 체에 밭쳐 물기를 빼고 분쇄기에 넣어 쌀알이 반쯤 으깨지도록 간다.

2 동태는 깨끗이 씻어 물기를 빼고 찜통에 찐 후 살만 발라 잘게 다진다.

3 브로콜리는 깨끗이 씻어 꽃송이 부분만 잘라 끓는 물에 데친 후 잘게 다진다.

4 조미되지 않은 생김을 불에 살짝 구워 봉지에 넣고 비벼 곱게 가루를 낸다.

5 냄비에 1의 쌀가루와 채소육수를 넣고 센 불에서 끓인다.

6 끓어오르면 약한 불로 줄이고 다진 동태살과 브로콜리를 넣어 고루 섞어 쌀가루가 완전히 퍼질 때까지 끓인 후 김가루를 넣고 한소끔 더 끓인다.

감자완두콩 치즈죽

치즈 역시 유제품이므로 아토피 또는 알레르기가 있는 아기는
조금 늦게 먹이는 게 좋아요.
별문제가 없는 아기라면 8~9개월경부터 줄 수 있어요.

 재료

쌀 … 20g
감자 … 20g
완두콩 … 10g
물 … ⅔컵
아기용 치즈 … ½장

 만들기

1 쌀은 깨끗이 씻어서 1시간 정도 불린 후 체에 밭쳐 물기를 빼고 분쇄기에
　넣어 쌀알이 반쯤 으깨지도록 간다.

2 감자는 깨끗이 씻어 껍질을 벗기고 삶아 0.3cm 크기로 다진다.

3 완두콩은 깨끗이 씻어 푹 삶은 후 속껍질을 벗겨내고 으깬다.

4 냄비에 1의 쌀가루와 물 ⅔컵을 넣고 센 불에서 끓인다.

5 끓어오르면 약한 불로 줄이고 쌀가루가 퍼질 때까지 끓인 뒤 다진 감자와
　으깬 완두콩을 넣고 잠깐 더 끓인다. 마지막에 치즈를 작게 잘라 넣고 고루
　섞는다.

브로콜리양배추치즈죽

어른용 치즈는 염분이 너무 많아 짠맛이 강하므로 반드시 아기용 치즈를 넣어주세요.
단맛처럼 짠맛도 아기의 입맛을 해치고 이유식을 방해하는 요인이 될 수 있어요.

 **재료**

쌀 ··· 20g
브로콜리 ··· 20g
양배추 ··· 10g
물 ··· ⅔컵
아기용 치즈 ··· ½장

 **만들기**

1 쌀은 깨끗이 씻어서 1시간 정도 불린 후 체에 밭쳐 물기를 빼고 분쇄기에
   넣어 쌀알이 반쯤 으깨지도록 간다.
2 브로콜리는 깨끗이 씻어 꽃송이 부분만 잘라 끓는 물에 데친 후 잘게 다진
   다.
3 양배추는 잎 부분만 깨끗이 씻은 후 끓는 물에 데쳐 0.3㎝ 크기로 다진다.
4 냄비에 1의 쌀가루와 물 ⅔컵을 넣고 센 불에서 끓인다.
5 끓어오르면 약한 불로 줄이고 쌀가루가 퍼질 때까지 끓인 뒤 브로콜리와
   양배추를 넣고 잠깐 더 끓인다. 마지막에 치즈를 작게 잘라 넣고 고루 섞는
   다.

잔멸치청경채죽

잔멸치 알레르기가 있는 아기는
첫돌이 지나서 먹이는 게 좋아요.
별 문제가 없는 아기라면 9개월경부터 줄 수 있어요.
짠기를 완전히 뺀 후 곱게 가루를 내서 사용하세요.

 **재료**

쌀 ··· 20g
잔멸치 ··· 5마리
청경채 ··· 10g
물 ··· ⅔컵

 **만들기**

1 쌀은 깨끗이 씻어서 1시간 정도 불린 후 체에 밭쳐 물기를 빼고 절구에 넣어 쌀알이 반쯤 으깨지도록 간다.

2 잔멸치는 찬물에 담가 짠기를 완전히 뺀 후 종이타월로 물기를 제거한다.

3 기름 두르지 않은 팬에 손질한 멸치를 바싹 볶은 뒤 절구에 넣어 곱게 가루 낸다.

4 청경채는 녹색 잎만 깨끗하게 씻어 끓는 물에 데친 후 찬물에 헹궈 잘게 썬다.

5 냄비에 **1**의 쌀가루와 멸치가루, 물 ⅔컵을 넣고 센 불에서 끓인다.

6 한소끔 끓어오르면 약한 불로 줄이고 다진 청경채를 넣어 쌀가루가 퍼질 때까지 끓인다.

녹두닭죽

여름철에는 닭고기처럼 지방 함량이 적어
체열 발산이 낮은 단백질을 섭취하는 게 좋아요.
열을 내려주고 해독 작용을 하는 녹두 역시
배탈 나기 쉬운 아기의 장에 좋은 보양식이에요.

재료

쌀 … 20g
녹두 … 5g
닭가슴살 … 20g
애호박 … 5g
당근 … 5g
양파 … 5g
물 … 1½컵

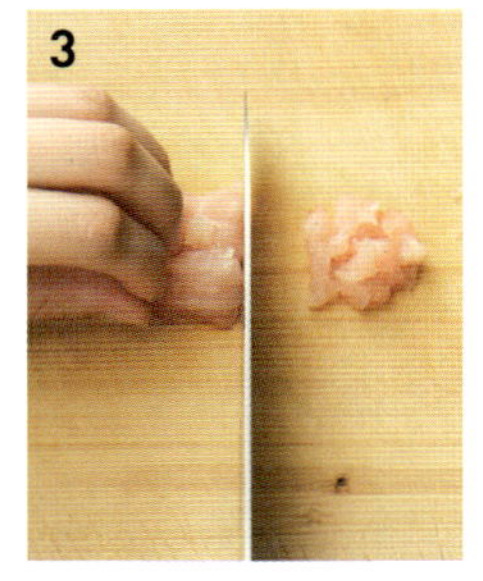

만들기

1 쌀은 깨끗이 씻어서 1시간 정도 불린 후 체에 받쳐 물기를 빼고 분쇄기에
   넣어 쌀알이 반쯤 으깨지도록 간다.

2 녹두는 깨끗이 씻어서 불린 후 껍질을 벗겨내고 물기를 제거해 곱게 간다.

3 닭가슴살은 깨끗이 손질하여 잘게 썰어 핸드 블렌더로 곱게 간다.

4 애호박은 깨끗이 씻어 껍질을 돌려 깎고 씨는 버린후 연두색 부분만 0.3㎝
   크기로 다진다.

5 당근은 깨끗이 씻은 후 껍질을 벗기고 0.3㎝ 크기로 다진다.

6 양파는 껍질을 벗긴 후 깨끗이 씻어 0.3㎝ 크기로 다진다.

7 냄비에 1의 쌀가루와 녹두가루, 곱게 간 닭가슴살, 다진 애호박, 당근, 양
   파를 넣고 물 1½컵을 부어 센 불에서 끓인다. 한소끔 끓어오르면 중간불로
   줄여서 쌀가루가 완전히 퍼질 때까지 끓인다. 중간 불에서 은근히 끓여가
   며 농도를 맞춘다.

홍시죽

홍시는 몸을 따뜻하게 보하고 위와 장을 튼튼히 만들어 소화기능을 좋게 해줍니다.
죽에 넣을 때는 갈지 말고 물의 농도와 찹쌀가루의 양으로 농도를 조절하면 돼요.

 **재료**

찹쌀 · · · 20g
홍시 · · · ½개
물 · · · ⅔컵

 **만들기**

1 찹쌀은 깨끗이 씻어서 1시간 정도 불린 후 체에 밭쳐 물기를 빼고 분쇄기에 넣어 쌀알이 반쯤 으깨지도록 간다.

2 홍시는 껍질을 벗긴 후 체에 거른다.

3 냄비에 **1**의 찹쌀가루와 물 ⅔컵을 넣고 센 불에서 끓인다.

4 끓어오르면 약한 불로 줄이고 체에 거른 홍시를 넣고 쌀가루가 퍼질 때까지 끓인다.

Q 생후 6개월 된 아기, 치아가 나지 않았는데 죽을 먹여도 될까요?

A 4개월부터 이유식을 시작한 아기라면 6개월경에 8배죽 정도를 먹는 데 큰 어려움은 없습니다. 치아가 없어도 입천장과 혀 혹은 잇몸을 이용해 음식을 으깰 수 있는 정도의 죽을 먹이는 건 씹는 훈련을 돕고 두뇌발달에도 도움이 됩니다. 다만 채소는 죽을 쑨 후 숟가락으로 쉽게 으깨지는지 확인한 후 먹이는 것이 좋아요.

Q 이유식을 씹지 않고 삼켜요.

A 아기가 이유식을 씹지 않고 삼키는 데 문제가 없고, 소화를 잘 시켜서 대변 상태도 괜찮다면 그냥 먹여도 됩니다. 처음 며칠간은 그냥 삼키더라도 대부분의 경우 시간이 지나면 서서히 오물거리며 씹는 시늉을 하게 됩니다. 아기 스스로 잘 삼켜지지 않는 음식에 적응해가는 본능적인 과정이라고 생각하면 됩니다.

Q 진밥을 너무 잘 먹는데, 죽 대신 밥을 먹여도 되나요?

A 이유식은 토끼뜀을 뛰는 것보다 거북이걸음으로 가는 편이 더 유익합니다. 진밥을 잘 먹는다고 죽을 건너뛰어 바로 진밥을 먹이면 아기의 소화기관에 무리를 줄 수 있어요. 천천히 단계별로 이유식을 진행해서 아기가 충분한 시간을 갖고 제대로 소화시킬 수 있도록 해주세요. 간혹 어르신들이 아기가 잘 받아먹는다고 어른이 먹는 밥이나 육수를 주는 경우가 있는데, 이때에도 아기를 위해 어르신들에게 양해를 구할 수 있는 엄마의 용기가 필요합니다.

Q 이유식을 시작한 뒤 변비가 생겼어요.

A 이유식을 시작하면서 아기의 변이 딱딱해지거나 방귀의 횟수가 늘어나는 것은 어쩌면 당연한 일입니다. 변비의 경우 모유나 분유를 소화시키는 데 익숙해져 있던 장이 새로운 음식을 받아들이고 소화하는 데 시간이 좀 더 걸리면서 생기는 현상이라고 보면 됩니다. 섬유질이 많은 채소를 이유식에 섞어 먹이는 시기가 되면 변비는 거의 없어져요. 만약 이유식을 먹으면서 점점 더 변비가 심해지거나 항문에서 피가 보인다면 소아전문의와 상담하여 또 다른 원인이 있는지 살펴봐야 합니다.

Q 늦잠 때문에 오전에 이유식을 먹이기 힘든데, 한 번 줄 때 많이 주고 분유를 안 줘도 될까요?

A 아직은 수유의 역할이 더 중요한 때입니다. 수유의 부족한 영양분을 이유식이 채워준다고 생각하세요. 수유는 아기의 성장발달에 필수인 단백질, 지방 등을 공급한다는 사실을 잊지 말아야 합니다. 이런 경우 아침에 늦게 일어나는 수면습관을 조절하는 것이 아기의 성장을 돕는 방법입니다.

Q 보리차 대신 이온음료를 먹여도 되나요?

A 시판되는 이온음료의 문제는 '당분'입니다. 아기가 땀을 많이 흘리거나 설사를 한다고 이온음료를 먹이면 담백한 음식을 거부하고 계속 단 음식만 찾게 됩니다. 이유기에 가급적 당분이 많은 과일을 제한하는 것과 같은 이유지요. 물을 찾을 때는 끓인 정수물이나 보리차를 먹이는 편이 훨씬 도움이 됩니다.

Q 이유식 섭취량이 매일 달라요.

A 매일 먹는 음식의 양이 항상 같을 수는 없습니다. 이 시기의 아기는 이유식 이외에도 수유를 함께 하기 때문에 수유량이 이유식량에 영향을 줄 수 있어요. 또한 그 날의 식욕, 소화 정도, 육체적 활동 정도 및 건강에 따라서 조금씩 차이가 있습니다. 대부분은 적게 먹는 경우에 대해서 걱정을 하는데 한 번에 먹는 양이 30g 정도 되고 계속적으로 섭취량이 줄어드는 게 아니라면 크게 걱정하지 않아도 됩니다.

Q 또래 아기보다 체격이 큰 아기는 더 많이 먹여야 하나요?

A 보통 체격이 큰 아기가 소화기관의 크기가 더 크고 이유식 섭취량도 더 많은 경우가 일반적이지만 반드시 그렇지만은 않아요. 체격은 크고 먹는 양은 특별히 많지 않은데 계속 큰 체격을 유지한다면 체중퍼센타일(같은 월령수의 아기들의 비교치)이 잘 유지되는 것으로 봐야 합니다. 먹는 양은 단순히 체격뿐만 아니라 활동량과 대사량 등의 소비량을 비롯해 많은 요인들이 관여합니다.

Q 사정이 있어서 중기 이유식을 먹이다가 쉬었어요. 생후 7개월인데 처음부터 다시 시작해야 하나요?

A 중기 이유식을 하는 데 문제가 없었다면 잠시 공백기가 있었더라도 처음으로 돌아갈 필요는 없습니다. 이미 처음 먹였던 이유식에 대한 장의 소화능력은 형성되었다고 볼 수 있어요. 다만 생후 4개월에 이유식을 하고 2개월을 쉰 상황이라면 7개월의 이유식으로 바로 넘어가서는 안 됩니다. 생후 4개월 때 먹였던 이유식을 다시 먹일 필요는 없지만 5개월 이유식 단계부터 서서히 따라잡는 것이 아기에게 무리가 없습니다. 이렇게 해서 아기의 소화나 배변 상태가 괜찮다면 5~6개월 이유식을 한 달 이내로 적응시키고 다른 아기들이 8개월 이유식을 할 때 7~8개월 이유식을 병행하는 형태로 진행하는 것이 바람직합니다. 그래야 나중에 씹는 기능과 치아 발달에 맞는 이유식을 이어갈 수 있어요.

Q 아토피 때문에 생후 6개월부터 이유식을 시작한 아기, 8개월에는 어떤 음식을 먹여야 하나요?

A 아토피 때문에 이유식을 조금 늦게 시작한 경우 일반 아기보다 중기 이유식 진행 기간을 줄여서 후기나 완료기 이유식은 비슷한 시기에 시작해야 합니다. 이때 음식 알레르기에 대한 부분을 특히 주의해야 해요. 가급적 알레르기 유발 물질로 의심되는 식품은 중기에는 피하세요. 새로운 음식을 추가할 때도 한 가지씩 2~3일 먹여보고 특별한 반응이 나타나지 않으면 안심해도 되지만, 아토피가 심해지거나 알레르기 피부반응이 나타나는 음식은 반드시 일지에 기록했다가 가급적 돌 이후로 미루는 편이 좋습니다. 이 시기에는 되도록 피해야 할 음식에 더 많은 신경을 써야 합니다.

Q 이유식을 너무 잘 먹어서 비만이 될까 걱정이에요. 억지로라도 양을 줄여야 하나요?

A 이유식을 많이 먹는 아기들이 소아비만에 걸릴 확률이 높다는 연구결과가 있긴 하지만 이유식을 많이 먹는 아기의 경우 수유량이 줄어드는 게 보통입니다. 아기는 칼로리가 높은 지방의 대부분을 수유를 통해 얻으므로 이유식을 많이 먹는 것이 영유아 시기의 비만을 초래한다고 단정 지을 수는 없어요. 다만 배부르게 먹는 습관이 일찍 형성되면 뇌의 섭식중추가 포만감을 제대로 조절하지 못해 계속해서 폭식하는 습관이 이어질 수 있습니다. 이유기에는 아기가 어떤 음식을 얼만큼 먹는지를 파악하는 것이 더 중요해요. 다양한 재료와 조리법을 사용해 이유식을 만들어 주세요. 그러면 자연스레 섭취량도 조절되고 미각 발달에도 좋은 영향을 주어 비만 걱정을 덜 수 있습니다.

Q 사골국물로 죽을 끓여주면 안 되나요?

A 사골은 소 다리뼈를 일컫는 말로 예로부터 귀한 소를 잡아야 얻을 수 있는 흔치 않은 음식이라서 임산부, 노약자, 허약한 사람들에게 좋은 보양식으로 알려져 있습니다. 한의학에서는 기운이 크게 떨어져 뼈까지 약해진 상태일 때 도움이 된다고 봅니다. 맛도 담백한 편이라 급성장을 해야 하는 이 시기의 아기에게 도움을 줄 수 있습니다. 단, 아토피가 있는 아기라면 삼가는 것이 좋습니다.

Q 이유식을 삼키지 않고 우물거려요.

A 모유나 분유, 미음을 주로 먹던 아기가 덩어리진 음식에 익숙해지려면 시간과 연습이 필요하기 마련입니다. 처음에 아기가 이유식을 잘 씹어 삼키지 못해 우물거리거나 뱉어내도 인내심을 가지고 지켜봐주세요. 일주일에서 보름 정도가 지나도 마찬가지라면 너무 딱딱해서 으깨지 못하는 것일 수 있으니 좀 더 무르게 만들어 먹여보세요.

Q 잘 먹는데 체중이 늘지 않아요.

A 생후 3개월까지는 하루가 다르게 느껴질 정도로 아기의 성장속도가 빠릅니다. 그러다가 7~8kg 정도가 되면 몸무게가 좀처럼 늘지 않죠. 이는 활동량이 부쩍 늘면서 칼로리 소모량도 크게 느는 시기이기 때문입니다. 지극히 정상적인 현상이므로 크게 걱정할 일은 아니에요. 하지만 아기가 활동량도 적은데 기운 없어 하고 아픈 것처럼 보인다면 소아전문의와 상담해보는 것이 좋습니다.

Q 변비가 오래가요.

A 만성 변비가 생기면 아기는 복통을 호소하거나 식욕이 줄어요. 또한 대변을 볼 때 통증을 느끼면 배변 자체를 기피하게 되어 대변을 자꾸 참아 변비가 더 심해질 수도 있어요. 드물기는 하지만 성장에 장애가 되기도 합니다. 따라서 중기에 잘 치료를 해나가는 것이 중요합니다. 식욕부진이 있는 경우에는 뱃고래를 늘려 아기가 이유식을 충분히 먹을 수 있도록 도와주어야 합니다. 특히 변을 만드는 주원료인 섬유질이 풍부한 채소, 해조, 과일을 충분히 먹이세요. 또한 이유식의 농도를 묽게 해주거나 섬유질을 충분히 먹인 후 물을 많이 마시게 하는 것도 중요합니다. 수분이 충분히 공급되어야 섬유질이 부풀어 올라 변이 예쁘게 잘 나올 수 있기 때문입니다.

Q 아기에게 물이 부족하면 어떤 증상이 나타나나요?

A 물은 우리 몸의 70%를 차지하고 있으며 그만큼 인체 내에서 중요한 역할을 합니다. 물이 부족하면 몸의 진액이 점차 마르게 됩니다. 그로 인해 입술이 마르고 갈증이 나서 물을 벌컥벌컥 마시게 되며 속열이 많은 아기들은 변비, 식욕부진까지 생기게 됩니다. 실제로 밥을 씹지 않고 물고만 있는 아기, 음료수나 물 등 마시는 것만 찾는 아기, 밤에 잘 때 시원한 곳을 찾아다니거나 땀을 유난히 많이 흘리는 아기는 몸 안의 물, 즉 진액이 말라있다고 보면 됩니다. 심한 아기는 손끝과 발끝이 벗겨지기도 하고 아토피 증상이 나타나기도 합니다.

Q 잘 씹지 않는 아기, 왜 그럴까요?

A 우선 이유식을 적당한 형태로 주지 않아 씹는 습관이 제대로 들지 않은 경우를 들 수 있습니다. 이유식을 젖병에 담아 준다거나 시판 이유식 또는 선식을 먹이는 경우, 덩어리가 큰 음식을 주는 경우, 물에 말아 먹이는 경우도 이에 해당됩니다. 선천적으로 비위가 약한 경우에도 씹는 행위 자체가 힘들어 씹지 않으려고 할 수 있어요. 씹는 습관을 들이지 않을 경우 턱 근육의 발달은 물론 정서, 뇌 발달도 저하될 수 있고 씹는 능력 자체가 떨어지는 악순환이 반속될 수 있어요. 반드시 적당한 굳기로 이유식을 만들어 숟가락으로 떠먹이는 연습을 해야 합니다.

Q 과자 같은 간식은 언제부터, 얼마나 주는 것이 좋은가요?

A 아기 과자는 첫돌 이후부터 과자에 입맛이 길들여지지 않을 정도로 조금씩만 주는 것이 좋아요. 성인 여자 엄지 손가락만한 크기의 과자 2조각(10~20㎉) 정도가 적당해요. 아기 과자는 일반 과자보다 당분이나 염도가 적어 아기 입맛에 맞도록 만들어졌어요. 그러나 아기 과자를 먹는 습관은 자연스레 일반 과자를 먹는 습관으로 이어집니다. 아토피나 각종 알레르기 질환에 노출될 수 있는 계기를 만들어 주는 격이지요. 아기 과자를 먹일 때는 밥 먹기 한 시간 전에는 주지 말고, 주로 식사 후에 주는 것이 좋습니다. 양은 약간 모자란 듯 주고 누워있거나 업고 있을 때는 주지 마세요. 또 엄마가 보는 앞에서 보리차나 물을 같이 먹여 아기가 사레들리지 않도록 주의해야 합니다.

Q 꿀은 언제부터 먹일 수 있나요?

A 한의학에서 꿀은 봉밀^{蜂蜜}이라고 하여 소화기관을 따뜻하게 하고 우리 몸에 영양분을 공급하여, 오장육부를 윤택하게 하고 기운을 소통시켜주는 약재입니다. 입안에 염증이 생겼을 때, 기침이 오래갈 때, 변비가 있을 때에 특히 좋아요. 아기의 구내염이나 입술 염증에 꿀을 발라주어도 좋고, 감기로 인하여 기침이 오래가는 경우에도 배와 꿀을 함께 넣고 중탕해서 먹입니다. 아기의 성장과 면역력을 돕는 한약 경옥고에도 꿀이 처방되어 있답니다. 하지만 꿀은 '클로스트리듐 보툴리누스'이라는 박테리아 포자에 오염되어 있을 가능성이 있는 만큼 면역력이 약한 두 돌 전의 아기에게는 삼가는 것이 좋습니다.

Q 덜 익힌 달걀을 먹이면 알레르기 반응이 일어나요. 먹이지 말아야 하나요?

A 덜 익힌 달걀에만 반응하고 잘 익은 달걀에는 반응하지 않는 아기라면 달걀을 완전히 제한할 필요는 없습니다. 잘 익혀서 먹이면 됩니다. 만약 익힌 달걀에도 마찬가지 반응을 보인다면 달걀을 먹이지 말고, 과자나 빵 등 다른 음식에도 달걀이 함유되어 있지 않은지 살펴보아야 합니다. 일반적으로 음식에 대한 알레르기, 특히 달걀처럼 단백질 음식에 대한 알레르기 반응은 두 돌, 늦어도 세 돌 정도가 지나면 호전되게 마련입니다. 따라서 익힌 달걀에도 반응을 하는 경우라면 6개월 정도 후에 다시 한 번 소량으로 시도해보세요. 또 다시 반응이 나타나면 6개월 후에 다시 시도하면 됩니다. 이상 반응을 보이지 않을 때 먹이면 됩니다.

Q 아기에게 콩 알레르기가 있는데 두부와 된장을 줘도 괜찮을까요?

A 두부는 알레르기를 잘 일으키지 않는 식품입니다. 달걀과 우유 알레르기가 있는 아기에게 단백질과 칼슘을 보충해줄 수 있는 좋은 대체식품이죠. 하지만 콩 알레르기가 있다면 두부를 먹일 때 소량부터 시작하고 아기의 반응을 꼼꼼히 관찰하세요. 된장 역시 콩으로 만들어져 알레르기 걱정을 하는 엄마들이 많은데, 발효 과정을 거치면서 성분이 변하므로 피할 필요는 없습니다. 발효 과정에서 아기의 장을 튼튼하게 해주는 이로운 균이 많이 생기니 조금씩 먹여보세요.

Q 알레르기 반응 검사에서 음성 결과가 나왔는데도 음식을 조심해야 하나요?

A 음식 알레르기가 없다고 방심하면 자칫 아기의 알레르기 원인을 놓칠 수 있습니다. 어떤 음식이든 먹은 후 가려움증, 두드러기, 발진 등이 생겼다면 일단 그 음식을 삼가는 게 좋습니다. 음식 자체도 문제지만, 음식을 만드는 과정에서 사용한 조미료(참기름 등)가 산화되어 유해 물질이 생겼거나 조리법 등이 문제일 수도 있기 때문입니다. 음식 알레르기가 없더라도 신선하고 영양가 있는 재료를 골라 골고루 먹이는 원칙은 똑같이 지켜주세요.

♠ 현미를 섞어 이유식을 만들 때

현미는 섬유소와 비타민이 풍부해 어른 아이 모두에게 좋은 건강식재료입니다. 다만 백미에 비해 도정이 덜 되어 있어 아기가 소화시키기 어려우므로 이유식에 넣을 때는 반드시 곱게 갈아서 사용하세요. 현미만 먹이기보다는 백미를 섞는 게 좋으며, 현미와 백미를 섞는 비율은 1:2 정도가 적당해요.

♣ 영양소 파괴 줄이는 전자레인지 해동법

냉동한 재료나 음식을 해동하는 가장 좋은 방법은 실온에서 서서히 해동하는 것입니다. 영양 손실을 줄일 수 있어요. 부득이 전자레인지를 이용해 해동할 때는 출력을 '약'으로 놓고 한 번에 오래 가열하지 말고 시간을 짧게 설정해 해동 상태를 살펴가며 녹이는 것이 좋아요. 그래야 맛이 변하지 않으면서 영양소 파괴도 최소화할 수 있어요.

♠ 채소를 냉동하면 비타민이 파괴되지 않을까?

대부분 채소에 들어있는 비타민은 급속 냉동을 시키면 잘 파괴되지 않아요. 단, 비타민 E는 오히려 낮은 온도에서 파괴되는 특성이 있으므로 비타민 E가 많은 곡류, 참기름, 녹황색채소는 가급적 실온에서 보관하는 것이 좋아요.

♣ 비타민 파괴를 줄이는 조리법

비타민은 열에 약해요. 여러 번, 오래 끓일수록 비타민이 많이 파괴되므로 가급적 단시간에 조리하세요. 또 채소를 삶거나 데칠 때 소량의 물을 넣어 육수를 만들어 이유식에 넣으면 수용성 비타민을 다시 사용할 수 있어요. 찔 때는 되도록 껍질을 벗기지 말고 쪄야 비타민이 빠져나가는 것을 막을 수 있어요.

♣ 냉동시킨 육수의 보관기간

아기가 먹을 육수의 냉동 보관은 일주일을 넘기지 않는 게 좋아요. 육수를 얼릴 때는 충분히 식혀 국물 윗면에 뜨는 기름을 깨끗이 걷어내고 얼음 틀 등에 나누어 담아 보관하면 편해요.

♠ 변비에 좋은 음식 VS 좋지 않은 음식

- 변비에 좋은 음식

곡류 – 현미, 보리, 수수, 메밀, 토란, 감자, 고구마

채소류 – 우엉, 연근, 부추, 배추, 가지, 오이, 고사리, 셀러리, 버섯

과일류 – 배, 자두, 살구, 복숭아, 딸기, 수박, 참외, 무화과

해조류 – 미역, 김, 파래, 다시마, 한천, 우뭇가사리

견과류 – 땅콩, 호두, 잣, 아몬드, 은행

생선류 – 꽁치, 삼치, 고등어, 뱀장어

- 변비에 좋지 않은 음식

감, 바나나, 쑥, 우유, 치즈, 버터, 가공 육류, 농도 진한 육류국물, 밀가루, 단 음식 등

♣ 보리차 먹일 때 주의할 점

보리차는 성질이 찬 편입니다. 속열이 많은 아기에게는 큰 문제가 없지만, 소화기가 약하거나 냉한 아기는 마시면 복통, 설사를 할 수도 있어요. 보리차는 미지근하게 주면 좋아요.

♠ 단단한 채소 육수내기

당근, 무, 감자, 고구마 같은 뿌리채소는 단단해서 육수를 낼 때 시간이 오래 걸려요. 이럴 땐 처음부터 재료를 작게 썰어 넣어 끓이면 조리시간이 줄일 수 있습니다.

♠ 아기의 수분 섭취

성인이 체중의 55~60%가 수분인데 비해 아기는 75~80%에 달해요. 체중과 체표면적 등을 감안할 때 아기는 훨씬 많은 수분을 필요로 합니다. 그러나 수분은 물뿐만 아니라 다른 음식으로도 섭취할 수 있으니 수치에 연연할 필요는 없습니다. 대신 아기의 경우 어른보다 열이 많고 활동량도 많아 땀을 많이 흘리고 쉽게 지치므로 수분 및 진액을 보충해주는 게 중요해요. 다만 물을 많이 마셔야 좋은 체질과 그렇지 않은 체질이 있으므로 무조건 많이 마신다고 좋은 것은 아닙니다.

♣ 닭고기, 아기에게 왜 좋을까?

닭고기는 따뜻한 성질을 가진 재료로 원기를 더해주고 정精(정기)과 수髓(뼛골)를 보충하므로 소화기능과 비위가 약해 살이 붙지 않는 아기, 양기가 부족하고 기력이 약해 늘 피곤한 아기에게 먹이면 좋아요. 특히 육질을 구성하는 섬유가 가늘고 연하며, 지방질이 근육 속에 섞여 있지 않기 때문에 맛이 담백하고 소화흡수가 잘 돼요. 필수아미노산도 풍부하며, 특히 닭날개 부위는 뮤신(점액성 단백질)이 많아 성장을 촉진하고 운동기능을 증진시켜 성장기 어린이에게 좋아요.

♠ 더운 여름, 이유식 만들 때 주의사항

- **수분이 많은 재료를 이용하기**
  여름에는 아기가 땀을 많이 흘리고, 심하면 탈수현상이 오기 쉬워요. 수박, 참외, 자두 등의 제철 과일과 오이, 토마토, 애호박, 배추, 아욱, 브로콜리 등의 채소에는 수분이 충분하게 들어있고 열이 있을 때 열을 내리는데 도움이 돼요.
- **다양한 종류의 비타민을 골고루 먹이기**
  다양한 종류의 비타민은 신체조절 능력을 향상시켜요. 특히 비타민 C는 피부를 좋게 하고 혈액을 맑게 하며, 모세혈관까지 순환시켜 다양한 면역력을 키워줘요.
- **고단백 위주의 영양 있는 이유식 챙기기**
  체력 소모가 더욱 심해지는 때이므로 단백질 함량이 높은 재료를 넣어 이유식을 만들어 주세요.

♠ 변비에 좋은 마사지

- **복부腹部 만져주기** 엄마의 손바닥 전체를 이용하여 배꼽을 중심으로 복부를 시계 방향으로만 5~10분 동안 문지릅니다.
- **천추天樞 문지르기** 배꼽을 중심으로 좌우 1~2㎝ 떨어진 부위에 자리한 천추를 둘째와 셋째 손가락을 이용해서 가볍게 50~100회 정도 문질러줍니다. 대장의 기가 모이는 곳으로 이곳을 자극하면 대장의 배변기능이 강해지고 장내 염증을 예방하는 효과가 있습니다.

♣ 소아 빈혈 체크리스트

빈혈은 혈색양이나 적혈구수 혹은 그 두 가지 모두가 정상치보다 떨어져 있는 상태로 여러 가지 종류가 있지만 아기에게 가장 흔한 것은 철 겹핍성 빈혈이에요. 아기는 엄마 뱃속에서 미리 6개월 치의 철분을 받아서 태어나요. 그 후에는 엄마에게 받은 철분을 모두 다 써버려 이유식 등을 통해 따로 철분을 섭취해야 합니다. 잘못된 식습관으로 인해 섭취가 안 되면 빈혈이 발생하게 되며 주로 6개월~3세 사이에 많이 발생해요.

- ☐ 생후 5개월이 지났는데도 모유만 먹는다
- ☐ 태어났을 때부터 철분 강화 분유를 먹었다
- ☐ 평소 잘 안 먹는다
- ☐ 잇몸이 창백하다
- ☐ 피부색이 창백하다
- ☐ 손톱 한가운데가 숟가락처럼 움푹 들어갔다.
- ☐ 짜증을 잘 내고 보챈다
- ☐ 다크서클이 있다
- ☐ 주변 일에 무관심하고 호기심이 적다
- ☐ 밤에 심하게 보채거나 자주 깬다

※해당항목이 3개 이상이면 빈혈을 의심해보고, 5개 이상이면 정기검사를 받아보세요.

생후 7~8개월,
소화 잘 되는 한방 이유식으로 아기 성장 돕기

생후 7~8개월 때 아기가 걸핏하면 배가 아프거나 설사가 잦고, 잘 먹지 않거나 장이 약해서
소화를 제대로 못시키면 잘 자라지 못합니다. 또 엄마에게 받은 면역력이 떨어지고 스스로
키워나가야 할 시기라서 감기에도 걸리기 시작하죠. 아기가 한창 자라는 시기인 만큼 점차 늘어가는 이유식의 소화를 돕는
사인과 백출, 면역력을 튼튼하게 하는 산약, 맥문동, 길경, 영지 등의 약재를 먹이면 좋습니다.

● 중기 한방 이유식 진행 원칙 3

1 '우리 것'을 먹여야 잘 자라요 한의학에서는 사람마다 타고난 오장육부의 기운이 다르다고 봅니다. 또한 조선시대 의서 〈급유방及幼方〉에는 '사람들의 체질과 병이 발생하는 원인 또한 기후, 풍토에 따라 다르니 각각 그 지방 특유의 기후, 풍토를 연구하여 잘 알아야만 원만한 치료 효과를 거둘 수 있다'라고 쓰여 있어요. 우리 땅에서 태어난 우리 아기에게는 우리 땅에서 난 우리 재료, 또 한방 이유식에서는 우리 약재를 사용하는 것이 가장 좋습니다.

2 음식으로 속열을 내려줘요 아기는 신진대사가 활발해서 성인보다 열이 많이 납니다. 아직은 체온 조절능력이 떨어지는 시기라서 일상체온도 높게 나타나요. 그래서 찬 음식을 많이 찾거나 잘 때 이불을 걷어차고, 열이 많아지면 밤에 보채기도 하죠. 영지 등의 약재로 속열을 내려주거나 신선한 채소와 물을 많이 먹이세요. 한방 이유식을 만들 때 계절 과일을 함께 넣는 것도 좋습니다. 계절 과일은 그 계절을 이겨낼 수 있는 적응력을 키워줍니다.

3 소화가 잘 되는 약재를 주로 사용해요 이유식 중기가 되면 아기가 이유식을 잘 먹지 않거나 입 안에서 우물거리면서 삼키지 않기도 합니다. 이럴 때 아기를 살펴보면 한결같이 장이 약한 특징이 있습니다. 툭하면 배가 아프거나 설사를 자주 하기도 해요. 이 시기에 소화가 잘 되는 연자육, 백출, 산약 같은 약재를 이용하면 장의 영양분 흡수를 도와 성장에 좋습니다.

● 중기 한방 이유식 약재

• 맥문동

양기陽氣가 강해 아기의 몸에 부족한 음기陰氣를 회복시켜주는 약재예요. 폐의 기운을 안정시키고 심장을 보하는 작용을 해요. 여름에는 오미자, 인삼을 함께 넣어 끓인 생맥산차로 만들면 온가족의 건강차로 좋아요. 단, 성질이 차므로 아기가 설사를 하거나 독감으로 인한 기침이 있을 때는 피하세요.

• 이런 아기에게 좋아요
마른기침을 하거나 가래가 있는 아기, 얼굴이 화끈거리거나 자주 붉어지는 아기, 입이 마르고 물을 많이 찾는 아기

• 좋은 맥문동 고르기
굵고 살이 많으며 표면이 깨끗하고 윤기가 나는 것, 쭈글쭈글하거나 울퉁불퉁한 것, 끝부분이 뭉툭한 것이 국산이에요. 수입품은 알맹이 윗부분에 심이 많고 알맹이가 적어요.

• 도라지

"십년 먹은 도라지가 산삼보다 낫다"라는 말처럼 도라지는 그 효과가 뛰어나요. 성질이 차거나 덥지 않고, 쓰고 매운맛이 있어 폐와 인후의 기능을 좋게 해줘요. 특히 기침을 가라앉히고, 호흡기 내 점막의 점액 분비량을 두드러지게 증가시켜줍니다.

• 연자육

연꽃의 씨로 소화기능을 돕고 심장을 편안하게 해줘요. 신장 기능을 도와 소변을 잘 보게 하고 귀와 눈을 밝게 하며 기억력도 향상시켜요. 단, 입 냄새가 나고 변비가 있으면서 소변이 붉고, 손바닥과 발바닥에 열이 있는 아기는 피하는 것이 좋아요.

• 영지

심장, 간, 폐를 튼튼하게 해주는 약재예요. 신체 허약, 신경 쇠약, 불면증, 가슴 두근거림 등에 효과가 뛰어나며 기침이 심할 때도 좋아

요. 정기를 돕고 관절과 근골을 단단히 해주는 효과도 있어요.

• 사인

맛이 매우며 따뜻한 성질을 가지고 있어 소화기를 도와줘요. 속을 따뜻하게 해 설사를 멎게 하고 소화력을 높여줍니다. 찬 음식 혹은 기름진 음식으로 체기가 생겼을 때 먹이면 좋아요.

• 백출

식욕을 돋우고 부족한 영양을 채워주어 이유식 재료로 좋아요. 소화제로 쓰일 만큼 위에 좋은 대표적인 약재여서 위가 약한 아기에게 제격이에요. 어른의 경우도 만성소화불량, 위하수, 복부팽만, 위염 등에 좋아요.

맥문동 팽이버섯죽

맥문동은 몸의 부족한 기운을 회복시키는 효과가 있어요.
가래가 있는 아기, 입이 마르고
물을 잘 찾는 아기 등 몸이 허약한 아기에게 먹이면 좋아요.

재료

쌀 … 10g
맥문동 … 2g
뜨거운 물 … 1컵
쇠고기(안심) … 20g
감자 … 20g
양파 … 5g
팽이버섯 … 10g

만들기

1 쌀은 깨끗이 씻어서 1시간 정도 불린 후 체에 밭쳐 물기를 빼고 분쇄기에 넣어 쌀알이 반쯤 으깨지도록 간다.

2 맥문동은 깨끗이 씻어서 뜨거운 물 1컵에 20분 정도 담가 불린 후 껍질을 벗겨내고 곱게 다진다.

Tip 맥문동 불린 물은 버리지 말고 두었다가 나중에 죽 만들 때 사용하세요.

3 쇠고기는 살코기만 준비해 팬에 살짝 익힌 뒤 칼로 곱게 다진다.

4 감자와 양파는 껍질을 벗기고 깨끗이 씻은 뒤 곱게 다진다.

5 팽이버섯은 밑동을 적당히 자른 뒤 깨끗이 씻어 0.2㎝ 크기로 다진다.

6 냄비에 **1**의 쌀가루와 맥문동 불린 물 1컵을 넣고 센 불에서 끓이다가 쌀알이 퍼지면 곱게 다진 맥문동을 넣고 약한 불로 줄인다.

7 한소끔 끓어오르면 곱게 다진 쇠고기, 감자, 양파, 팽이버섯을 넣고 한소끔 더 끓인다.

맥문동
분유수프

맥문동은 몸을 식혀주는 효과가 뛰어나요.
여기에 닭가슴살과 양파, 감자, 완두콩을 넣으면
영양까지 완벽해져요. 장시간 외출로 지친 아이에게 먹이면
좋은 이유식이에요.

재료

닭가슴살 ··· 20g
양파 ··· 10g
감자 ··· 15g
완두콩 ··· 10g
맥문동 ··· 2g
뜨거운 물 ··· 1컵
분유물 ··· ¼컵(분유 또는 모유 : 물 = 1 : 1)

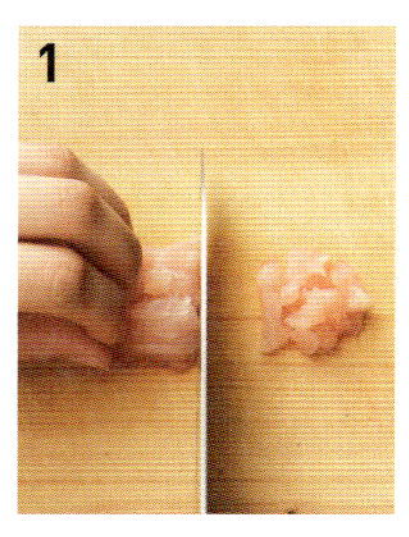

만들기

1 닭가슴살은 기름기와 힘줄을 잘라내고 고기결과 반대방향으로 썰어 0.3㎝ 크기로 다진다.

2 양파와 감자는 껍질을 벗기고 깨끗이 씻어 0.3㎝ 크기로 다진다.

3 완두콩은 끓는 물에 살짝 삶아 건진 후 껍질을 벗겨 반 가른다.

4 맥문동은 뜨거운 물 1컵에 20분 정도 담가 불린 뒤 체에 걸러 우린 물을 받는다. 불린 맥문동은 껍질을 벗겨내고 곱게 다진다.

5 냄비에 손질한 양파, 감자, 완두콩을 넣고 물기가 마르도록 볶다가 맥문동 불린 물 1컵을 넣어 끓인다.

6 한소끔 끓어오르면 중간 불로 줄이고 다진 닭가슴살을 넣는다. 끓이는 도중 생기는 거품은 계속 걷어낸다.

7 채소가 푹 물러지면 분유물을 넣어 한소끔 더 끓인다.

도라지 노른자김죽

도라지는 효능이 약재만큼이나 좋은 재료예요.
특히 성질이 차거나 덥지 않으며
매운맛이 있어 폐와 인후의 기능을 좋게 하여
기침을 가라앉히는 데 탁월해요.

재료

찹쌀 ··· 20g
달걀노른자 ··· 1개
도라지 ··· 2g
소금 ··· 5큰술
소금, 김가루 ··· ⅓작은술
다시마육수 ··· ½컵

만들기

1 찹쌀은 깨끗이 씻어서 1시간 정도 불린 후 체에 밭쳐 물기를
  빼고 분쇄기에 넣어 쌀알이 반쯤 으깨지도록 간다.

2 달걀노른자는 잘 풀어둔다.

3 도라지는 뿌리는 떼어내고 칼로 긁어서 껍질을 벗긴 뒤 흐르
  는 물로 깨끗이 씻는다.

4 껍질을 벗긴 도라지는 잘게 찢어서 소금을 뿌리고 주물러서
  쓴맛을 뺀 뒤 다시 물에 잠시 담가 소금기를 빼고 끓는 물에
  살짝 데쳐 곱게 다진다.

5 냄비에 **1**의 찹쌀가루와 다시마육수를 넣고 센 불로 끓인다.

6 한소끔 끓어오르면 약한 불로 줄이고 쌀가루가 퍼질 때까지
  끓인 후 곱게 다진 도라지와 달걀노른자, 김가루를 넣는다.

7 김가루가 푹 퍼질 때까지 저어가며 끓인다.

영지채소죽

알레르기에 탁월한 효과를 보이고 간과 위의 열을 내려주는
영지는 열이 많은 아기에게 좋아요.
또 정신을 보양하고 정기를 도우며
근골을 단단히 하고 안색을 좋게 하기 때문에
많은 영양을 필요로 하는 성장기 아기에게 좋은 약재예요.

재료

쌀 · · · 15g
영지 · · · 2g
미지근한 물 · · · 1컵
무 · · · 20g
당근 · · · 5g
양파 · · · 15g
삶은 달걀노른자 · · · 1개

만들기

1 쌀은 깨끗이 씻어서 1시간 정도 불린 후 체에 받쳐 물기를 빼고 분쇄기에 넣어 쌀알이 반쯤 으깨지도록 간다.

2 냄비에 영지와 미지근한 물 1컵을 넣고 20분간 불린 후에 중간 불에서 15분 정도 끓인다. 체에 받쳐 우린 물을 받는다.

3 무는 깨끗이 씻어 껍질을 두껍게 벗긴 뒤 섬유질 반대방향으로 썰어 강판에 갈거나 칼로 잘게 다진다.

4 당근은 깨끗이 씻어 껍질을 벗긴 뒤 잘게 다진다. 양파는 껍질을 벗겨내고 깨끗이 씻은 뒤 잘게 다진다.

5 삶은 달걀노른자는 칼로 곱게 다져서 가루로 만든다.

6 냄비에 **1**의 쌀가루와 영지 우린 물 1컵을 넣고 센 불에 올려 끓인 후 잘게 다진 무와 당근, 양파를 넣고 잘 저어가며 끓인다.

7 채소가 어느 정도 익으면 달걀노른자 가루를 넣고 재료가 골고루 섞일 때까지 끓인다.

 사인죽순죽

소화력을 좋게 하는 사인과 식이섬유소가 풍부한 죽순이
들어가서 아기의 속을 편안하게 해주는 이유식이에요.
또 죽순에는 비타민 외에 단백질 등 아기의 성장에 필요한
영양분이 골고루 함유되어 있어요.

재료
쌀 … 20g
사인 … 2g
물 … 1컵
죽순 … 10g
단호박 … 20g
브로콜리 … 5g

만들기

1 쌀은 깨끗이 씻어서 1시간 정도 불린 후 체에 밭쳐 물기를 빼고 분쇄기에 넣어 쌀알이 반쯤 으깨지도록 간다.

2 냄비에 사인과 물 1컵을 넣고 10분간 불린 후 뚜껑을 닫고 20분 정도 끓인 다음 체에 밭쳐 우린 물을 받는다.

3 죽순은 깨끗이 씻은 뒤 반 갈라 속의 하얀 석회분을 씻어내고 곱게 다진다.

4 단호박은 깨끗이 씻어 찜통에 쪄낸 후 껍질을 벗겨내고 속만 으깬다.

5 브로콜리는 깨끗이 씻어 끓는 물에 살짝 데친 뒤 꽃송이만 잘라 곱게 다진다.

6 냄비에 **1**의 쌀가루와 사인 우린 물 1컵을 넣고 센 불로 끓인다.

7 한소끔 끓어오르면 약한 불로 줄이고 곱게 다진 죽순, 브로콜리, 단호박을 넣고 한 번 더 끓인다.

4

연자육느타리죽

소화기능을 돕는 연자육과 면역성을 키워주는
느타리버섯으로 이유식을 만들어 보세요.
아기의 면역력뿐만 아니라 감기, 신경과민 등을 예방해줘요.

재료

찹쌀 ··· 20g
연자육 ··· 2g
물 ··· 컵
느타리버섯 ··· 20g
잣가루 ··· 5g
분유물 ··· ¼컵(분유 또는 모유:물＝1:1)

만들기

1 찹쌀은 깨끗이 씻어서 1시간 정도 불린 후 체에 밭쳐 물기를 빼고 분쇄기에 넣어 쌀알이 반쯤 으깨지도록 간다.

2 냄비에 연자육과 물 1컵을 넣고 20분간 불린 뒤 약한 불로 5분 정도 끓인 후 체에 밭쳐 우린 물을 받는다. 남은 연자육은 껍질을 벗겨서 다진다.

3 느타리버섯은 깨끗이 씻어 물기를 꼭 짜고 잘게 다진다.

4 냄비에 1의 찹쌀가루, 곱게 다진 연자육과 연자육 우린 물 1컵을 넣고 중간 불에 올려 저어가며 끓인다.

5 한소끔 끓어오르면 다진 연자육과 다진 느타리버섯을 넣고 쌀가루가 퍼질 때까지 끓인다.

6 약한 불로 줄이고 잣가루와 분유물을 넣고 1분간 더 끓인다.

2

백출두부죽

소화기능을 활발하게 하는 백출은
두부와 함께 조리하면 영양이 배가 됩니다.
잘 먹지 않거나 질병으로 인해 영양결핍인 아기에게
효과적인 이유식이에요.

재료

쌀 … 20g
백출 … 2g
물 … 1컵
두부 … 20g
배춧잎 … 5g
깨소금 … ¼작은술

만들기

1 쌀은 깨끗이 씻어서 1시간 정도 불린 후 체에 밭쳐 물기를 빼고 분쇄기에 넣어 쌀알이 반쯤 으깨지도록 간다.

2 백출은 물 1컵에 20분 정도 담가 미리 불린 후 냄비에 넣고 센 불에서 20분 정도 끓인 뒤 체에 밭쳐 우린 물을 받는다.

3 두부는 마른 행주로 물기를 닦은 후 곱게 으깬다.

4 배춧잎은 흐르는 물로 깨끗이 씻어 섬유질 반대 방향으로 잘게 다진다.

5 냄비에 **1**의 쌀가루와 사인 우린 물 1컵을 부어 끓인다.

6 한소끔 끓어오르면 약한 불로 줄이고 준비한 두부와 배춧잎을 넣어 끓이다가 배춧잎이 물러지면 깨소금을 넣고 살짝 더 끓인다.

사인과일조림

사인은 내장이 약한 아기에게 먹이면 좋아요.
소화력을 높여서 영양분 섭취에 도움을 주고
신진대사도 활발하게 해준답니다.

재료

사인 ··· 2g
미지근한 물 ··· 1컵
고구마 ··· 20g
사과 ··· 20g
배 ··· 20g
아기용 치즈 다진 것 ··· 1작은술

만들기

1 냄비에 사인과 미지근한 물 1컵을 넣고 10분간 불린 뒤 뚜껑을
  닫고 센 불에서 20분 정도 끓인다. 체에 밭쳐 우린 물 ½컵을
  받는다.

2 고구마는 깨끗이 씻어 푹 삶은 뒤 껍질을 벗기고 뜨거울 때 곱
  게 으깬다.

3 사과와 배는 깨끗이 씻어 2등분해 씨 부분을 도려내고 껍질을
  벗긴 후 잘게 다진다.

4 냄비에 으깬 고구마를 넣고 사인 우린 물을 자작하게 부어 약
  한 불에서 끓인다.

5 한소끔 끓어올라 사인 우린 물이 고구마에 배어들면 불을 끄
  고 다진 사과와 배, 치즈를 넣은 뒤 고루 섞는다.

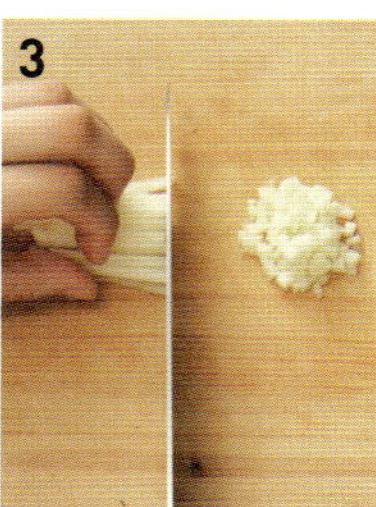

도라지생선찜

도라지는 호흡기 점막의 분비량을 두드러지게 증가시키고
가래를 삭이는 효능이 있어요.
감기에 잘 걸리는 아기에게 먹이면 좋은 효과를 볼 수 있어요.

재료

흰살생선 … 20g
도라지 … 5g
소금 … 5큰술
당근 … 5g
양파 … 5g
애호박 … 5g
달걀노른자 … 1개

만들기

1 흰살생선은 깨끗이 씻어 끓는 물에 삶은 후 껍질과 가시를 잘
  발라내고 살만 잘게 다져서 넓적하게 빚는다.

2 도라지는 뿌리를 떼어내고 칼로 긁어서 껍질을 벗긴 뒤 깨끗
  이 씻는다.

3 손질한 도라지는 잘게 찢어서 소금을 뿌리고 주물러서 쓴맛을
  뺀 뒤 다시 물에 담가 소금기를 빼고 끓는 물에 살짝 데쳐 곱
  게 다진다.

4 당근은 껍질을 벗겨 깨끗이 씻은 뒤 잘게 다진다.

5 양파는 껍질을 벗긴 후 깨끗이 씻고, 애호박은 깨끗이 씻은 뒤
  껍질을 돌려 깎고 씨는 버린 후 연두색 부분만 잘게 다진다.

6 볼에 달걀노른자를 넣고 푼 후 다진 도라지와 당근, 양파, 애호
  박을 넣어 골고루 섞는다.

7 넓적하게 빚은 흰살생선 위에 **6**을 흐르지 않게 올린 후 김 오
  른 찜통에 면보를 깔고 5분간 쪄낸다.

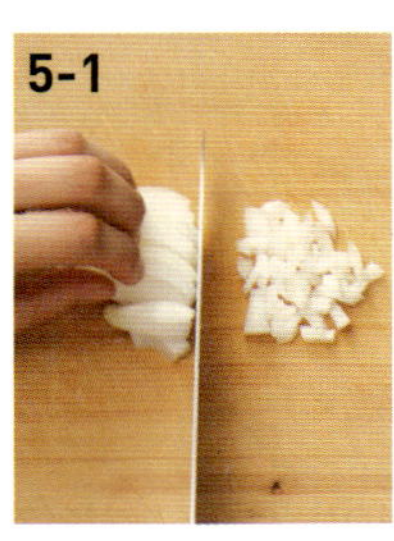

연자육 청포묵 과일죽

연자육은 소화기능을 돕고 심장에 작용하여
마음을 편안하게 합니다.
비위가 약하며 설사가 잦거나 대변이 묽고,
깊은 잠을 자지 못하는 아기에게 좋아요.

재료

연자육 ··· 2g
물 ··· 1컵
청포묵 ··· 20g
사과 ··· 20g
배 ··· 10g
달걀노른자 ··· 1개
분유물 ··· ¼컵(분유 또는 모유:물＝1:1)

만들기

1 냄비에 연자육과 물 1컵을 붓고 20분간 불린 뒤 약한 불로 5분 정도 끓인 후 체에 밭쳐 우린 물을 받는다.

2 청포묵은 깨끗이 씻어 잘게 크기로 썬다.

3 사과와 배는 깨끗이 씻어 껍질을 벗기고 씨를 뺀 뒤 청포묵과 같은 크기로 썬다.

4 볼에 달걀노른자를 풀고 연자육 우린 물, 분유물 1작은술을 넣고 골고루 섞는다.

5 냄비에 **4**를 넣고 약한 불에서 저어가며 끓이다가 사과, 배, 청포묵을 넣고 1분간 더 끓인다.

영지생선지짐

비타민 A가 풍부하고 트립토판이 들어있는 흰살생선과
몸과 기운을 보해주는 영지가 어우러진
이유식으로 성장기 아기에게 먹이면 좋아요.

재료

영지 ··· 2g
미지근한 물 ··· 1컵
흰살생선 ··· 30g
쑥 ··· 5g
밀가루 ··· 2큰술
달걀노른자 ··· 1개
쑥 ··· 3g
올리브오일 ··· 약간

만들기

1 영지는 미지근한 물 ½컵에 20분간 불린 후 냄비에 물 ½컵을
  더 넣고 중간 불에서 15분 정도 끓인 뒤 체에 밭쳐 우린 물을
  받아낸다.

2 흰살생선은 깨끗이 씻은 후 끓는 물에 삶아서 껍질과 가시를
  잘 발라내고 살만 잘게 다진다.

3 쑥은 잎 부분만 뜯어내어 깨끗이 씻은 뒤 끓는 물에 데쳐서 잘
  게 다진다.

4 볼에 다진 흰살생선과 다진 쑥잎을 넣고 밀가루, 달걀노른자,
  영지 우린 물 1작은술을 넣어 지짐 반죽을 만든다. 반죽의 찰
  기가 부족하다 싶을 때는 물을 넣어 조절한다.

5 팬에 올리브오일을 약간 두르고 **4**의 반죽을 적당히 떼어 올린
  뒤 구워낸다.

백출채소 스크램블

백출은 성질이 따뜻하고 단맛과 쓴맛이 같이 나는 약재예요.
단맛은 기운을 북돋우고 소화기능을 좋게 하며,
쓴맛은 속이 더부룩한 것을 내려 식욕을 증진시켜요.

재료

감자 ···10g
당근 ···10g
브로콜리 ···5g
느타리버섯 ···10g
백출 ···2g
물 ···1컵
올리브오일 ··· 약간
달걀노른자 ··· 1개
아기용 치즈 ··· ½장

만들기

1 감자와 당근은 깨끗이 씻어 껍질을 벗긴 후 삶아서 곱게 다진다.
2 브로콜리는 깨끗이 씻어서 꽃송이만 잘라 끓는 물에 데쳐서 곱게 다지고, 느타리버섯은 갓 부분만 떼어내서 깨끗이 씻은 뒤 끓는 물에 살짝 데쳐 곱게 다진다.
3 백출은 물 1컵에 20분 정도 미리 불린 후 냄비에 넣고 센 불에서 20분 정도 끓인 뒤 체에 밭쳐 우린 물을 받는다.
4 팬에 올리브오일을 두른 후 준비한 채소를 넣고 볶다가 백출 우린 물 1컵을 넣어 볶는다.
5 4에 달걀노른자와 아기용 치즈를 넣고 나무젓가락으로 노른자가 잘 섞이도록 저어가며 익힌다.

후기 이유식에 들어서면 아기도 어른처럼 하루 세끼를 먹게 됩니다.
이젠 영양섭취의 많은 부분을 모유나 분유가 아닌
이유식에서 얻게 되는 것이죠. 이 시기에 먹는 양도 늘리고
영양도 고루 챙겨야 건강한 아기로 자랍니다.
편식하지 않는 건강한 식습관을 키워주는 것도 중요한 과제입니다.

활동량이 크게 늘어나고 먹는 것보다 노는 것을 더 좋아하는 시기여서
아기의 체중 증가속도가 더디지만 크게 걱정할 일은 아니에요.
월령에 따라 개인차가 커서 기어 다니려고만 하는 아기, 물건을 잡고 혼자 일어서는 아기,
혼자 힘으로 일어서거나 걷는 아기 등 다양합니다.
먹을 것에 대한 호기심도 왕성해져 음식을 가지고 장난치기도 하지만
보통 이 시기의 아기들은 손으로 집어먹거나 혼자 숟가락을 들고 먹으려고 해요.

**이맘때
아기 발달**

키와 몸무게(평균, 만 기준)

 **남** **생후 9개월** 72.3cm / 9.0kg
생후 10개월 73.6cm / 9.3kg
생후 10개월 74.9cm / 9.6kg

 **여** **생후 9개월** 71.0cm / 8.5kg
생후 10개월 72.3cm / 8.8kg
생후 11개월 73.6cm / 9.1kg

치아 발달과 씹기 능력

보통 유치가 위아래 4개 정도 나면서 알갱이가 있는 음식을 깨물어 먹을 수 있게 됩니다.
혀를 앞뒤, 위아래는 물론 좌우로도 움직일 수 있게 되고, 혀로 으깰 수 없는 것은 좌우 잇
몸을 이용해요. 우유병을 물고 잠드는 경우가 많아 치아 우식증 우려가 많은 시기입니다.
밤중 수유를 끊고, 수유 또는 이유식, 간식을 먹은 후에는 반드시 유아용 칫솔로 꼼꼼히 양
치해주세요.

수면과 배변

＊**수면** 밤잠 11시간 / 낮잠 3시간(2회) ⇨ 총 수면시간 14시간
＊**배변** 소변 16회 내외 / 대변 2회 내외

아기가 이유식을 하루에 세끼씩 잘 먹으면 수유량을 점차 줄여야 하는 시기예요.
이유식은 하루 세 번 오전 8시, 낮 12시, 오후 6시 정도에 먹이는 것이 좋아요.
한 끼에 아기 밥그릇으로 1공기 정도가 적당한 때이지만,
양을 늘리는 것보다 다양하고 영양가 많은 재료를 섭취하는 것이 더 중요해요.
아기가 균형 있게 성장하기 위해서는 편식을 막아야 해요.

후기 이유식 진행 방법

조리형태

잇몸으로 씹을 수 있는 삶은 바나나 굳기 정도(4~2배죽)

후기 이유식 섭취량

* **모유, 분유** 3~4회(1일 수유량 600~800㎖)
* **이유식** 3회 + 간식 1~2회(1회 이유식 섭취량 100~150g)

  이유식 섭취량은 아기마다 차이가 있어요. 무엇보다 수유량을 지키는 것이 중요해요

후기 이유식에 추가되는 재료

* **곡류** 팥, 대부분의 곡류(밀가루는 알레르기 없으면 가능)
* **채소류** 콩나물, 숙주, 가지, 도라지, 우엉, 대부분의 채소류(피망, 파프리카, 부추는 소량만 가능)
* **과일류** 포도(즙만 가능), 멜론, 참외, 자두, 살구(귤과 오렌지, 복숭아는 알레르기 없으면 가능)
* **육류** 쇠고기(안심), 닭고기(가슴살, 안심)
* **해산물** 연어, 도미 등 붉은생선, 미역, 다시마, 파래(새우, 게살, 조갯살은 알레르기 없으면 가능)
* **난류** 달걀노른자(흰자는 안 됨)
* **유제품** 아기용 치즈, 플레인 요구르트
* **콩** 흰콩, 검은콩을 포함한 대부분의 콩(콩비지는 알레르기 없으면 가능)
* **견과류&유지류** 잣, 참기름, 올리브오일(소량만 가능)

언제 시작할까요?

*** 하루 세 번씩 별 탈 없이 잘 먹으면 시작하세요**

같은 시기에 이유식을 시작했어도 진행 속도는 아기마다 차이가 납니다. 보통 후기 후반부터는 하루에 세 번 정도 먹을 수 있는데, 이렇게 무난히 잘 진행되면 후기로 접어들었다고 봅니다. 아기가 이유식을 다 먹고 나서도 더 먹고 싶어 하고 숟가락질을 한다면 자연스럽게 후기 이유식을 시작하세요.

얼마나 먹일까요?

*** 하루 세 번, 한 끼에 적어도 100~150g은 먹게 해주세요**

아기에게 필요한 영양의 상당 부분을 이유식에서 섭취해야 하는 만큼 이제 양도 늘리고 횟수도 하루 세 번 규칙적으로 먹여야 합니다. 한 번에 먹는 양도 100g 이상이 되어야 하고 이유식을 먹인 후에 바로 모유나 분유를 120~160㎖ 정도 먹이는 것도 잊지 마세요. 단, 소화 기능이 약해서 바로 먹이면 토하는 아기라면 수유 후 30분 정도 지난 후에 먹이거나 수유량을 줄이는 것이 좋습니다. 일반적으로 아기가 이유식과 수유를 합해 한 끼 양을 채워야 다음 수유 시간까지 잘 지낼 수 있습니다.

무엇을 먹일까요?

*** 골고루 맛보게 해주세요**

이제 아기가 먹을 수 있는 음식의 종류가 매우 다양해집니다. 대부분의 곡류와 채소를 먹을 수 있고 단백질 식품도 쇠고기, 닭고기뿐만 아니라 흰살생선, 달걀노른자, 두부 등도 편안하게 먹을 수 있어 훨씬 다양한 맛을 즐길 수 있게 됩니다. 5가지 식품군이 골고루 들어간 균형 잡힌 식사를 챙겨주세요. 식습관이 형성되는 시기인 만큼 편식하지 않도록 다양한 재료를 사용하고 조리법에도 신경 써야 합니다.

*** 수유량은 줄이되 모유와 분유는 계속 먹이세요**

이유식 섭취량이 늘어난 만큼 수유량은 줄겠지만 그렇다고 갑자기 모유나 분유를 끊어선 안 됩니다. 아직은 아기에게 가장 좋은 지방을 공급해주는 방법은 수유이며, 이를 통해 아기는 필요한 전체 칼로리의 50%를 얻습니다. 하루, 3~4회에 걸쳐 600~800㎖ 정도는 먹여야 합니다.

＊ 아직 조심해야 할 식품이 있어요

대부분의 자연식품은 먹을 수 있지만 알레르기 위험이 있어 조심해야 할 것들이 있습니다.
곡류 중에서 밀가루는 늦게 먹일수록 좋습니다. 돼지고기, 등푸른생선, 조개류, 달걀흰자도
첫 돌 이후에 먹이는 게 안전합니다. 과일 중에서 딸기, 토마토는 아직 이릅니다. 생우유도
첫 돌 지나서 먹이세요.

＊ 손으로 집어 먹을 수 있는 간식을 주세요

생후 9개월이 지나면 간식은 하루 1~2회 주세요. 잇몸으로 쉽게 으깨질 만큼 푹 익힌 감자
나 고구마, 당근 등을 작게 잘라 그릇에 담아 아기가 손으로 직접 먹도록 해주세요. 아기가
손에 쥐고 먹기 편한 얇게 썬 과일도 좋습니다. 시판되는 아기용 과자보다 엄마가 직접 만든
자연간식이 가장 좋습니다.

어떻게 먹일까요?

＊ 밥은 질게, 고기와 채소는 부드러운 덩어리로 만들어 주세요

이 시기의 아기는 유치가 4~6개쯤 나지만 그렇다고 잘 씹어 먹을 수 있는 건 아닙니다. 어
금니가 나야 제대로 씹어 먹을 수 있는데 아직까지는 잇몸과 몇 개의 이를 이용해 오물오물
음식을 으깨 먹는 것입니다. 이제부터 서서히 씹는 연습을 해야 합니다.
이제부터는 멀건 죽보다는 아기가 오물거리며 씹을 수 있도록 밥알이 그대로 보이는 된죽
또는 무른 밥을 주세요. 익숙해지면 돌 무렵에는 질척하게 지은 밥도 먹을 수 있습니다. 여
기서 무른 밥은 어른이 먹는 밥을 말하는 건 아닙니다. 너무 일찍 밥을 먹이면 소화불량이
될 수 있으니 쌀과 물을 1:3 비율로 해서 아기용 밥을 따로 만들어주세요. 채소는 곱게 다지
거나 갈지 않아도 됩니다. 0.5㎝ 정도 크기로 덩어리가 있게 만들어주되, 잇몸으로 쉽게 으
깨지도록 부드럽게 익혀주세요. 육류는 기름기 없는 살코기를 푹 익혀 잘게 썰어주세요.

처음부터 숟가락으로 잘 먹는 아기는 없기 때문에 입에 들어가는 것보다 흘리는 게 더 많습니다.
주변이 다소 지저분해지더라도 참고 격려해주세요.
이런 과정을 통해 아기는 스스로 먹는 법을 배우게 됩니다.

* 간은 NO! 어른 음식을 그대로 먹이지 마세요

아기에게 줄 수 있는 재료가 많아져서 엄마가 방심하기 쉬워요. 이 시기의 아기는 대부분의 자연식품은 물론 종종 어른이 먹는 음식과 비슷한 것도 먹을 수 있지만, 절대로 식탁 위에 올리는 어른 음식을 그대로 먹여선 안 됩니다. 아기 음식은 첫 돌 이전까지는 간을 하지 않는 게 좋습니다. 특히 맵고 짜거나 기름진 것은 피하세요. 아기가 잘 먹는다고 어른이 먹는 매운 반찬을 물에 헹궈 먹인다든가, 국에 밥을 말아주는 것도 삼가야 합니다. 참기름을 비롯한 기름 사용을 되도록 줄이고, 사용할 때는 한두 방울 정도의 아주 적은 양만 사용하세요.

* 적어도 하루에 한 끼는 다른 메뉴를 주세요

어른처럼 세끼를 먹는다고 계속 같은 음식을 주지 말고 하루 한 끼 정도는 다른 메뉴를 주세요. 아무리 식성 좋은 아기도 같은 음식을 계속 주면 흥미를 잃기 쉽습니다. 다양한 식재료와 조리법으로 아기의 눈과 입을 즐겁게 해주세요.

* 서서히 아기 혼자 먹는 연습을 시키세요

이 시기가 되면 대부분의 아기는 손으로 음식을 잡거나 주무르는 행동을 합니다. 스스로 먹고 싶다는 욕구의 표현이기도 하고 음식의 감촉을 느껴보려는 학습 행동이기도 해요. 처음에는 숟가락을 장난감처럼 가지고 놀다가 차츰 숟가락 쥐는 법을 알게 되고 음식을 입에 떠넣으려고 합니다. 처음부터 숟가락으로 잘 먹는 아기는 없어요. 입에 들어가는 것보다 흘리는 게 더 많을 겁니다. 주변이 다소 지저분해지더라도 참고 격려해주세요. 이런 과정을 통해 아기는 스스로 먹는 법을 배우게 됩니다.

* 바른 식습관을 길러주세요

아기가 혼자 먹으려고 애쓰다가 흘리는 것은 괜찮지만 음식을 가지고 장난치는 시간이 길어지면 적당히 통제할 필요가 있어요. 먹는 데 걸리는 시간을 30분 정도로 정하고 식사를 진행하세요. 몇 숟가락 먹고는 이리저리 돌아다니고 장난하느라 먹지 않는다면 과감하게 이유식을 치우세요. 몇 번 반복되면 아기는 일정 시간이 되면 먹을 게 없어진다는 사실을 알게 되고, 장난해서는 안 된다는 것도 깨닫게 됩니다. 또한 아기가 이유식을 먹을 때에는 TV도 끄세요. 이 시기에 나쁜 식습관을 그냥 두면 커서도 고치기 힘듭니다.

흰살생선 애호박양파죽

흰살생선은 육질이 부드럽고 지방이 적어
아기가 먹어도 소화가 잘 되는 재료예요.
흰살생선으로는 대구, 동태, 가자미,
조기 등을 사용하면 좋아요.
단, 소금으로 간을 한 조기는 피하세요.

재료

쌀 · · · 30g
흰살생선 · · · 20g
애호박 · · · 10g
양파 · · · 5g
물 · · · ⅔컵

만들기

1 쌀은 깨끗이 씻어서 1시간 정도 불린 후 체에 밭쳐 물기를 빼고 절구 또는
분쇄기에 넣어 살짝만 간다.

2 흰살생선은 흐르는 물에 헹궈 찜통에 찐 후 살만 발라 0.5㎝ 크기로 다진
다.

3 애호박은 깨끗이 씻어 돌려 깎고 씨는 버린 후 연두색 부분만 0.5㎝ 크기
로 다진다.

4 양파는 껍질을 벗기고 깨끗이 씻어 0.5㎝ 크기로 다진다.

5 냄비에 **1**의 쌀가루와 다진 양파, 물 ⅔컵을 넣고 센 불에서 끓인다.

6 한소끔 끓어오르면 약한 불로 줄이고 다진 생선살과 애호박을 넣고 쌀가
루가 완전히 퍼질 때까지 뭉근히 끓인다.

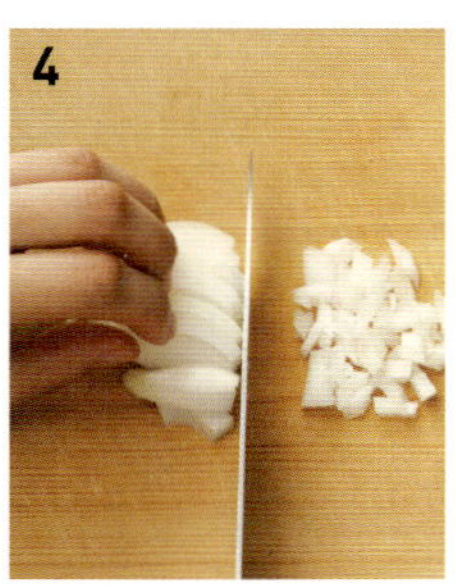

동태살채소찜

동태는 다른 생선에 비해 지방 함량이 낮고 아미노산이 풍부해요.
냉동 동태살은 해동시키면 살이 풀어지므로 그냥 사용하는 게 좋아요.

 **재료**

동태살 ··· 30g
감자 ··· 10g
애호박 ··· 10g
무 ··· 10g
당근 ··· 5g
양파 ··· 5g
달걀노른자 ··· ½개

 **만들기**

1 동태살은 흐르는 물에 헹궈 찜통에 찐 후 살만 발라 0.5㎝ 크기로 다진다.

2 감자는 깨끗이 씻어 껍질을 벗기고 포슬포슬하게 쪄서 0.5㎝ 크기로 다진다.

3 애호박은 깨끗이 씻어 돌려 깎고 씨는 버린 후 연두색 부분만 0.5㎝ 크기로 다진다.

4 무는 깨끗이 씻어 껍질을 두껍게 벗긴 뒤 0.5㎝ 크기로 다진다.

5 당근은 깨끗이 씻어 껍질을 벗긴 뒤 0.5㎝ 크기로 다진다.

6 양파는 껍질을 벗기고 깨끗이 씻어 0.5㎝ 크기로 다진다.

7 그릇에 달걀노른자를 잘 풀고 다진 동태살과 준비한 채소를 고루 섞은 후 찜통에 5분간 쪄낸다.

흑미표고버섯 쇠고기당근죽

흑미는 씹으면 씹을수록 구수한 맛이 진해져요.
밥을 하면 보라색으로 물들이는 안토시아닌 색소는
항산화 효과가 뛰어나고, 아기 눈 건강에도 좋아요.

 **재료**

흑미 ··· 20g
쇠고기 ··· 20g
물 ··· ½컵
표고버섯 ··· 10g
당근 ··· 5g
무른밥 ··· 30g

무른밥 만들기는
34p 참조

 **만들기**

1 흑미는 하루 전날 깨끗이 씻어서 찬물에 불린 후 체에 밭쳐 물기를 빼고 분쇄기에 넣어 살짝 간다.

2 쇠고기는 찬물에 담가 핏물을 제거하고 냄비에 물 2컵을 붓고 거품을 걷어가며 5분간 끓인다.

3 쇠고기가 익으면 건져서 식혔다가 0.5㎝ 크기로 다지고, 육수는 체로 걸러 따로 준비한다.

4 표고버섯은 갓 부분만 준비해 깨끗이 씻어 끓는 물에 살짝 데쳐 찬물에 헹군 뒤 0.5㎝ 크기로 다진다.

5 당근은 깨끗이 씻어 껍질을 벗긴 뒤 0.5㎝ 크기로 다진다.

6 냄비에 **1**의 흑미가루, 잘게 다진 쇠고기와 표고버섯, 당근을 넣고 **3**의 쇠고기육수를 부어 끓인다.

7 끓어오르면 약한 불로 줄이고 흑미와 당근이 거의 다 익었을 때 무른밥을 넣어 고루 섞은 후 한소끔 더 끓인다.

쇠고기밤
당근죽

재료

쇠고기 ··· 20g
참기름 ··· 약간
밤 ··· 1개
당근 ··· 5g
물 ··· ½컵
무른밥 ··· 40g

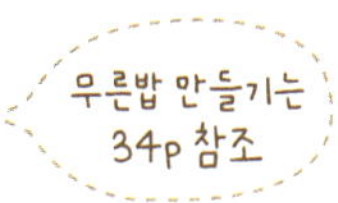

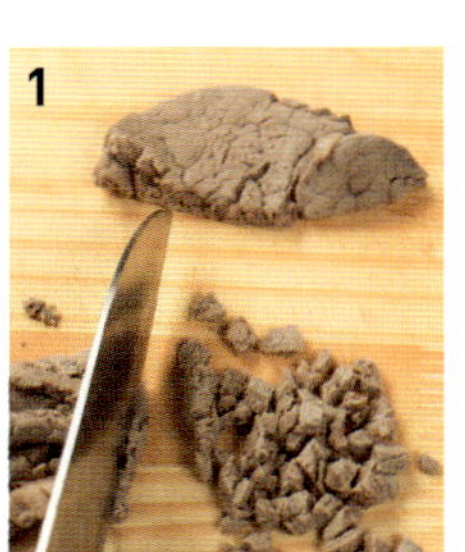

만들기

1 쇠고기는 잘게 다진 뒤 참기름 1~2방울을 넣고 버무린다.

2 밤은 쪄서 껍질을 깨끗하게 벗겨낸 뒤 0.5㎝ 크기로 다진다.

3 당근은 깨끗이 씻어 껍질을 벗긴 뒤 0.5㎝ 크기로 다진다.

4 냄비에 **1**의 양념한 쇠고기와 다진 당근, 물 ½컵을 붓고 끓인다.

5 끓어오르면 약한 불로 줄이고 쇠고기와 당근이 거의 다 익었을 때 무른밥
과 밤을 넣어 눌어붙지 않게 저어가면서 한소끔 더 끓인다.

흰살생선우엉 고구마양배추 당근죽

우엉은 성질이 찬 채소예요. 특유의 향이 있어
단맛이 나는 고구마와 함께 조리하면 좋아요.
당질이 주성분인 고구마는 섬유소가 많고
열량은 낮아 소아비만을 예방하고
소화가 잘 안 되는 아기에게도 효과가 있어요.

 **재료**

흰살생선 · · · 10g
우엉 · · · 20g
참기름 · · · 약간
고구마 · · · 15g
양배추 · · · 10g
당근 · · · 5g
물 · · · ½컵
무른밥 · · · 40g

무른밥 만들기는
34p 참조

 **만들기**

1 흰살생선은 깨끗이 씻어 찜통에 찐 후 살만 발라 0.5㎝ 크기로 다진다.

2 우엉은 깨끗이 씻어 껍질을 벗기고 가늘게 채 썰어 주물러 씻은 뒤 20분
정도 물에 담가 아린 맛을 뺀다. 손질한 우엉은 물기를 닦고 1㎝ 길이로 썰
어 참기름으로 양념한다.

3 고구마는 깨끗이 씻어 껍질을 벗기고 0.5㎝ 크기로 다진다.

4 양배추는 깨끗이 씻어 줄기는 저며내고 0.5㎝ 크기로 다진다.

5 당근은 깨끗이 씻어 껍질을 벗긴 뒤 0.5㎝ 크기로 다진다.

6 냄비에 준비한 우엉, 고구마, 당근, 물 ½컵을 부어 센 불에서 끓인다.

7 재료가 거의 익으면 무른밥, 다진 양배추와 흰살생선을 넣고 한소끔 더
끓인다.

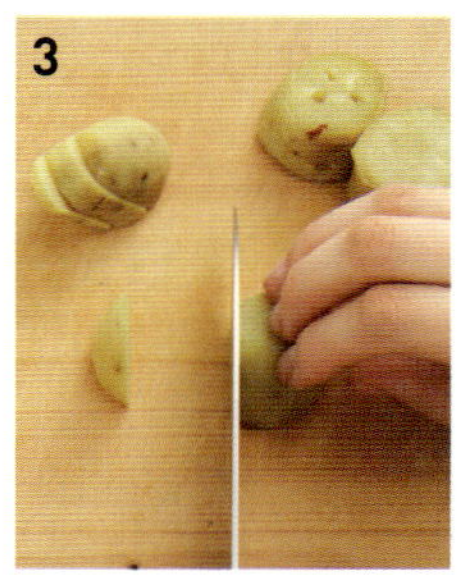

브로콜리
닭고기무른밥

닭고기는 단백질, 비타민, 각종 무기질 등 영양가가
높은 재료예요. 설사를 자주 하는 아기에게 먹이면
빠져나가는 영양을 채워줄 수 있어요.

 **재료**

닭가슴살 · · · 20g
물 · · · 1컵
브로콜리 · · · 10g
무른밥 · · · 40g

무른밥 만들기는
34p 참조

 **만들기**

1 닭가슴살은 깨끗이 씻어 물 1컵을 붓고 삶아 익힌 뒤 가늘게 찢어 0.5㎝ 크
기로 다진다. 남은 닭고기육수는 거품과 기름을 걷어내고 다른 그릇에 담
아둔다.

2 브로콜리는 깨끗이 씻어 꽃송이만 잘라 끓는 물에 데쳐 0.5㎝ 크기로
다진다.

3 냄비에 준비한 무른밥, 닭가슴살, 브로콜리를 넣고 잘 섞은 뒤 닭고기육수
½컵을 부어 눌어붙지 않게 저어가며 재료가 무르도록 끓인다.

쇠고기표고버섯 아욱밥경단

이제는 아기가 손을 사용해 스스로 먹는 연습을 한창
해야 할 시기입니다. 스틱 형태나 경단처럼
모양이 재미있고 잡기 쉬운 요리는
아기가 이유식을 즐겁게 먹도록 도와줘요.

 **재료**

쇠고기 · · · 20g
참기름 · · · 약간
표고버섯 · · · 10g
아욱 · · · 10g
무른밥 · · · 40g

무른밥 만들기는
34p 참조

 **만들기**

1 쇠고기는 찬물에 담가 핏물을 빼고 종이타월로 물기를 제거한다. 0.5㎝ 크
기로 다져 팬에 참기름을 약간 둘러서 볶는다.

2 표고버섯은 갓 부분만 준비해 깨끗이 씻어 끓는 물에 살짝 데친 후 찬물에
헹군다. 물기를 제거하고 0.5㎝ 크기로 다진다.

3 아욱은 줄기를 떼고 잎 부분만 바락바락 주물러 씻어 푸른 물을 빼낸 뒤 깨
끗이 헹군다. 끓는 물에 살짝 데친 후 재빨리 찬물에 헹군 다음 물기를 짜
고 0.5㎝ 크기로 다진다.

4 그릇에 준비해 둔 무른밥, 볶은 쇠고기, 다진 아욱과 표고버섯을 잘 섞는다.

5 아기가 집어 먹기 쉬운 크기로 둥글게 빚는다.

현미단호박
무른밥

현미에는 수용성, 불용성 식이섬유소가
모두 들어 있어 변비가 있는 아기에게 먹이면 좋아요.
나중에 유아식으로 현미를 먹일 때는
밥을 짓기 전에 한 번 살짝 익혀서 넣어보세요.
깔깔한 맛이 덜해진답니다.

재료

쌀 ··· 20g
현미 ··· 5g
단호박 ··· 30g
물 ··· ¾컵

만들기

1 쌀과 현미는 깨끗이 씻어 쌀은 1시간, 현미는 40분 정도 불린
다. 불린 쌀과 현미는 체에 밭쳐 물기를 빼고 분쇄기에 넣어
살짝 간다.

2 단호박은 껍질을 벗기고 씨를 제거해서 찜통에 찐 후 잘게
썬다.

3 냄비에 **1**의 쌀가루와 현미가루, 물 ¾컵을 넣고 끓인다.

4 쌀가루가 어느 정도 퍼지면 준비한 단호박을 넣고 푹 끓인다.

양배추가지 닭고기무른밥

가지는 찬 성질이 있어
몸을 시원하게 해주는 효과가 있어요.
열이 많은 아기, 피부에 염증이 있는 아기에게
먹이면 좋아요.

재료

닭가슴살 ··· 20g
물 ··· 1컵
양배추 ··· 10g
가지 ··· 10g
진밥 ··· 40g

무른밥 만들기는
34p 참조

만들기

1 닭가슴살은 깨끗이 씻어 물 1컵을 붓고 삶아 익힌 뒤 가늘게 찢어 0.5㎝ 크기로 다진다. 남은 닭고기육수는 기름을 걷어내고 다른 그릇에 담아둔다.

2 양배추는 줄기를 저며내고 연한 잎 부분만 손질해 씻는다. 끓는 물에 부드럽게 데쳐 0.5㎝ 크기로 다진다.

3 가지는 깨끗이 씻은 후 얇게 썰어 끓는 물에 살짝 데친 후 0.5㎝ 크기로 다진다.

4 냄비에 준비한 무른밥, 다진 닭가슴살, 양배추, 가지를 넣고 잘 섞은 뒤 닭고기육수를 부어 눌어붙지 않게 저어가며 재료가 무르도록 끓인다.

닭고기요구르트 샐러드

우유 알레르기가 있는 아기는
플레인 요구르트 대신
올리고당을 넣으세요.

 **재료**

닭안심 ··· 30g
양배추 ··· 10g
감자 ··· 10g
당근 ··· 5g
플레인 요구르트 ··· 2큰술

 **만들기**

1 닭안심은 가운데 하얀색의 질긴 힘줄을 도려내고 삶아 익힌 뒤 가늘게 찢어 0.5㎝ 크기로 다진다.

2 양배추는 줄기를 저며내고 연한 잎 부분만 손질해서 씻은 후 끓는 물에 부드럽게 데쳐 0.5㎝ 크기로 다진다.

3 감자는 깨끗이 씻어 껍질을 벗기고 0.5㎝ 크기로 다진다. 끓는 물에 삶은 후 체에 받쳐 물기를 뺀다.

4 당근은 깨끗이 씻어 껍질을 벗기고 0.5㎝ 크기로 다진다. 끓는 물에 삶은 후 체에 받쳐 물기를 뺀다.

5 볼에 준비한 닭안심과 양배추, 감자, 당근을 담고 플레인 요구르트를 뿌려 고루 버무린다.

닭고기완자탕

 **재료**

닭가슴살 · · · 30g
물 · · · 1컵
브로콜리 · · · 10g
양파 · · · 10g
당근 · · · 5g
녹말물 · · · ½큰술(녹말가루:물＝1:1)
참기름 · · · 약간

 **만들기**

1 닭가슴살은 깨끗이 씻어 물 1컵을 붓고 푹 삶아 익힌 뒤 가늘게 찢어 0.5㎝ 크기로 다진다. 남은 닭고기육수는 기름을 걷어내고 다른 그릇에 담아둔다.

2 브로콜리는 깨끗이 씻어 꽃송이만 잘라 끓는 물에 데친 후 0.5㎝ 크기로 다진다.

3 양파는 껍질을 벗기고 깨끗이 씻어 끓는 물에 살짝 데친 후 0.5㎝ 크기로 다진다.

4 당근은 깨끗이 씻어 껍질을 벗기고 끓는 물에 살짝 데친 후 0.5㎝ 크기로 다진다.

5 볼에 다진 닭가슴살과 브로콜리, 양파, 당근을 담고 녹말물과 참기름을 넣어 잘 주물러 반죽해 2㎝ 크기로 동글동글하게 빚는다.

6 냄비에 **1**의 닭고기육수를 붓고 **5**의 완자를 넣어 한소끔 끓인다.

옥수수감자
당근무른밥

감자에 들어 있는 풍부한 비타민 C는
철과 결합하여 장에서의 흡수를 도와줘요.
빈혈을 예방하는 효과도 큽니다.

재료

옥수수 · · · 20g
감자 · · · 20g
당근 · · · 10g
물 · · · ¾컵
간장 · · · 약간
무른밥 · · · 40g

무른밥 만들기는
34p 참조

3-1

3-2

만들기

1 옥수수는 알알이 떼어 깨끗이 씻은 뒤 다진다.

2 감자는 깨끗이 씻어 껍질을 벗기고 0.5㎝ 크기로 다진다.

3 당근은 깨끗이 씻어 껍질을 벗기고 0.5㎝ 크기로 다진다.

4 냄비에 다진 감자와 당근을 넣고 물 ¾컵을 자작하게 부어 한소끔 끓이다
가 옥수수와 간장을 약간 넣어 조린다.

5 재료가 완전히 익으면 무른밥과 고루 섞는다.

연두부찜

연두부는 조리 전에 살짝 데치거나
물에 담가두었다가 사용하면 더 부드러워요.
육수를 넣고 끓여도 좋아요.

재료

연두부 ··· 50g
시금치 ··· 5g
양파 ··· 10g
당근 ··· 10g
참기름 ··· 약간

만들기

1 연두부는 끓는 물에 10초 정도 데친 후 물기를 제거하고 살짝 으깬다.

2 시금치는 줄기를 잘라내고 잎 부분만 깨끗이 씻어 끓는 물에 살짝 데친다.
  찬물에 헹궈 물기를 짜내고 곱게 다진다.

3 양파는 껍질을 벗기고 깨끗이 씻어 끓는 물에 살짝 데친 후 0.5㎝ 크기로
  다진다.

4 당근은 깨끗이 씻어 껍질을 벗기고 끓는 물에 살짝 데친 후 0.5㎝ 크기로
  다진다.

5 그릇에 으깬 연두부, 다진 시금치와 양파와 당근, 참기름을 넣고 고루 섞
  는다.

6 찜통을 센 불에 올려 김이 오르면 **5**를 넣고 찜통 뚜껑을 덮은 후 불을 줄여
  5~10분 정도 찐다.

고구마연두부 샐러드

고구마는 섬유질 함량이 높고 브로콜리와 더불어 비타민 A, C가 풍부한 재료예요. 연두부를 함께 넣으면 질감도 부드러워져 입맛이 없고 지쳐하는 아기의 영양식으로 제격이에요.

재료

고구마 · · · 30g
연두부 · · · 10g
플레인 요구르트 · · · 2큰술

만들기

1 고구마는 깨끗이 씻어 삶은 후 껍질을 벗겨서 다진다.

2 연두부는 끓는 물에 10초 정도 데친 후 물기를 빼서 살짝 으깬다.

3 볼에 다진 고구마와 으깬 연두부를 담는다.

4 **3**에 플레인 요구르트를 뿌려 고루 버무린다.

비트사과 치즈무른밥

비트를 이유식에 넣을 때는
곱게 갈거나 잘게 썰어 사용해요.
다만 비트의 빨간 물은 옷에 튀면
잘 지워지지 않으니 주의하세요.

 **재료**

비트 ⋯ 10g
사과 ⋯ 10g
물 ⋯ ½컵
무른밥 ⋯ 40g
아기용 치즈 ⋯ ⅔장

무른밥 만들기는
34p 참조

 **만들기**

1 비트는 깨끗이 씻어 껍질을 벗기고 얇게 썰어 끓는 물에 살짝 데친 후 0.5㎝ 크기로 다진다.

2 사과는 깨끗이 씻어 껍질을 벗기고 씨는 도려낸 뒤 과육만 0.5㎝ 크기로 다진다.

3 냄비에 무른밥, 다진 비트와 사과를 넣고 잘 섞은 뒤 물 ½컵을 붓고 끓인다.

4 끓어오르면 약한 불에서 눌어붙지 않게 잘 저어가며 끓이다가 아기용 치즈를 잘게 다져 넣고 섞으면서 한소끔 더 끓인다.

달걀노른자 바나나시금치 찜

시금치는 영양분이 쉽게 파괴되는 약점이 있어요.
구입 후에는 빠른 시일 내에 이유식에 사용하세요.
첫돌 이전에는 주로 잎 부분을 이용하지만
이후부터는 조혈 성분인 구리, 망간, 단백질 등의 영양소가 많은
뿌리까지 먹이는 게 좋아요.

재료

달걀노른자 · · · 1개
다시마육수 · · · ½컵
바나나 · · · 15g
시금치 · · · 10g

다시마육수 만들기는
38p 참조

만들기

1 달걀노른자와 다시마육수를 섞어 잘 푼 뒤 체에 한 번 내린다.

2 바나나는 껍질을 벗기고 수저로 곱게 으깬다.

3 시금치는 줄기를 잘라내고 잎 부분만 깨끗이 씻어 끓는 물에 데친 뒤 찬물
   에 헹궈 물기를 짜내고 0.5㎝ 크기로 다진다.

4 볼에 으깬 바나나와 다진 시금치를 넣고 1의 달걀물을 부어 고루 섞은 후
   그릇에 옮겨 담는다.

5 김이 오른 찜통에 4를 넣고 뚜껑을 덮어 15분 정도 찐다.

고구마치즈 핑거스틱

고구마의 단맛과 손에 잡히는 과자 형태 때문에
아기들이 열광하는 간식이에요.
특히 고구마에는 탄수화물 대사를 촉진시키는 비타민 B1이
풍부해 우리 몸이 에너지를 쉽게 내도록 도와줘요.
더위에 지쳐 있거나 평소 기운이 없고
입맛 없어 하는 아기에게 안성맞춤이랍니다.

 재료

고구마 ··· 30g
표고버섯 ··· 10g
아기용 치즈 ··· ½장
깨소금 ··· 약간
물 ··· ½큰술

 만들기

1 고구마는 깨끗이 씻어 푹 삶은 후 껍질을 벗기고 뜨거울 때 곱게 으깬다.

2 표고버섯은 갓 부분만 준비해 깨끗이 씻어 끓는 물에 살짝 데치고 찬물에
  헹군 뒤 0.5㎝ 크기로 다진다.

3 볼에 으깬 고구마와 다진 표고버섯을 담고 아기용 치즈를 잘게 잘라 넣은
  뒤 깨소금과 물 ½큰술을 넣고 고루 섞는다.

4 아기가 집어 먹기 쉽게 스틱 모양으로 빚는다.

달걀노른자감자
치즈무른밥

모유 수유를 계속하고 있다면 아기 뿐만 아니라
엄마의 먹을거리도 꼼꼼히 살피세요.
엄마가 먹는 음식으로 인해 아기의 아토피나
태열이 심해지는 경우도 있어요.
이럴 때는 엄마와 아기가 함께
부드럽고 소화가 잘 되는 음식 위주로 드세요.

재료

삶은 달걀노른자 · · · ½개
감자 · · · 10g
무른밥 · · · 40g
물 · · · ½컵
아기용 치즈 · · · ½장

만들기

1 완숙으로 익힌 달걀노른자는 고운체에 내려 가루로 만든다.

2 감자는 깨끗이 씻어 껍질을 벗기고 0.5㎝ 크기로 다진 후 끓는 물에 삶는다.

3 냄비에 무른밥, 달걀노른자 가루, 다진 감자를 넣고 잘 섞은 뒤 물 ½컵을 붓고 끓인다.

4 끓어오르면 약한 불로 줄이고 눌어붙지 않게 잘 저어가며 끓이다가 유아용 치즈를 잘게 다져 넣고 섞으면서 한소끔 더 끓인다.

연어단호박 양파근대무른밥

특별히 알레르기가 없는 아기는
생후 10개월쯤 되면 연어, 도미, 참치 같은
붉은살생선을 먹을 수 있어요.
근대가 없을 때는 시금치나 아욱,
청경채, 비타민 등으로 대신해도 좋아요.

재료

연어 ··· 30g
단호박 ··· 10g
양파 ··· 5g
근대 ··· 5g
무른밥 ··· 40g
다시마육수 ··· ½컵

만들기

1 연어는 흐르는 물에 씻어 찜통에 찐 후 껍질은 벗겨내고 살만 0.5㎝ 크기로 부순다.

2 단호박은 깨끗이 씻어 씨를 말끔히 긁어내서 찜통에 찐다. 껍질을 벗긴 뒤 속만 곱게 으깬다.

3 양파는 껍질을 벗기고 깨끗이 씻어 0.5㎝ 크기로 다진다.

4 근대는 잎 부분만 잘라내어 깨끗이 씻은 후 끓는 물에 데쳐 물기를 짜고 0.5㎝ 크기로 다진다.

5 냄비에 무른밥과 연어, 단호박, 양파, 근대를 넣고 잘 섞은 뒤 다시마육수를 부어 끓인다.

6 한소끔 끓으면 약한 불로 줄이고 눌어붙지 않게 잘 저어가며 양파가 익을 때까지 끓인다.

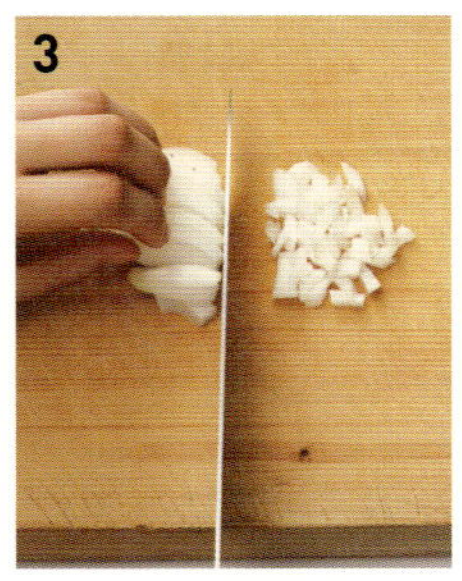

쇠고기우엉당근 오므라이스

아이가 처음 먹는 오므라이스인 만큼
맛은 물론 영양까지 골고루 챙겼어요.
아직까지는 이유식에 참기름을 많이 사용하지 않는 편이 좋아요.
기름 대신 물을 조금 넣어 볶는 것도 괜찮아요.

재료

쇠고기 · · · 10g	**쇠고기양념**	
우엉 · · · 10g	양파즙 · · · 1작은술	
당근 · · · 5g	참기름 · · · 1방울	
참기름 · · · 약간	깨소금 · · · 약간	
달걀노른자 · · · 1개		
무른밥 · · · 40g		
다시마육수 · · · ⅓컵		

무른밥 만들기는
34p 참조

다시마육수 만들기는
38p 참조

만들기

1 쇠고기는 0.5㎝ 크기로 다진 후 준비한 **쇠고기양념**에 버무려서 달궈진 팬
　에 볶는다.

2 우엉은 깨끗이 씻어 껍질을 벗기고 가늘게 채 썰어 물에 20분 정도 담갔다
　가 건진다. 물기를 제거하고 0.5㎝ 크기로 다진다.

3 당근은 깨끗이 씻어 껍질을 벗기고 0.5㎝ 크기로 다진다.

4 팬에 참기름을 두르고 우엉과 당근을 볶다가 **1**의 볶은 쇠고기를 넣어 함
　께 볶는다.

5 어느 정도 익으면 무른밥을 섞고 다시마육수를 부어 밥알이 푹 퍼질 정도
　로 볶는다.

6 달걀노른자는 잘 풀어 지단을 부쳐 **5**의 볶음밥을 감싼 후 접시에 담는다.

단호박양갱

아기들이 좋아하는 단호박을 색다른 질감으로
맛보게 해주는 간식이에요.
단호박은 몸 안의 점막을 튼튼하게 해서
몸을 따뜻하게 만들어 감기 예방에도 좋아요.

 **재료**

단호박 ··· 40g
물 ··· 1½컵
한천가루 ··· 5g
플레인 요구르트 ··· 3큰술

 **만들기**

1 단호박은 껍질을 벗겨 씨를 말끔히 긁어내고 작게 썰어 푹 삶아서 으깬다.
  핸드블렌더에 으깬 단호박과 물 ¼컵을 함께 넣어 곱게 간다.

2 한천가루에 물 ¼컵을 넣어서 10분 정도 불린다.

3 냄비에 불려 놓은 한천가루, 물 1컵과 플레인 요구르트, 곱게 간 단호박을
  넣고 저어가며 한천이 다 녹을 때까지 끓인다.

4 작은 그릇에 물을 살짝 바른 뒤 **3**을 부어 냉장고에서 1~2시간 정도 굳힌
  다. 완전히 굳으면 그릇에서 떼어내 먹기 좋은 크기로 썰거나 아기가 직접
  떠먹을 수 있게 아기용 숟가락을 준비한다.

감자바나나 요구르트으깸

바나나의 단맛과 감자의 비타민 C,
요구르트의 유산균 등이 어우러진 이유식이에요.
감기 후 입맛을 잃은 아기의 영양보충과
기력회복에 도움을 줘요.

재료

감자 ··· 30g
바나나 ··· 15g
플레인 요구르트 ··· 2큰술

만들기

1 감자는 깨끗이 씻어 껍질을 벗기고 푹 삶아 뜨거울 때 으깬다.

2 바나나는 껍질을 벗기고 수저로 으깬다.

3 그릇에 으깬 감자와 바나나, 플레인 요구르트를 넣고 덩어리지지 않게 잘
   비벼 섞는다.

아욱두부감자전

아욱은 영양가가 골고루 들어있으며
특히 칼슘이 많아 발육기의 어린이에게 좋은 채소예요.
찬 성질을 가지고 있어 아기가 갈증을 느끼기 쉬운 여름철에 먹이면 더욱 좋아요.
장운동을 활발하게 해주는 효과도 있어 변비에 시달리는 아기에게도 그만이에요.

 **재료**

아욱 · · · 20g
두부 · · · 40g
감자 · · · 20g
달걀노른자 · · · ½개

 **만들기**

1 아욱은 깨끗이 씻어서 끓는 물에 살짝 데친 뒤 찬물에 헹궈 물기를 짠다.
   줄기 부분을 잘라내고 잎 부분만 잘게 다진다.
2 두부는 물기를 제거한 뒤 곱게 으깬다.
3 감자는 깨끗이 씻어 껍질을 벗기고 푹 삶아 뜨거울 때 곱게 으깬다.
4 볼에 두부, 감자, 아욱을 넣고 달걀노른자를 풀어 섞는다.
5 반죽을 둥글납작하게 빚은 뒤 베보자기에 올려 김 오른 찜통에 넣어 15분
   동안 찐다.

부추양파달걀찜

부추는 여름철 에어컨, 선풍기, 찬 음식으로 인해
차가워지기 쉬운 위를 따뜻하게 해주는 효과가 있어요.
땀을 많이 흘리고 기운 없어하는
아기의 기운을 보충해줘요.

재료

부추 · · · 20g
양파 · · · 10g
달걀노른자 · · · 1개
다시마육수 · · · 1½컵
소금 · · · 약간

다시마육수 만들기는
38p 참조

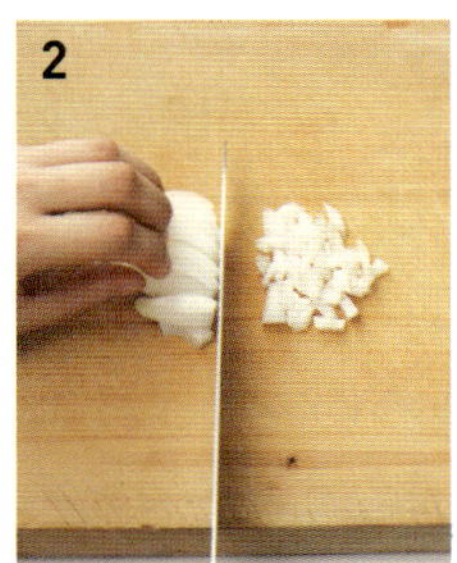

만들기

1 부추는 깨끗이 씻어 끓는 물에 데친 후 0.5㎝ 길이로 다진다.

2 양파는 껍질을 벗기고 깨끗이 씻어 0.5㎝ 크기로 다진다.

3 볼에 달걀노른자를 풀어 체에 한번 내린 후 다진 부추와 다시마육수를 넣
고 소금 간을 해서 그릇에 옮겨 담는다.

4 찜통을 센 불에 올려 김이 오르면 **3**을 넣고 뚜껑을 덮은 후 약한 불로 줄여
10분 정도 찐다.

Q 아직 치아가 나지 않았는데 후기 이유식으로 넘어가야 하나요?

A 유치의 발달은 아기마다 편차가 있으며 이유식의 단계는 평균적으로 발달하는 아기들을 기준으로 만들게 됩니다. 아직 치아가 없는 아기라면 입천장과 혀, 잇몸만으로도 충분히 으깨어 먹을 수 있을 정도의 굳기로 이유식을 만들어 주세요. 그래야 소화에 부담이 없습니다. 이유식의 단계별 진행 방법은 유동식에서 고형식으로 전환하는 단계를 짚은 것일 뿐이므로 아기의 발달 상태에 맞는 음식과 형태를 골라서 만들어 주세요.

Q 변이 묽은 아기에게 과일을 많이 주면 해로운가요?

A 대변이 얼마나 묽으냐에 따라 다릅니다. 다만 과일은 섬유질이 많고 과일산이 장의 활동을 도와 배변기능을 촉진시키는 효과가 있습니다. 항상 소화가 잘 안 되는 형태의 대변을 보거나 장염이 생겨 대변이 묽은 아기에게는 과일을 제한할 필요가 있습니다. 이때 아기가 굳이 과일을 먹고 싶어 한다면 대변을 단단하게 만드는 성분이 있는 바나나를 주세요.

Q 잘 먹던 아기가 갑자기 이유식을 먹지 않아요. 분유를 좀 더 먹여도 되나요?

A 이 시기의 이유식은 첫돌 이후의 완료기를 위해서 다양한 음식을 접하고 씹어 삼키는 기능을 완성할 수 있도록 도와주는 역할을 합니다. 아기가 며칠동안 목감기나 구내염 등의 일시적인 질환으로 이유식을 안 먹어서 잠깐 먹이는 분유는 괜찮지만, 공복감을 수유로 대체하는 것에 익숙해지면 다시 고형식을 좋아하게 만들기가 쉽지 않습니다. 안 먹어서 걱정되고 안쓰럽더라도 평소에 먹던 수유량만 주면서 며칠 기다리면 대부분의 아기들은 다시 이유식을 먹기 시작합니다. 하지만 특별한 이유도 없는데 갑자기 이유식을 먹지 않거나 보채는 경우에는 몸에 이상이 있는지 소아전문의와 상담해보아야 합니다.

Q 아기가 먹은 게 변에 그대로 섞여 나와요.

A 매번 먹는 음식이 모두 아기의 대변에 섞여 나온다면 위장에서 완전히 소화하지 못한다고 볼 수 있어요. 다만 새로운 음식을 추가하였거나 이전에 먹었더라도 유독 그 음식만 소화되지 않은 상태로 나오는 경우라면 크게 걱정할 필요는 없습니다. 이런 음식은 완료기에 다시 시도하면 됩니다.

Q 11개월 된 아기입니다. 갑자기 분유와 이유식 모두 안 먹어서 주변에 물어보니 굶겨보라고들 하네요.

A 아기가 심한 식욕부진을 호소할 때는 그 원인을 찾아서 해결해주는 것이 우선이므로 무조건 먹을 때까지 굶기는 방법은 옳지 않습니다. 평상시에 아주 잘 먹던 아기가 음료수나 과자, 빵 등 밥 이외의 음식을 너무 많이 먹어서 생긴 일시적인 식욕부진이라면 군것질을 끊기만 해도 증상이 개선되는 경우도 있습니다. 하지만 아기가 식욕부진이 생긴 지 오래되었고 다른 군것질을 별로 안 하는데도 이유식을 안 먹는다면 상황이 다릅니다. 이런 경우 한의학적으로 비위기능이 약하거나 속열이 너무 많아서 유발된 식욕부진일 가능성이 크므로 소아전문의와 상담 후 원인에 따라 치료해야 합니다.

Q 주는 대로 계속 먹으려고 해요. 그만 먹여야 할 타이밍을 어떻게 알 수 있나요?

A 이 시기에는 보통 아기가 한 번에 100~120g 정도의 이유식을 소화할 수 있습니다. 하지만 이는 평균적인 수치이고, 아기의 체격과 위장이 큰 편이고 탈이 나거나 묽은 대변을 보지 않는다면 조금 더 먹여도 괜찮습니다. 그러나 한 번에 먹는 양이 가급적 150g을 넘지 않도록 주의하세요. 혹시라도 영향을 미칠 수 있는 소아비만에 대비하는 식습관을 길러주는 것이 좋습니다.

Q 외출해서 밥과 설렁탕 국물을 먹였는데 괜찮을까요?

A 특별한 탈이 없으면 크게 걱정하지 않아도 됩니다. 다만 어른이 먹는 음식을 이 시기에 자주 먹이면 아기가 인공조미료 같은 조미음식을 너무 빨리 접하게 되어 이후 담백한 이유식을 거부할 수 있습니다. 특히 우리나라 음식은 대부분 짜기 때문에 신장발달이 미숙한 아기에게는 부담이 되고, 간이 된 음식에 대한 기억으로 담백하거나 다양한 다른 맛을 잘 먹지 않게 되므로 자주 먹이는 것은 피하세요.

Q 이유식을 너무 잘 먹어서 분유는 먹으려 하질 않아요. 이유식만 먹여도 되나요?

A 이유식을 통해서 보충하는 영양의 비율이 점차 늘어나는 때지만 이유식만으로 정상적인 성장과 발달을 하기에는 충분하지 않습니다. 특히 대부분의 단백질과 지방은 수유를 통해서 이루어진다는 사실을 명심하세요. 또한 두뇌발달도 활발하게 이루어지는 시기라 좋은 지방을 필수적으로 섭취해야 합니다. 이런 지방산은 대부분 모유를 통해서 얻을 수 있어요.

Q 시금치, 청경채 같은 채소를 먹지 않아요.

A 과일은 잘 먹는데 채소는 안 먹는 아기들이 많습니다. 대체로 맛이 쓰거나 향이 강해서 입맛에 맞지 않기 때문입니다. 번거롭더라도 아기가 좋아하는 음식과 함께 조리해 골라내지 않도록 만들어주세요. 채소는 철분, 비타민, 무기질이 많고 섬유질 또한 풍부해 아기에게 아주 좋은 식품입니다. 육류를 좋아하는 아기는 채소를 잘게 썰어 육류와 함께 먹도록 경단이나 부침 형태로 만들어주고, 함께 식사할 때 부모님이 맛있게 먹는 모습을 자주 보여주세요.

Q 시판 가래떡이나 백설기를 먹여도 되나요?

A 이 시기의 아기에게 목에 걸릴 우려가 있는 떡을 먹이는 것은 다소 위험한 일입니다. 떡의 주재료인 쌀과 찹쌀 등은 일반 이유식으로도 먹일 수 있습니다. 혹시 먹이게 된다면 너무 달지 않고 색소가 함유되지 않은 시루떡, 인절미 등을 잘게 자르거나 따뜻한 물에 으깨서 조금만 주세요.

Q 밤중 수유를 끊어야 하나요?

A 대체로 아기가 수유를 완전히 끊고 이유식과 생우유만으로 영양을 채울 수 있는 시기는 첫돌 이후라고 봅니다. 아직까지는 수유를 통한 영양보충이 꼭 필요한 시기이니 낮에도 2~3회 정도 수유를 하세요. 이 시기에 하는 모유 수유는 영양적인 부분뿐 아니라 정서발달과 성격형성에도 영향을 주므로 정성껏 수유하는 것이 중요합니다. 하지만 밤중 수유는 아기의 숙면을 방해하기도 하고, 식적食積을 유발하며 아침 식욕을 떨어뜨리므로 점차 중단하는 것이 좋습니다.

Q 아기가 이유식은 잘 안 먹고 장난만 쳐요.

A 아기 스스로 걷기 시작하는 후기가 되면 점점 밥을 먹이기 힘들어집니다. 먹는 것보다 궁금하고 흥미 있는 것들이 많아지기 때문이에요. 사실 아기가 이유식을 안 먹는 가장 큰 이유는 배가 덜 고프기 때문일 수도 있어요. 아기가 하루 동안 어떤 음식을 얼마나 먹었는지, 수유나 간식의 양이 많지는 않았는지 살펴보고 음식을 조절하세요. 배가 고프지 않은 아기에게 억지로 먹이려고 하면 음식에 대한 거부감만 생길 수 있어요. 이럴 때는 밥상을 치웠다가 다시 먹여보세요.

Q 편식이 심한 아기, 골고루 잘 먹이는 방법이 궁금해요.

A 이유식 단계의 아기가 음식을 뱉어내거나 편식을 하는 것은 흔한 일입니다. 이때 음식을 뱉어낸다고 야단을 치면 아기가 식사시간을 기분 나쁜 시간으로 인식해 먹는 것 자체에 대한 흥미를 잃을 수 있으므로 주의해야 합니다. 안 먹는 음식이라도 여러 차례, 적어도 20번 이상은 접해보아야 익숙해져서 입에 넣을 수 있는 아기도 많습니다. 식사량이 너무 적을 때는 분유를 많이 먹지는 않았는지, 아기가 이유식 먹는 것 자체를 힘들어하지 않는지도 살펴보세요. 수유량이나 간식을 조절해주어도 잘 먹지 못하는 아기에게 비위기능을 도와주거나 체기를 내리는 치료를 했을 때 입맛이 돌아오는 경우도 많습니다.

Q 아이스크림을 먹여도 되는 시기는 언제인가요?

A 아이스크림은 성질이 차갑고 단맛이 강한 음식입니다. 차가운 음식은 장 기운을 떨어뜨리고 소화흡수를 방해하며 설사를 유발하기 쉽습니다. 단맛이 강한 음식은 장을 무력하고 늘어지게 만들어 식욕을 감퇴시키므로 장이 튼튼한 아기라도 두 돌 이후로 미루세요. 장이 안 좋은 아기라면 6살 이후라도 아이스크림과 같이 차갑고 단맛이 강한 음식은 최대한 피하는 편이 좋습니다.

♠ 소화기가 안 좋은 아기는 얼굴이 노랗다?

소화기의 기운이 약하고 몸속에 습기가 많으면 얼굴이 노랗고 트림을 자주 해요. 또한 자주 체하고, 식욕이 없습니다. 얼굴이 노란 아기는 비위를 튼튼히 해주고, 소화가 잘 되면서 따뜻한 음식을 많이 먹여야 합니다. 대추, 찹쌀, 좁쌀, 붕어 등의 음식이 도움이 됩니다.

◈ 소아 빈혈에 좋은 음식 VS 가려야 할 음식

- **좋은 음식** 달걀노른자, 쇠고기, 굴, 대합, 바지락, 미역, 파래, 건포도, 콩 등
- **가려야 할 음식** 우유

♣ 엄마의 손이 약손!

자주 배가 아프다고 하는 아기, 소화가 잘 안 되는 아기라면 엄마의 손으로 자주 배를 문질러 주고, 등을 만져주세요. 등에는 몸속 장기와 연결된 혈자리들이 많아요. 아기의 소화기를 따뜻하게 해주면 활동력을 높여 줄 수 있어요. 배와 등을 문지를 때는 약간 따뜻하게 열이 나도록 해주는 것이 좋아요.

♠ 입병에 좋은 민간요법

- 입안이 헐고 아플 때는 식후 소금물로 양치질을 시키세요.
- 금은화차(로니세라티), 오미자차, 구기자차를 끓여 입에 머금거나 마시게 하는 것도 좋아요. 열을 식혀주고 인체 수액대사를 도와줘요.
- 입병이 자주 날 때는 해독작용이 있는 감초를 달여 입에 물고 있게 하세요. 또 보리죽, 보릿가루를 하루 3회, 따뜻한 물에 마시면 증상이 완화돼요.
- 유산균이 많은 식품도 좋아요. 입안에 유해균이 증식하지 않도록 도와줍니다.

♣ 물, 똑똑하게 먹이는 좋은 습관

물은 가장 좋은 거담제입니다. 호흡기 질환에 자주 걸리는 아기는 물을 자주 마시는 것만으로도 예방과 관리를 할 수 있어요. 특히 가래 기침을 하는 경우 물을 수시로 마셔주는 것이 증상 호전에 매우 중요해요. 설사나 구토 등으로 수분 손실이 많은 경우, 열이 날 때도 평소보다 수분 손실이 12% 정도 늘어나기 때문에 물을 수시로 마시도록 하는 것이 좋아요. 그러나 찬물을 한꺼번에 벌컥벌컥 마시는 것은 절대 금물입니다. 찬물을 마시면 위를 데우기 위해 혈액이 몰리면서 배탈이나 어지럼증을 유발할 수 있어요. 호흡기가 민감한 아기는 찬 기운 때문에 점막이 부어오르기도 해요. 미지근한 물을 천천히 마시는 것이 가장 좋고 최소한 상온에 두었던 물 정도가 적당합니다. 다만 식사 중에 물을 많이 마시는 것은 피하세요. 소화흡수를 방해하며 식욕부진의 원인이 될 수 있습니다. 자기 전에 물을 마시면 몸이 붓는다는 이유로 금하는 경우가 있는데 이는 잘못된 상식이에요. 특별히 야뇨증이 있는 아기가 아니라면 자기 전에 마시는 물은 밤새 빠져나가는 수분을 보충해줄 수 있어 도움이 됩니다.

♠ 소화기가 약한 아기의 특징

- 잘 먹지 않고 편식을 하며 자주 토해요.
- 배가 자주 아파요.
- 잘 체하고 입 냄새가 심해요.
- 손발이 차고 얼굴이 윤기 없는 황백색을 띠며 쉽게 피곤해해요.
- 몸무게가 또래 아기들에 비해 잘 늘지 않아요.
- 장염으로 병원에 입원했던 적이 있어요.
- 음식을 먹으면서 혹은 먹자마자 대변을 보는 일이 잦아요.
- 소화가 안 된 음식이 변에 그대로 섞여 나와요.

◈ 첫돌 이전에 먹이면 안 되는 음식들

달걀흰자, 생우유, 오렌지, 딸기, 토마토, 꿀, 초콜릿, 새우, 랍스타, 참치, 민물고기 등

♣ 장을 튼튼하게 해주는 마사지법

- **장에 좋은 마사지** 손바닥 전체를 이용하여 배꼽을 중심으로 복부를 시계 방향으로만 5~10분 동안 마사지해주고 배꼽의 좌우 옆 약 2~3㎝ 부위를 둘째, 가운뎃손가락 끝으로 문지르세요. 이 부위는 기가 모이는 곳으로 대장의 기능을 원활히 해줍니다. 200~300회 정도 가볍게 돌리듯 문질러요.
- **복통에 좋은 마사지** 배꼽 양옆 2~3㎝ 떨어진 곳을 양손 엄지와 둘째, 가운뎃손가락을 사용해 뱃살을 집어 당겨주듯이 3~5회 잡아당기세요.

♠ 체기 내려주는 엄마손 지압법

- **합곡혈, 태충혈, 족삼리 지압하기** 엄지와 둘째손가락이 갈라지는 부분의 '합곡'과 엄지와 검지 발가락이 갈라지는 '태충'을 여러 번 눌러 막힌 기운을 뚫어주세요. 무릎 관절의 움푹 들어간 곳에서 엄지손가락을 제외한 네 손가락의 너비만큼 아래에 위치한 '족삼리'라는 경혈을 여러 번 눌러주는 것도 위장의 운동을 도와 체기를 가라앉히는 데 도움이 됩니다.
- **등 쓰다듬기** 척추 양옆 1~2㎝ 정도, 양 날개뼈 사이 구간을 고루 지압하거나 가볍게 두드리세요. 체했을 때 누르면 뭉쳐있어서 아기가 아파해요. 이 부위를 풀어주면 체기가 쉽게 내려갑니다.
- **핫팩** 아기를 편안하게 눕힌 후 배에 따뜻한 핫팩을 올려주는 것도 비위의 기 순환을 도와줍니다. 이때 핫팩은 따뜻한 정도면 충분해요. 핫팩을 수건으로 감싸서 배에 올려놓아도 좋아요.

♠ 입술 상태로 보는 비위 건강

- **입술이 창백하다** 피가 모자란 상태입니다. 어떤 이유로 잘 먹지 못했거나 소화기가 약해서 먹은 음식물의 영양 흡수가 잘 안된 탓입니다. 얼굴에도 윤기가 없고 창백하거나 누렇게 뜬 경우가 많아요.
- **입술색이 어둡거나 보라색이다** 어혈이 있는 상태입니다. 어혈은 피가 덩어리지고 뭉쳐서 제 기능을 원활하게 하지 못하는 것입니다. 피부가 건조해지고 눈이 뻑뻑하며, 변색이 검어지거나 코피가 자주 나기도 합니다.
- **입술이 갈라지고 튼다** 몸속의 화 기운이 올라온 상태입니다. 신장의 음기가 부족해지면 양기가 위로 올라와 입술이 터질 수 있어요. 아기의 경우 코 질환 때문에 코가 막혀서 입을 벌리고 자다 보니 입안과 입술이 건조해져서 입술이 트기도 해요.
- **입술 주변에 뾰루지가 많다** 소화기에 열이 많은 상태입니다. 입술 주변에 뾰루지 외에도 아토피 같이 붉은 색 반점이 나기도 합니다. 대변 냄새, 입 냄새가 심한 편이고 소변을 시원하게 누지 못하며 속이 더부룩해서 답답하기도 하며 팔, 다리가 나른합니다.
- **입술이 힘이 없으면서도 크다** 소화기가 약할 가능성이 높아요. 소화기가 약하면 쉽게 체하고 헛배가 부르는 경우가 많아요.
- **입술이 탄력있게 두툼하다** 이런 입술을 가진 사람은 대체로 소화기가 강한 편입니다. 금세 배고파하고 음식을 허겁지겁 먹는 편이며 살이 찌기도 쉽습니다.

♣ 씹을수록 좋아지는 식욕과 두뇌

씹는 행위는 지능발달에 영향을 미칩니다. 사람이 음식을 씹으려고 턱을 움직일 때 관자놀이를 만져보세요. 턱 근육의 움직임이 두피까지 영향을 미친다는 것을 느낄 수 있을 거예요. 이런 근육의 움직임은 두뇌에 영향을 줍니다. 실제로 중풍에 걸린 노인들 중 치아가 제대로 있는 경우가 뇌의 회복력이 훨씬 더 빠른 것으로 알려져 있어요. 마찬가지로 아기의 지능발달도 많이 씹어야 촉진됩니다. 또 많이 씹는 동작은 식욕을 부추겨요. 턱은 소화기관입니다. 경락의 분포도를 보면 위턱에는 대장경락이 흐르고, 또 위턱과 턱 근육에는 위경락이 흘러요. 씹는 행위 자체가 소화기 경락을 자극하는 침술과 같은 효과를 내는 것입니다. 씹기를 계속하면 소화액 분비가 활발해지고, 음식을 먹고자 하는 신호를 뇌로 보냅니다. 그래서 많이 씹을수록 위장도 튼튼해져요. 즉, 식욕이 좋아야 씹게 되고 씹어야 식욕도 좋아지게 됩니다.

♣ 아기 건강에 이상이 생겨 밥을 안 먹는 경우

- **변비** 변비가 심해지면 식욕이 떨어져 음식섭취가 줄어듭니다. 이는 식욕을 떨어뜨리는 또 다른 이유가 되기도 하고 음식을 먹지 못해 변비가 더욱 심해지는 악순환이 계속됩니다. 변비가 심하면 빈혈까지 생길 수 있어요.
- **잦은 감기, 비염** 감기에 걸리면 위장기능이 떨어져 입맛도 없어집니다. 코가 막히거나 아프면 음식냄새를 맡지 못해 식욕을 느끼지도 못하고 밥맛이 더 없어져요.
- **산만한 아기** 밥 먹는 것보다 다른 것에 관심이 많으면 한 자리에 앉아서 밥을 먹지 못합니다.
- **알레르기** 피부, 비염, 천식 등 알레르기가 있으면 음식에 예민해지고 밥맛이 없어져요.

♠ 엄마의 부주의로 아기가 밥을 안 먹는 경우

- **이유식을 서두른 경우** 아직 이유식을 먹을 준비가 되지 않은 아기에게 억지로 먹이면 음식에 대한 스트레스로 반항심이 생길 수 있어요.
- **단 음식과 과일 등을 지나치게 먹인 경우** 아기가 단맛에 익숙해지면 담백한 밥을 싱겁게 느끼게 되어 밥맛을 잃게 됩니다. 또 쉽게 흥분해 머리만 과열되고 위장은 약해지기 쉬워요.
- **다양한 맛과 재료를 경험하게 해주지 못한 경우** 여러 가지 형태와 재료로 만든 이유식을 맛보지 못하고 씹기 훈련이 부족하면 제대로 씹지 않고 삼킨다거나 입에 물고만 있을 수 있어요.
- **찬 음식을 많이 먹인 경우** 찬 음식은 위장에 부담을 주어 소화기능을 떨어뜨려요. 위장이 차면 설사를 자주하게 되고 습기가 많아져 뱃속에 가스가 차고 답답해지며 식욕도 없어집니다.

♠ 아기와 찰떡궁합 과일 고르기

과일은 대부분 수분이 많고 달면서도 시원한 맛이 있어 양기가 강한 아기 몸에 음액陰液을 보충해줍니다. 그러나 과일마다 덥고 차가운 성질이 달라 아기 체질에 따라 골라 먹이는 것이 좋아요.

- **속열이 많은 아기** 한 겨울에도 찬물을 찾거나 조금만 더워도 힘들어하는 아기에게는 수박, 참외, 배, 감, 딸기, 멜론 같은 물기가 많거나 성질이 시원한 과일이 잘 맞아요. 다만 구토나 설사를 할 때는 피하세요.
- **속이 냉한 아기** 얼굴이 희고 물도 별로 안 찾고 툭하면 설사를 하는 아기는 보통 소화기가 차고 냉한 편입니다. 사과, 귤, 토마토, 오렌지, 망고 등 소화기를 따뜻하게 해주는 과일이 좋아요. 냉장고에서 꺼내 실온에 두었다가 주는 게 소화기에 부담을 덜어 줍니다.
- **물갈이에 약한 아기** 물을 바꾸어 마시면 배탈이 잦은 아기는 평소에 매실차나 매실주스를 먹이세요. 매실에 들어있는 구연산이 소화를 돕고 해독작용을 해줘요.
- **변비가 심한 아기** 감이나 곶감, 바나나는 변비를 심하게 하므로 되도록 피하세요. 키위, 파인애플처럼 섬유질이 많이 들어간 과일이 좋아요.
- **감기를 달고 사는 아기** 한 여름에도 콧물을 훌쩍이고 찬 에어컨 바람에 금세 콧물, 기침이 나는 아기는 배즙을 내서 생강즙과 올리고당을 타 먹이면 좋아요. 다만 소화력이 약한 아기는 설사할 수 있으니 양을 잘 조절하세요.

생후 9~11개월
면역력 키워주는 한방 이유식으로 아기 건강 지키기

아기가 걷기 시작하면서 활동 범위가 넓어지고 접촉 대상도 다양해져 잔병치레가 많아지는 시기입니다.
아직 아기의 체질을 구별해 말하긴 어렵지만 체형이나 성향, 식습관, 병치레 유형을 살피면
아기에게 도움이 되는 음식을 선택해 먹일 수 있어요.
한방 이유식으로 아기가 자주 걸리는 질병을 미리 예방하고 치료해주세요.

● 후기 한방 이유식 진행 원칙 2

1 내 아기가 어떤 유형인지 알고 먹이세요

한방에서는 체질로 건강을 이야기하기 때문에 엄마가 아기에 대해 잘 알아야 합니다. 흔히 체질은 태양인, 태음인, 소양인, 소음인 등의 사상체질로 나뉘는데, 아기들은 오장육부 발달이 아직 미숙하고 생활습관 등을 살피기 어려워 제대로 구별해내기 어렵습니다. 따라서 이유기에는 음식을 체질에 따라 나누어 먹일 필요는 없지만, 아기의 외형과 피부색 등을 잘 살핀 뒤 그에 맞는 음식을 먹이면 좋습니다. 아기들은 아래와 같이 크게 두 유형으로 나뉩니다.

- **천수상天垂象** 하늘의 기운을 받아들이는 아기로 호흡기가 예민해 평소 감기에 잘 걸리는 타입이에요. 이마와 어깨 등 하늘과 가까운 상체가 발달하고 마른 아기가 많습니다. 양기가 강해서 외부에만 관심이 많은 편으로 밝고 활동적이며, 배고픔을 잘 느끼지 않아 음식에 흥미가 적습니다. 두부, 깨, 보리, 수박, 키위, 멜론, 돼지고기, 메밀 등을 먹이면 좋습니다.
- **지적상地積象** 땅의 기운을 받아들이는 아기로 소화기의 기운이 강합니다. 대개 통통하고 차분하며 턱이 발달하고 배가 나온 경우가 많습니다. 음식에 관심이 많으나 오히려 쉽게 만성식체가 생겨 변비나 설사 등의 장 질환에 시달릴 수 있습니다. 장을 튼튼하게 해줘야 배가 더부룩하면서 불러오는 증상 때문에 폐가 눌려 약해지는 것을 막을 수 있습니다. 쇠고기, 배, 밤, 잣 등을 먹이면 좋습니다.

2 잔병치레 없애주는 약재를 활용해요

돌 무렵이 되면 아기의 감기 등 잔병치레가 잦아집니다. 아기가 아픈 모습을 두고 볼 수 없어 해열제나 항생제 등을 먹이기도 하는데 이는 당장은 좋아지는 것 같지만, 체내에 이로운 세균까지 없애 아기의 면역체계를 무너뜨릴 수 있습니다. 이럴 때 한방재료를 이용해보세요. 감기가 잦으면 갈근을, 설사에는 택사를, 코피가 날 때는 백모근 등을 이용하면 부작용 걱정 없이 평소 먹는 '이유식'으로 아기 건강을 지킬 수 있어요.

● 후기 한방 이유식 약재

- **갈근(칡뿌리)**

감기몸살로 뭉친 근육을 풀어주고 진액을 보충하여 갈증을 해소시켜 줘요. 설사나 두드러기도 낫게 해줘요.

- **이런 아기에게 좋아요**
감기, 몸살, 두드러기, 설사, 감기가 잦은 아기
- **좋은 갈근 고르기**
겨울에 뿌리를 채취하여 외피를 제거하고 정육면체로 썰어서 말린 것이 좋아요.

• 소엽

맛이 약간 달면서도 끝 맛은 살
짝 매워요. 따뜻한 성질이 있어
서 속을 편안하게 해줘요. 해물
류를 먹고 체했을 때 먹으면 효
과가 좋아요. 다만 체질적으로
열이 많은 아기는 피하세요.

• 이런 아기에게 좋아요
비위가 허약한 아기의 감기 초기에 사용하면 열을 내려주고 기침을 가
라앉혀 주고, 속을 편안하게 해줘요.
• 좋은 소엽 고르기
건조 전에는 엉성한 털이 나있으며, 건조 후에는 잘 부스러지면서 청아
한 향기가 나요. 황백색 또는 담황색의 표면은 간혹 껍질이 남아있어 엷
은 갈색을 띠기도 해요. 무겁고 건실하며 잘랐을 때 보이는 면이 백색인
것이 좋아요.

• 택사

신장과 방광에 작용하여 소변이
잦거나 설사를 할 때 좋은 약재
예요. 또 속열을 내려주는 효과
도 있어 아기가 숙면을 못하거나
진액이 부족하여 섭취한 수분량
에 비해서 소변을 시원하게 보지
못할 때도 도움이 돼요.

• 이런 아기에게 좋아요
소변을 자주 보거나 설사가 잦은 아기
• 좋은 택사 고르기
황백색 또는 담황갈색의 단면에 작은 구멍이 많으면서 가볍지만 건실해
깨뜨리기 힘들고 약간의 향이 있는 것을 선택하세요.

• 백모근

속열을 다스려서 코피를 멎게
하는 효능이 있어요. 또한 위열
을 내려 잦은 구토나 갈증을 없
애고 방광의 열을 내려 소변을
시원하게 볼 수 있게 해줘요. 폐
의 열을 내려 기침을 다스려주

• 이런 아기에게 좋아요
코피 또는 기침이나 구토가 잦은 아기, 속열이 많아 물을 많이 찾는 아기
• 좋은 백모근 고르기
뚜렷한 세로 주름과 마디가 있어요. 표면이 황백색 또는 담황색으로 약
간의 광택이 있는 것을 고르세요.

소엽닭고기죽

맛이 약간 단 편인 소엽을
단백질이 풍부한 닭고기와 함께 조리하면
감기 후 떨어진 아기의 입맛을 돋우고
기운을 보할 수 있어요.

재료

쌀 ··· 10g
소엽 ··· 2g
물 ··· 1컵
양배추 ··· 25g
당근 ··· 10g
닭가슴살 ··· 30g
닭고기육수 ··· ½컵

만들기

1 쌀은 깨끗이 씻어서 1시간 정도 불린 후 체에 밭쳐 물기를 빼
  고 분쇄기에 넣어 살짝만 간다.

2 냄비에 소엽과 물 1컵을 넣고 5분 정도 뚜껑을 닫아 불린 후 센
  불에 올려 10분 동안 끓인다. 체에 밭쳐 우린 물을 받는다.

  Tip 소엽을 불릴 때 뚜껑을 닫지 않으면 향이 날아갈 수 있으니 주의
  하세요.

3 양배추는 한 장씩 떼어내어 씻은 후 굵은 심은 잘라내고 연한
  부위만 끓는 물에 살짝 데쳐 1㎝ 크기로 썬다.

4 당근은 깨끗이 씻어 껍질을 벗긴 후 0.5㎝ 크기로 다진다.

5 닭가슴살은 힘줄을 제거한 뒤 0.5㎝ 크기로 다진다.

6 냄비에 **1**의 쌀가루와 소엽 우린 물 1컵, 닭고기육수 ½컵을 붓
  고 센 불에 끓인다.

7 한소끔 끓어오르면 약한 불로 줄이고 준비한 양배추, 당근,
  닭가슴살을 넣고 쌀가루가 푹 퍼지도록 끓인다.

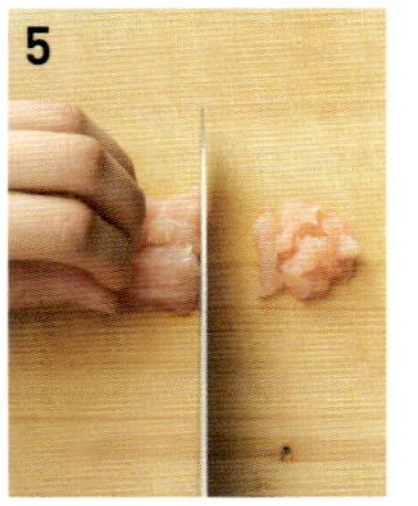

택사쇠고기죽

아기의 입맛을 돋을 수 있는
쇠고기와 택사로 만든 이유식이에요.
입이 짧거나 편식하는 아기에게 먹이면 좋아요.

재료

쌀 ··· 15g	**쇠고기양념**
택사 ··· 2g	양파즙 ··· 1큰술
물 ··· 1컵	참기름 ··· 약간
쇠고기 ··· 10g	통깨 ··· 약간
당근 ··· 5g	

만들기

1 쌀은 깨끗이 씻어서 1시간 정도 불린 후 체에 받쳐 물기를 빼고 분쇄기에 넣어 살짝만 간다.

2 냄비에 택사와 물 1컵을 넣은 뒤 뚜껑을 닫고 센 불에서 5분 정도 끓인 후 중간 불로 줄여서 20분 정도 더 끓인다. 체에 받쳐 우린 물을 받는다.

3 쇠고기는 잘게 다져서 볼에 **쇠고기양념**과 함께 넣어 버무린다.

4 당근은 껍질을 벗겨 깨끗이 씻은 뒤 0.5㎝ 크기로 다진다.

5 냄비에 **1**의 쌀가루와 택사 우린 물 1컵과 다진 당근을 넣고 센 불로 끓인다.

6 한소끔 끓어오르면 쇠고기를 넣고 끓이다가 쇠고기가 익으면 약한 불로 줄여서 1분 정도 더 끓인다.

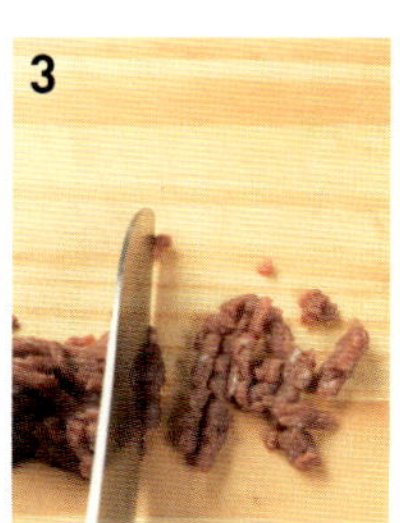

백모근밤죽

이유 없이 코피를 자주 흘리고 딸꾹질이나
기침을 심하게 하는 아기에게 먹이면
좋은 이유식이에요.

재료

쌀 · · · 10g
백모근 · · · 2g
물 · · · 1컵
밤 · · · 1개
호두가루 · · · 1큰술

만들기

1 쌀은 깨끗이 씻어서 1시간 정도 불린 후 체에 밭쳐 물기를 빼
  고 분쇄기에 넣어 살짝만 간다.

2 냄비에 백모근과 물 ½컵을 넣고 5분간 불린다. 물 ½컵을 더
  넣어 중간 불에서 15분 정도 끓인 뒤 체에 밭쳐 우린 물을 받
  는다.

3 밤은 깨끗이 씻어 삶은 후 속을 파내서 체에 밭쳐 내린다.

4 냄비에 **1**의 쌀가루와 백모근 우린 물 1컵을 넣고 센 불에서 끓
  인다.

5 한소끔 끓어오르면 중간 불로 줄여서 다진 밤을 넣고 쌀가루
  가 퍼질 때까지 끓인다. 호두가루를 넣고 약한 불로 줄여서 1
  분 정도 더 끓인다.

갈근호두무른밥

갈근은 혈액순환을 활발하게 해주기 때문에
몸이 약하고 감기가 잦은 아기에게 먹으면
좋은 효과를 볼 수 있어요.

재료

쌀 ··· 20g
갈근 ··· 2g
물 ··· 1컵
감자 ··· 30g
콜리플라워 ··· 5g
호두가루 ··· 1큰술

만들기

1 쌀은 깨끗이 씻어서 1시간 정도 불린 후 체에 밭쳐 물기를 빼고 분쇄기에 넣어 살짝만 간다.

2 냄비에 갈근과 물 1컵을 넣고 뚜껑을 닫아 센 불에서 10분간 끓인다 끓어오르면 약한 불로 줄이고 20분간 더 끓인 뒤 체에 밭쳐 우린 물 ½컵을 받는다.

3 감자는 깨끗이 씻어서 껍질을 벗기고 푹 삶은 후 부드럽게 으깬다.

4 콜리플라워는 깨끗이 씻은 후 꽃송이 부분만 잘라내 끓는 물에 데친 뒤 곱게 다진다.

5 냄비에 **1**의 쌀가루와 갈근 우린 물을 넣고 센 불에 끓인다.

6 한소끔 끓어오르면 중간 불로 줄이고 준비한 감자와 콜리플라워를 넣고 저어가면서 끓인다. 쌀가루가 퍼지기 시작하면 호두가루를 넣고 약한 불로 줄여 1분 정도 더 끓인다.

소엽흰살생선찜

소엽은 속을 편안하게 해주는 약재로 비위가 허약한 아기가
감기에 걸렸을 이유식으로 만들어주면 좋아요.
특히 감기 초기에 사용하면 열을 내리고
기침을 가라앉히는 효과가 있어요.

재료

소엽 ··· 2g
물 ··· 1컵
흰살생선 ··· 30g
감자 ··· 10g
무 ··· 10g
당근 ··· 5g
양파 ··· 5g
애호박 ··· 10g
달걀노른자 ··· ½개
실파 ··· 약간

만들기

1 냄비에 소엽과 물 1컵을 넣고 5분 정도 불렸다가 센 불에 올려
  10분 동안 끓인 뒤 체에 밭쳐 우린 물 ¼컵을 받는다.
2 흰살생선은 깨끗이 씻어 푹 찐 후 껍질과 가시를 발라내고 살
  만 다진다.
3 감자는 깨끗이 씻어 껍질을 벗겨서 찜통에 찐 후 뜨거울 때 으
  깬다.
4 무는 깨끗이 씻어 껍질을 두껍게 벗긴 뒤 섬유질의 반대방향
  으로 썰어 강판에 갈거나 칼로 잘게 다진다.
5 당근과 양파는 껍질을 벗기고 깨끗이 씻어 잘게 다진다.
6 애호박은 깨끗이 씻어 돌려 깎고 씨는 버린 후 연두색 부분만
  곱게 다진다. 실파는 깨끗이 씻어서 잘게 채 썬다.
7 볼에 으깬 생선살과 준비한 채소, 달걀노른자, 소엽 우린 물을
  넣은 뒤 고루 섞어 그릇에 옮긴 후 찜통에 쪄낸다.

갈근단호박범벅

아기가 감기로 열이 날 때 먹이면 좋은 이유식이에요.
상처난 곳의 출혈을 멎게 하고
상처를 잘 아물게 하는 효과도 있답니다.

재료

갈근 ···2g
물 ···1컵
고구마 ···30g
단호박 ···20g
당근 ···10g
멥쌀가루 ···10g

만들기

3

1 냄비에 갈근과 물 1컵을 넣고 뚜껑을 닫아 센 불에서 10분간
   끓인다. 약한 불로 줄이고 20분간 더 끓인 뒤 체에 밭쳐 우린
   물 ½컵을 받는다.

2 고구마는 깨끗이 씻어 푹 삶은 후 껍질을 벗겨서 으깬다.

3 단호박은 깨끗이 씻어 껍질째 찜통에 넣고 쪄낸 뒤 속만 파내
   어 으깬다.

4 당근은 깨끗이 씻어 껍질을 벗긴 뒤 0.5㎝ 크기로 다져서 끓는
   물에 살짝 데친다.

5 냄비에 갈근 우린 물과 멥쌀가루, 데친 당근을 넣고 센 불에서
   끓인다.

6 끓어오르면 중간 불로 줄이고 으깬 고구마와 단호박을 넣고
   저어가면서 한소끔 더 끓인다.

백모근닭고기탕

몸을 차게 하는 백모근과 닭고기로 만든
이유식은 열 감기 후 아기의 잦은 구토나
갈증을 없애주고 기력회복을 도와요.

재료

닭가슴살 ··· 20g
백모근 ··· 2g
물 ··· 1컵
양배추 ··· 10g
당근 ··· 10g

만들기

1 냄비에 닭가슴살과 백모근, 물 1컵을 넣고 센 불로 끓이다가
닭고기가 익으면 건져내어 곱게 다진다. 삶은 물은 받아두어
닭고기육수로 사용한다.

2 양배추는 깨끗이 씻은 뒤 한 장씩 떼어내어 두꺼운 심을 제거
하고 끓는 물에 살짝 데쳐서 잘게 다진다.

3 당근은 앞뒤 부분을 잘라내고 껍질을 벗겨 깨끗이 씻은 뒤
0.5cm 크기로 다진다.

4 냄비에 **1**의 닭고기육수와 다진 닭가슴살, 양배추, 당근을 넣
고 중간 불에서 재료가 푹 퍼지도록 끓인다.

택사과일푸딩

택사는 맛이 달고 담백해서
아기에게 먹이기 좋은 한방재료예요.
특히 여름철 몸안에 물기운이 많아 더위를 잘 타고
무기력증을 느끼는 아기에게 탁월한 효과가 있어요.

재료

택사 ··· 2g
물 ··· 1컵
사과 ··· 20g
배 ··· 10g
귤 ··· 20g
달걀노른자 ··· 1개
분유물 ··· ¼컵(분유 또는 모유 : 물 = 1 : 1)
올리브오일 ··· 약간

만들기

1 냄비에 택사와 물 1컵을 넣고 뚜껑을 닫아 센 불에서 5분 정도
 끓인다. 중간 불로 줄여서 20분간 더 끓인 뒤 체에 밭쳐 우린
 물 ¼컵을 받는다.

3 사과와 배는 깨끗이 씻어 씨를 도려내고 껍질을 벗긴 뒤 0.5㎝
 크기로 다진다.

4 귤은 과육만 발라내서 고운체에 걸러 즙을 받는다.

5 볼에 달걀노른자를 풀고 분유물과 택사 우린 물을 넣어 체에
 거른 뒤 귤즙과 다진 사과, 배를 넣는다.

6 그릇에 올리브오일을 약간 바르고 **5**를 부어 약한 불에서 찐
 뒤 식힌다.

제법 아기 티를 벗게 되고 점차 어른처럼 하루 세 끼,

밥과 반찬, 국을 먹게 돼요. 하지만 아직은 어른만큼 소화가 잘 되지 않고,

편식하는 버릇이 생기기도 쉬워 방심은 금물입니다.

가족이 함께 밥상에 마주 앉아 먹는 즐거움을 알게 해줄 좋은 시기예요.

이때 길러진 식습관이 평생 아기 건강을 좌우한다는 사실을 잊지 마세요.

아기마다 차이는 있지만 보통 첫 돌이 지나면 물건을 잡고 이동하거나 혼자 걸을 수 있게 됩니다.
걷기에 익숙해져 발달이 빠른 아기는 18개월 즈음 뛰기도 해요.
손놀림도 더욱 섬세해져서 숟가락, 포크를 능숙하게 사용할 수 있게 되고,
컵을 쥐는 힘도 제법 강해져 흘리지 않고 혼자 먹을 수 있어요.

키와 몸무게(평균, 만 기준)

남		여	
12개월 76.0cm / 9.9kg		12개월 74.8cm / 9.4kg	
15개월 79.2cm / 10.7kg		15개월 78.0cm / 10.1kg	
18개월 82.1cm / 11.3kg		18개월 80.8cm / 10.7kg	
21개월 84.6cm / 11.9kg		21개월 83.4cm / 11.3kg	
24개월 86.9cm / 12.5kg		24개월 85.7cm / 11.9kg	
30개월 91.0cm / 13.5kg		30개월 89.8cm / 12.9kg	
36개월 94.6cm / 14.4kg		36개월 93.4cm / 13.8kg	

치아 발달과 씹기 능력

첫 돌 무렵이 되면 보통 아랫니 4개, 윗니 4개 총 8개 정도의 치아가 나요. 혀를 자유롭게
움직이며 잇몸도 단단해져 씹는 힘이 강해지고 꼭꼭 씹어 먹을 수 있게 돼요. 아직 젖병을
떼지 못했다면 이 시기를 넘기지 말고 컵으로 물과 우유를 먹는 연습을 시키세요. 양치질은
음식찌꺼기가 남지 않게 충분히 닦아주고, 아기가 즐겁게 양치하는 습관도 꼭 길러주세요.

수면과 배변

＊**수면** 밤잠 11시간 내외 / 낮잠 2시간 30분 내외(1~2회) ⇨ 총 수면시간 13시간 30분 내외
＊**배변** 소변 12회 내외 / 대변 2회 내외

생후 12개월이 지나면 분유를 끊고 생우유를 주기 시작하세요.
이유식은 오전 8시, 낮 12시, 오후 6시 정도에 세끼를 주는 것이 적당하며
더 이상 모유나 분유가 주식이 되지 않도록 해주세요. 부족한 양은 간식으로 보충해주시고요.
이맘때는 어른이 먹는 음식도 먹을 수 있어서 잘 먹으면 밥을 먹여도 됩니다.
단, 어른 음식을 아기에게 줄 때는 양념을 하지 않은 상태에서
따로 덜어서 주고 조리가 안 된 채소는 먹이지 마세요.

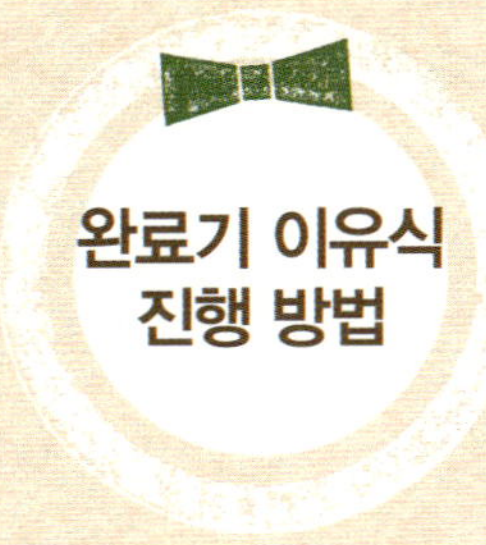

완료기 이유식 진행 방법

조리형태

어른과 비슷하지만 조금 무른 정도(진밥과 어른 밥의 중간 정도)

완료기 이유식 섭취량

* **모유, 분유** 2~3회(수유량 400~600mℓ)
* **이유식** 3회 + 간식 1~2회(1회 이유식 섭취량 120~180g)

완료기 이유식에 추가되는 재료

* **곡류** 율무, 현미 포함한 대부분의 곡류(밀가루는 알레르기 있으면 천천히)
* **채소류** 고사리, 참나물, 쑥갓, 깻잎, 껍질 콩, 무순, 새싹채소, 파, 마늘, 토마토, 냉이, 달래, 우거지, 미나리, 파슬리, 토란대, 아스파라거스 등 대부분의 채소(알레르기 없다면 도토리도 가능)
* **과일류** 오렌지, 단감, 홍시, 레몬, 파인애플, 블루베리, 망고, 아보카도 등 대부분의 과일(귤, 키위, 복숭아는 알레르기에 주의해야 하며, 딸기 알레르기가 있다면 딸기는 두 돌 이후 가능)
* **육류** 쇠고기(양지, 우둔살), 닭고기(다리, 닭봉), 돼지고기(기름기 없는 등심, 안심) 등 대부분의 육류
* **해산물류** 고등어, 꽁치, 삼치, 장어, 뱅어포, 북어포, 오징어, 낙지, 굴, 전복, 소라, 날치알 등의 해물류. 새우, 게살, 연어, 조개류(조개류는 알레르기 있으면 주의)
* **난류** 달걀흰자 포함한 전란, 메추리알
* **유제품** 생우유(저지방 우유는 두 돌 이후 가능), 생크림
* **콩** 흰콩, 검은콩을 포함한 대부분의 콩, 껍질 콩, 유부
* **견과류&유지류** 호박씨, 해바라기씨, 호두, 은행, 아몬드, 버터(땅콩은 세 돌 이후 가능)
* **기타** 도토리묵, 식빵, 빵가루, 간장, 식초, 생과일주스, 대부분의 면류(우동, 메밀국수, 파스타, 당면 등)
* **양념류** 된장, 일본된장, 청국장, 카레가루, 천일염 등 양념류는 꼭 필요한 경우 소량만 사용

언제 시작할까요?

*** 이유식 하루에 세 번, 규칙적으로 먹이세요**
돌 무렵부터는 하루에 세 번 규칙적으로 먹여야 합니다. 아기가 밥그릇으로 한 공기를 거뜬히 먹는다면 이제 완료기 이유식을 시작해도 될 때입니다. 이때가 되면 어른이 먹는 음식에 대한 관심도 부쩍 많아집니다.

얼마나 먹일까요?

*** 이유식 주식으로 하되 간식과 우유도 챙기세요**
돌이 지나면 아침, 점심, 저녁 하루 세끼는 이유식을 주식으로 식사를 하고, 한두 번의 간식과 하루 400~500㎖ 정도의 우유(생우유, 플레인 요구르트, 모유 또는 분유 포함)를 먹이세요. 하루 세끼를 먹이다 보면 아침 식사시간을 지키는 게 힘들 때가 많습니다. 아침 수유를 하지 않는 경우라면 오전 8시경으로 아침 식사시간을 당겨주고, 오전 6시경에 모유나 분유를 먹고 있다면 아침 식사시간을 오전 10시로 늦춰서 진행합니다.

어떻게 먹일까요?

*** 잇몸과 치아로 씹어 먹을 수 있다면 OK!**
이제부터는 죽은 그만 먹이고 진밥과 한두 가지 반찬을 만들어서 어른과 같은 식사를 하게 해주세요. 하지만 아직 질기고 딱딱한 것을 씹기는 어려우므로 큰 것은 먹기 좋게 잘라주거나 푹 익혀 부드럽게 만듭니다. 밥은 쌀과 물이 1:2 비율의 진밥이 적당하고 음식에 넣는 재료들은 1㎝ 정도 크기로 썰어 조리합니다. 만약 아기가 잘 씹어 삼키지 못할 땐 소화에 부담이 되지 않도록 크기를 작게하고 더 부드럽게 조리해서 먹이세요.

*** 골고루 잘 먹는 게 중요해요**
첫돌이 지나면 특별히 알레르기가 없는 한 그동안 조심했던 달걀, 치즈, 우유, 등푸른생선, 해물류, 토마토, 복숭아 등 대부분의 식품을 먹을 수 있습니다. 다만 한꺼번에 많이 주지 말고 한 번에 한 가지씩 먹여본 후 아기의 반응을 살펴가며 조절해야 합니다. 이유식 재료의 선택 폭이 넓어진 만큼 다양한 재료를 이용해 아기가 골고루 먹도록 도와주면서 편식 예방에도 신경을 써야 합니다.

지금까지 일품 형태의 이유식이었다면 이제는 어른처럼 밥과 반찬에 국을 곁들여 먹여도 좋습니다. 진밥으로 시작해 덮밥, 일반 볶음밥, 일반밥과 반찬을 잘 먹게 되면 국을 먹이되, 밥을 말아 먹이지는 마세요. 밥을 씹지 않고 삼키는 버릇이 생기게 되면 소화흡수가 잘 되지 않아 위장에 부담이 되기 쉽습니다.

돌이 지나면 밥과 반찬이 주식이 되므로 이제는 모유나 분유는 완전히 떼는 연습을 해야 합니다. 젖을 떼는 시기는 아기의 발육 상태에 따라 조금 빠를 수도, 늦을 수도 있지만 최대한 15개월 이전에는 떼는 것이 좋습니다. 수유를 계속하면 이유식을 적게 먹게 되고 계속해서 모유나 분유를 찾아 영양 불균형이 생길 수 있습니다. 첫돌 이전부터 서서히 젖병을 끊는 연습을 하고 첫돌 이후에는 완전히 끊고 컵으로 먹게 해주세요.

편식이 심해지고, 돌아다니며 먹는 등의 나쁜 습관이 몸에 배기 쉬운 때인 만큼 반드시 올바른 식습관을 길러주어야 합니다. 아기 스스로 먹을 수 있지만 아직은 먹는 양보다 흘리는 게 더 많으므로 인내심을 가지고 격려해주세요. 음식을 가지고 장난을 친다거나 돌아다니며 먹는 등 식사에 집중하지 않을 때는 과감히 상을 치우세요. 필요하다면 간식도 주지 말고 배고픔을 느껴보게 합니다.

이제부터는 죽은 그만 먹이고 진밥과 한두 가지 반찬을 만들어서 어른과 같은 식사를 하게 해주세요. 하지만 아직 질기고 딱딱한 것을 씹기는 어려우므로 큰 것은 먹기 좋게 잘라주거나 푹 익혀 부드럽게 만듭니다.

무엇을 먹일까요?

＊ 생우유는 하루 2~3컵이면 충분해요

분유나 모유 대신 생우유를 먹이세요. 하루에 400~500㎖ 정도가 적당합니다. 이는 우유뿐 아니라 유산균 음료나 두유를 포함한 양입니다. 여전히 모유나 분유를 떼지 못했다면 굳이 생우유를 먹이지 않아도 됩니다. 만약 아기의 이유식 진행속도가 늦어 육류나 채소 등의 섭취가 부족할 땐 우유를 먹이는 대신 철분 등이 강화된 조제분유를 먹이다가 이유식이 잘 이루어지면 생우유로 바꿔 먹여도 좋아요.

＊ 주스는 하루에 ½컵을 넘지 마세요

천연 과일주스라 하더라도 단맛에 길들여지면 이유식을 잘 안 먹는 아기가 많습니다. 하루에 120㎖(½컵) 이상 주지 않는 게 좋습니다. 과일은 직접 갈아서 먹이는 게 좋지만 사서 먹여야 한다면 반드시 아기용 주스를 고르세요.

＊ 소금, 설탕은 되도록 삼가세요

이유식을 어른과 비슷하게 먹는다고 해서 똑같은 음식을 주어선 안 됩니다. 돌이 지나면 약간의 간을 할 수는 있지만 소금보다는 간장, 된장을 이용하는 편이 좋아요. 이때도 소량을 사용해야 하며 짠맛, 강한 맛에 익숙해지지 않도록 주의하세요. 어른 음식과 아기 것을 함께 준비할 때는 간을 하기 전에 아기에게 줄 만큼을 먼저 덜어 놓으세요.

＊ 기름지거나 인스턴트 간식은 NO!

이전보다 이유식 섭취량이 늘기는 했지만 하루 세끼 식사만으로는 배가 고플 수 있으므로 아침과 점심 사이, 점심과 저녁 사이에 간식을 먹이세요. 간식은 소화가 잘 되는 것으로, 다음 식사에 지장을 주지 않으면서도 적당히 칼로리를 보충해주는 것이 좋습니다. 너무 기름지거나 인스턴트 간식은 먹이지 말고 감자, 고구마, 단호박 같은 천연 간식을 주세요.

콩나물느타리버섯 당근진밥

콩나물은 콩보다 비타민 C와 섬유소,
아스파라긴산 함량이 높아요.
숙취해소에 좋다고 알려진 아스파라긴산은
신진대사를 촉진시키고 면역력을 높여주며 단백질 합성에
중요한 역할을 하는 성분으로 아기에게도 좋아요.

 **재료**

쌀 ··· 30g
콩나물 ··· 10g
느타리버섯 ··· 10g
당근 ··· 5g
참기름 ··· ½작은술
쇠고기육수 ··· ⅔컵
깨소금 ··· 약간

쇠고기육수 만들기는
37p 참조

 **만들기**

1 쌀은 깨끗이 씻어서 1시간 정도 불린 후 체에 밭쳐 물기를 뺀다.

2 콩나물은 머리와 꼬리를 떼어낸 뒤 깨끗이 씻어 물을 조금 붓고 삶아 물기를 빼고 1㎝ 길이로 썬다.

3 느타리버섯은 깨끗이 씻어 끓는 물에 데쳐 찬물에 헹군 후 물기를 짜고 1㎝ 길이로 썬다.

4 당근은 깨끗이 씻어 느타리버섯과 같은 크기로 깍둑 썬다.

5 냄비에 참기름을 두르고 당근과 불린 쌀을 넣고 반 정도 익을 때까지 볶다가 느타리버섯과 콩나물, 쇠고기육수를 넣고 뚜껑을 덮어 센 불에 끓인다.

6 한소끔 끓어오르면 불을 줄여 쌀알과 채소가 부드럽게 퍼지도록 뜸을 들인 뒤 불을 끄고 깨소금을 뿌린다.

닭고기완두콩 시금치지짐

음식을 먹이면서 칼로리를 낮추려면
기름을 조금만 사용하세요.
달군 팬에 기름을 살짝 둘러 반죽을 떠놓고
겉만 노릇하게 익힌 뒤 물을 붓고
속까지 익히는 것도 방법이에요.

재료

닭가슴살 ··· 50g
완두콩 ··· 20g
시금치 ··· 10g
달걀노른자 ··· ½개

물 ··· 1작은술
밀가루 ··· 1작은술
올리브오일 ··· 약간

만들기

1 닭가슴살은 푹 삶아 익혀 잘게 찢은 후 0.5㎝ 크기로 다진다.

2 완두콩은 깨끗이 씻어 끓는 물에 삶아 물기를 빼고 껍집을 벗
   긴 후 분쇄기에 넣고 반쯤 으깨지도록 간다.

3 시금치는 잎 부분만 깨끗이 씻어 끓는 물에 데친 뒤 찬물에 헹
   궈 물기를 짜내고 0.5㎝ 크기로 다진다.

4 볼에 다진 닭가슴살과 완두콩, 시금치, 달걀노른자, 물, 밀가루
   를 넣고 반죽한다.

5 달군 팬에 올리브오일을 약간 두르고 반죽을 지름 3㎝ 크기로
   떠놓아 앞뒤로 뒤집어가며 노릇하게 지진다.

버섯리조토

육수로 밥맛을 내고 소화가 잘 되는 양송이버섯과 양파,
고소한 치즈까지 얹어 맛도 좋고
영양가도 높은 별식입니다.

 **재료**

쌀 · · · 30g
양송이버섯 · · · 30g
양파 · · · 10g
버터 · · · 1작은술
닭고기육수 · · · ½컵
파르메산 치즈 간 것 · · · 1큰술

닭고기육수 만들기는
38p 참조

 **만들기**

1 쌀은 깨끗이 씻어서 1시간 정도 불린 후 체에 밭쳐 물기를 뺀다.

2 양송이버섯은 갓 부분만 준비해 껍질은 벗겨내고 물에 헹군 뒤 1㎝ 크기로
 깍둑 썬다.

3 양파는 껍질을 벗기고 깨끗이 씻어 양송이버섯과 같은 크기로 깍둑 썬다.

4 팬에 버터를 녹이고 손질한 양파와 양송이버섯을 넣어 볶는다.

5 냄비에 불린 쌀과 닭고기육수를 넣고 센 불에서 끓인다.

6 한소끔 끓어오르면 불을 줄이고 쌀알이 어느 정도 퍼지면 **4**의 볶은 채소
 를 넣고 한 번 더 끓인 후 파르메산 치즈를 뿌려 고루 섞는다.

2 

5 

6 

채소된장조림

노화와 변비를 예방해주고 뼈와 피부 등
우리 몸 구석구석에 유익한 된장은 설명이 필요 없는
신토불이 건강식품이죠. 하지만 아기에게 먹일 때
가장 고민되는 것이 바로 소금 함량이에요.
요즘엔 저염 된장도 시중에 팔고 있어 이용하기 편리해요.

 재료

당근 · · · 20g
무 · · · 20g
완두콩 · · · 20g
된장 · · · ½작은술
참기름 · · · 약간
물 · · · ½컵

 만들기

1 당근과 무는 껍질을 벗기고 2㎝ 크기로 깍뚝 썰어 모서리를 둥글게 깍는다.

2 완두콩은 깨끗이 씻어 끓는 물에 삶아 물기를 빼고 속껍질을 벗긴다.

3 냄비에 손질한 당근과 무, 완두콩, 된장, 참기름을 넣어 고루 버무린 뒤 물 ½컵을 붓고 중간 불에서 물이 자작자작하게 남을 정도로 조린다.

대구살전

대구는 저열량 고단백 식품으로 간유의 원료가 되는
비타민 A를 비롯해 비타민 B, E 등도 풍부해요.
몸집이 클수록 살이 부드럽지만,
다른 생선에 비해 살이 물러서 쉽게 상하기 때문에
싱싱한 대구를 고르는 게 중요해요.

 재료

대구살 ··· 50g
밀가루 ··· 1작은술
달걀노른자 ··· ½개
물 ··· 1작은술
올리브오일 ··· 약간

만들기

1 대구살은 종이타월에 올려 물기를 닦아낸 뒤 살만 얇게 포를 뜬다.

2 1의 포 뜬 대구살 앞뒤로 밀가루를 묻힌다.

3 달걀노른자와 물을 섞어 달걀물을 만든다.

4 달군 팬에 올리브오일을 약간 두르고 2의 대구살을 달걀물에 살짝 담갔다
  가 건져 앞뒤로 뒤집어가며 노릇하게 지진다.

버섯새우 채소지짐

새우는 몸을 따뜻하게 하는 성질이 있어
아기의 혈액순환을 도와줘요.
비타민, 무기질, 철분이 많은 버섯, 시금치 등을 곁들여
먹이면 영양가가 더욱 풍부해져요.

재료

새우살 ··· 20g
표고버섯 ··· 20g
시금치 ··· 10g
양파 ··· 10g
달걀노른자 ··· ½개
물 ··· 1작은술
밀가루 ··· 1작은술
올리브오일 ··· 약간

1

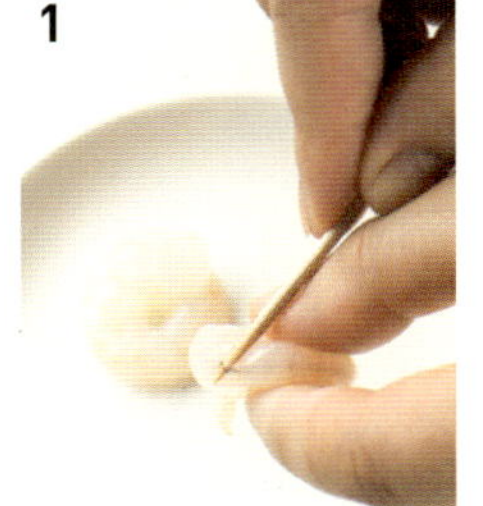

만들기

1 새우살은 등 쪽 내장을 이쑤시개로 빼낸 뒤 물에 헹궈 곱게 다진다.

2 표고버섯은 갓 부분만 준비해 깨끗이 씻어 끓는 물에 살짝 데쳐 찬물에 헹군 뒤 곱게 다진다.

3 시금치는 잎 부분만 깨끗이 씻어 끓는 물에 살짝 데쳐 찬물에 헹군 뒤 곱게 다진다.

4 양파는 껍질을 벗기고 깨끗이 씻어 0.3㎝ 크기로 다져 끓는 물에 살짝 데친다.

5 볼에 다진 새우살과 표고버섯, 시금치, 양파, 달걀노른자, 물, 밀가루를 넣고 반죽한다.

6 달군 팬에 올리브오일을 약간 두르고 반죽을 숟가락으로 조그맣게 떠놓아 앞뒤로 뒤집어가며 노릇하게 지진다.

검은콩닭고기 과일샐러드

양질의 단백질이 들어 있는 검은콩은 아기의 뼈를
튼튼하게 하고 내장기관을 강하게 만들어줘요.
또한 신장기능을 활발하게 해서
소아비만을 예방하는 효과가 있어요.

재료

검은콩 ··· 20g	**검은깨드레싱**	
닭가슴살 ··· 50g	플레인 요구르트 ··· 2큰술	
사과 ··· 20g	검은깨 가루 ··· ¼작은술	
배 ··· 20g	레몬즙 ··· ⅓작은술	
귤 ··· 10g		

만들기

1 검은콩은 깨끗이 씻어 푹 삶은 뒤 물기를 빼고 핸드 블렌더로 곱게 간다.

2 닭가슴살은 푹 삶아 익혀 잘게 찢은 후 0.5㎝ 크기로 다진다.

3 사과와 배는 껍질을 벗기고 씨를 도려낸 뒤 1㎝ 크기로 깍둑 썬다.
  귤은 속껍질을 벗기고 과육만 발라내 사과와 비슷한 크기로 썬다.

4 플레인 요구르트에 검은깨가루와 레몬즙을 넣고 고루 섞어 **검은깨드레싱**
  을 만든다.

5 볼에 준비한 닭가슴살과 검은콩, 과일을 섞어 담고 **검은깨드레싱**을 뿌려
  고루 섞는다.

닭고기채소찜

단맛이 나는 단호박과 양파가 들어가 아기들이 좋아하는 영양찜이에요.
맛은 물론 단백질과 비타민 등이 골고루 들어가 아기의 성장에도 좋아요.

재료

닭가슴살 · · · 30g	쌀가루 · · · 1큰술
단호박 · · · 20g	달걀노른자 · · · 1개
양파 · · · 10g	물 · · · ¼컵

만들기

1 닭가슴살은 흐르는 물에 씻어 종이타월로 물기를 제거한 후 1㎝ 크기로 깍둑 썬다.

2 단호박은 깨끗이 씻어 씨를 말끔히 긁어내서 푹 찐다. 껍질을 벗긴 뒤 속만 1㎝ 크기로 깍둑 썬다.

3 양파는 껍질을 벗기고 깨끗이 씻어 1㎝ 크기로 깍둑 썬다.

4 쌀가루를 고운체에 내려 그릇에 담고 준비한 단호박과 닭가슴살, 양파, 달걀노른자, 물을 넣어 고루 섞는다.

5 김이 오른 찜통에 **4**를 넣어 15분 정도 쪄낸다.

단호박밥전

'흑임자'라고도 불리는 검은깨는
참깨에 비해 약효가 배로 좋아요.
알맹이 그대로 먹으면 소화가 잘 되지 않고 갈아 으깨서
먹어야 소화효소가 작용해요.
볶아서 조금씩 먹으면 상관없지만 지나치게 먹으면
설사를 할 수도 있으므로 주의하세요.

 **재료**

단호박 ··· 30g
호박씨 ··· 3g
진밥 ··· 40g
검은깨 ··· 1큰술
호두가루 ··· 1작은술
밀가루 ··· 1작은술
달걀 ··· ½개
올리브오일 ··· 약간

진밥 만들기는
34p 참조

 **만들기**

1 단호박은 속과 씨를 말끔히 긁어내고 껍질을 벗긴 뒤 쪄서 부드럽게 으깬
   다.

2 호박씨는 잘게 다진다.

3 볼에 진밥, 으깬 단호박, 다진 호박씨, 검은깨, 호두가루, 밀가루를 넣고 고
   루 섞어 작은 크기로 동글납작하게 빚는다.

4 달걀을 풀어 달걀물에 입힌 후 올리브오일을 두른 팬에 뒤집어가며 노릇
   하게 지진다.

새우살감자 애호박수제비

새우는 성질이 따뜻하여 생강, 파, 된장 등과 함께 끓여 먹으면
흐르지 못하고 괴어있는 혈액을 풀어주죠.
이유식을 만들 때는 아기가 좋아할 만한
감자와 함께 끓이면 좋아요.

재료

새우살 · · · 15g
달걀노른자 · · · 1개
쌀가루 · · · 20g
밀가루 · · · 10g
참기름 · · · 약간
깨소금 · · · 약간
감자 · · · 20g
애호박 · · · 10g
다시마육수 · · · ¾컵
송송 썬 실파 · · · 1작은술

다시마육수 만들기는 38p 참조

만들기

1 새우살은 등쪽 내장을 이쑤시개로 빼낸 뒤 찬물에 깨끗이 헹궈 곱게 다진다.

2 볼에 달걀노른자를 잘 푼 뒤 쌀가루와 밀가루, 다진 새우살, 참기름, 깨소금을 넣고 주물러 치대어 수제비 반죽을 만든다.

3 감자는 깨끗이 씻어 껍질을 벗기고 2㎝ 길이로 채 썬다.

4 애호박도 깨끗이 씻어 감자채와 같은 크기로 채 썬다.

5 냄비에 다시마육수를 부어 팔팔 끓으면 반죽을 얇게 떼어 넣는다.

6 반죽이 반 정도 익으면 감자와 애호박, 송송 썬 실파를 넣어 채소가 익을 때까지 끓인다.

닭고기채소 볶음우동

 **재료**

우동생면 ··· ⅓팩
양배추 ··· 20g
당근 ··· 10g
닭가슴살 ··· 10g
참기름 ··· 1작은술
물 ··· 2큰술
간장 ··· ½작은술
깨소금 ··· 약간

 **만들기**

1 우동생면은 끓는 물에 데쳐 찬물에 헹군 뒤 체에 건져서 물기를 빼고 2㎝ 길이로 썬다.

2 양배추는 깨끗이 씻어 줄기는 저며내고 잎 부분만 우동면발과 비슷한 크기로 채 썬다.

3 당근도 깨끗이 씻어 우동면발과 비슷한 크기로 채 썬다.

4 닭가슴살을 작게 깍둑 썬다.

5 팬에 참기름을 두르고 준비한 당근과 양배추, 닭가슴살을 넣어 볶는다.

6 닭가슴살과 채소가 익으면 우동생면과 물을 넣고 볶다가 간장으로 간해 잠깐 더 볶는다.

7 접시에 옮겨 담은 후 깨소금을 뿌린다.

1-1

1-2

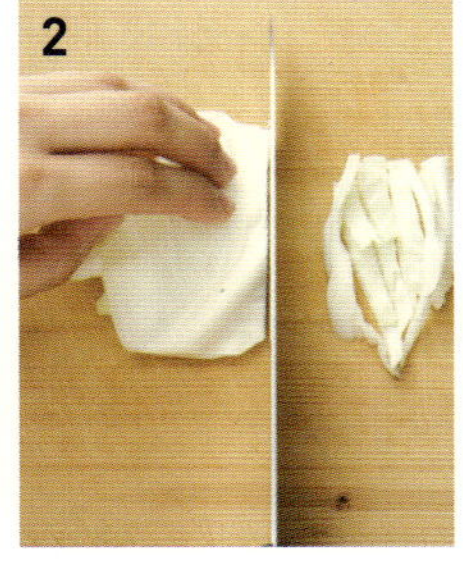

2

6

팽이버섯감자 된장국

버섯과 된장은 속열을 내려주며
특히 된장은 소화를 돕는 작용을 해서
열감기 후 남은 열기를 정리하고 원기회복을 도와줘요.

재료

감자 · · · 20g
배추속대 · · · 15g
팽이버섯 · · · 10g
멸치육수 · · · 1½컵
된장 · · · ½작은술

멸치육수 만들기는
39p 참조

만들기

1 감자는 깨끗이 씻어 껍질을 벗기고 반달모양으로 얇게 썬다.

2 배추속대는 1㎝ 길이로 썬다.

3 팽이버섯은 밑동을 잘라내고 1㎝ 길이로 썬다.

4 냄비에 멸치육수를 붓고 된장을 체에 내려 풀어서 끓인다.

5 4가 끓으면 준비한 감자, 배추속대, 팽이버섯을 넣고 재료가 무르게 익을
때까지 한소끔 더 끓인다.

검은깨감자전

검은깨는 뼈를 튼튼하게 하고 오장의 기능을 원활히 하여
뇌수를 보해줍니다. 한창 성장하는 아기의
두뇌발달은 물론 신체발달에도 좋아요.

 **재료**

검은깨 ··· 1큰술
감자 ··· 50g
게맛살 ··· 20g
브로콜리 ··· 20g
달걀 ··· 1개
밀가루 ··· 1큰술
올리브오일 ··· 약간

 **만들기**

1 검은깨는 물에 씻은 뒤 불순물을 골라내고 체에 걸러 물기를 뺀다. 팬에 살
   짝 볶아낸 후 종이타월로 감싸서 칼등으로 다진다.
   Tip 볶은 검은깨는 종이타월 안에 넣고 칼등으로 쳐서 다지면 여기저기 튀지 않아
       편해요.

2 감자는 깨끗이 씻어 껍질을 벗기고 삶아서 으깬다.

3 게맛살은 깨끗이 씻어 잘게 다진다.

4 브로콜리는 깨끗이 씻어 꽃송이만 잘라 잘게 다진다.

5 볼에 준비한 검은깨, 감자, 게맛살, 브로콜리, 달걀, 밀가루를 넣어 반죽을
   만든다.

6 팬에 올리브오일을 살짝 두르고 반죽을 적당한 크기로 떠 넣어 약한 불에
   서 노릇하게 굽는다.

달걀두부무국

달걀, 두부, 멸치에 무를 넣어 시원한 맛을 살린 국이에요.
무는 천연소화제라고 불릴 정도로
소화 작용을 돕는 좋은 식품이에요. 기침을 멎게 하고
속을 따뜻하게 해주어 설사에도 좋아요.

재료

두부 ··· 40g
무 ··· 20g
멸치육수 ··· 1컵
달걀 ··· ½개
송송 썬 실파 ··· 약간

만들기

1 두부는 찬물에 20분 정도 담갔다가 체에 받쳐 물기를 없애고 1㎝ 크기로 깍둑 썬다.

2 무는 깨끗이 씻어 껍질을 벗기고 1㎝ 길이로 얇게 채 썬다.

3 냄비에 멸치육수와 채 썬 무를 넣어 끓이다가 무가 익으면 준비한 두부를 넣는다.

4 한소끔 끓어오르면 달걀을 곱게 풀어 넣어 휘저은 뒤 송송 썬 실파를 넣어 한소끔 더 끓인다.

229

미역무채된장국

칼슘과 요오드가 많은 미역은
뼈와 치아를 튼튼하게 해주어
하루가 다르게 자라는 아기에게 좋은 식품이에요.
요오드는 두뇌 발달에 깊이 관여하는 갑상선호르몬의
영양소로 쓰이기 때문에 두뇌 발달에도 좋아요.

 **재료**

마른 미역 · · · 1g
무 · · · 10g
참기름 · · · 약간
멸치육수 · · · ¾컵
된장 · · · ½작은술

멸치육수 만들기는
39p 참조

 **만들기**

1 미역은 찬물에 30분 정도 담가 짠기를 빼고 주물러 씻은 뒤 여러 번 헹궈
2㎝ 길이로 썬다.

2 무는 깨끗이 씻어 껍질을 벗기고 2㎝ 길이로 가늘게 채 썬다.

3 냄비에 참기름을 두르고 손질한 미역과 무를 볶다가 멸치육수를 붓고 된
장을 체에 내려 푼다.

4 센 불에서 한소끔 끓인 뒤 불을 줄이고 국물이 잘 어우러지도록 재료가 익
을 때까지 끓인다.

쇠고기단호박 당근양파탕

쇠고기, 달걀 같은 단백질과 다양한 채소를
고루 먹일 수 있는 이유식이에요.
완자를 빚어 넣어 아기가 눈으로 보고
건져먹는 재미도 느낄 수 있어요.

재료

쇠고기 ··· 40g
단호박 ··· 10g
당근 ··· 5g
양파 ··· 5g
달걀노른자 ··· ½개
밀가루 ··· 1작은술
쇠고기육수 ··· 1컵

쇠고기육수 만들기는
37p 참조

만들기

1 쇠고기는 찬물에 담가 핏물을 빼고 종이타월로 물기를 제거한 후 곱게 다
진다.

2 단호박은 씨를 말끔히 긁어내고 껍질을 벗긴 뒤 푹 쪄서 0.3㎝ 크기로 깍
둑 썬다.

3 당근은 깨끗이 씻어 껍질을 벗기고 0.3㎝ 크기로 다진다.

4 양파는 껍질을 벗기고 깨끗이 씻어 0.3㎝ 크기로 다진다.

5 볼에 다진 쇠고기와 단호박, 당근, 양파, 달걀노른자, 밀가루를 넣고 잘
섞어 반죽해 아기가 먹기 좋은 크기로 동글동글하게 빚는다.

6 냄비에 5의 완자와 쇠고기육수를 부어 완자가 동동 뜰 때까지 센 불에서
끓인다.

미역멸치 양송이버섯밥

뼈와 치아를 튼튼하게 해주는 미역과 멸치가
함께 들어간 이유식이에요. 식물성섬유질이 많은
양송이버섯까지 더해져 소화 활동도
활발하게 해줘요.

재료

마른 미역 · · · 1g
양송이버섯 · · · 10g
잔멸치 · · · 5마리
참기름 · · · ½작은술
진밥 · · · 50g

만들기

1 미역은 찬물에 30분 정도 담가 짠기를 빼고 주물러 씻은 뒤 여러 번 행군
다. 끓는 물에 삶은 뒤 건져서 잘게 채 썬다. 미역 삶은 물은 따로 받아둔다.

2 양송이버섯은 갓 부분만 준비해 깨끗이 씻어 끓는 물에 데친 뒤 건져서 잘
게 썬다.

3 잔멸치는 끓는 물에 데쳐 짠기를 빼낸 뒤 물기를 제거해서 핸드 블렌더로
곱게 간다.

4 냄비에 참기름을 두르고 미역을 볶다가 미역 삶은 물 3큰술과 준비한
진밥, 양송이버섯과 멸치를 넣고 재료가 푹 익을 때까지 끓인다.

두부채소버거

명절에 자주 만들어 먹는 동그랑땡과 비슷해요.
미리 넉넉하게 만들어 냉동실에 넣어두었다가
꺼내서 먹여도 좋아요.

재료

당근 ··· 20g
양파 ··· 20g
두부 ··· 80g
달걀노른자 ··· 1개
밀가루 ··· 1큰술
소금 ··· 약간
올리브오일 ··· 약간

2-1

2-2

2-3

만들기

1 당근과 양파는 껍질을 벗기고 깨끗이 씻어 0.3㎝ 크기로 다진다.

2 두부는 찬물에 20분 정도 담갔다가 끓는 물에 데친 후 체에 밭쳐 물기를
  뺀 뒤 살짝 으깬다.

3 볼에 으깬 두부와 다진 채소, 달걀노른자, 밀가루를 넣고 소금을 약간 뿌린
  뒤 잘 치대어 지름 3㎝ 크기로 둥글납작하게 빚는다.

4 팬에 올리브오일을 두르고 약한 불에서 둥글납작하게 빚은 반죽을 앞뒤로
  뒤집어가며 노릇하게 지진다.

유자카레덮밥

위를 건강하게 해주는 유자는
소화기능이 떨어져 자주 체하는 아기에게 특히 좋아요.
감기에도 좋아 기침을 멎게 하며 백일해나
식욕감퇴 등의 증상도 완화시켜줘요.
첫돌 지난 아기라면 올리고당에 재워 차로
먹여도 좋아요.

 **재료**

유자 껍질 … 10g
감자 … 20g
양파 … 10g
당근 … 10g
쇠고기 … 20g
올리브오일 … 1큰술
채소육수 … ⅔컵
안 매운 카레가루 … 1큰술
사과즙 … 1큰술
밥 … 70g

채소육수 만들기는
38p 참조

 **만들기**

1 유자 껍질은 속의 흰 부분은 제거하고 껍질만 끓는 물에 살짝 데쳐 가늘게
채 썬다.

2 감자는 깨끗이 씻어 껍질을 벗겨 0.7㎝ 크기로 채 썬다.

3 양파는 깨끗이 씻어 껍질을 벗겨 0.7㎝ 크기로 채 썬다.

4 당근은 깨끗이 씻어 껍질을 벗겨 0.7㎝ 크기로 채 썬다.

5 쇠고기는 기름을 제거하고 1㎝ 크기로 채 썬다.

6 냄비에 올리브오일을 두르고 준비한 유자 껍질과 감자, 양파, 당근, 쇠고기
를 넣어 살짝 볶는다.

7 그릇에 채소육수와 카레가루를 넣어 잘 갠 뒤 **6**에 붓고 센 불에서 끓인다.

8 중간에 생기는 거품을 걷어 내가며 10분쯤 더 끓이다가 채소가 푹 익으면
사과즙을 넣는다.

9 그릇에 밥을 담고 카레를 올린다.

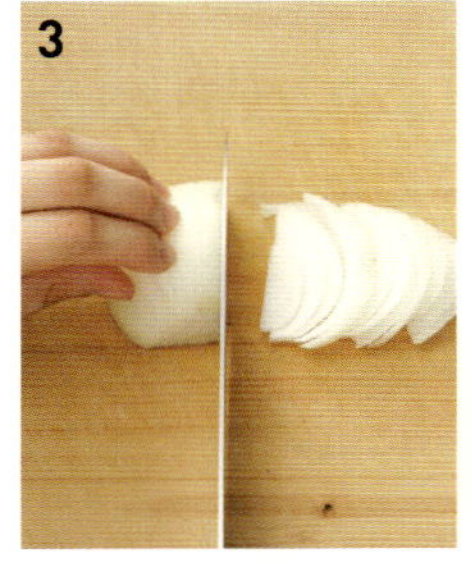

채소소스
두부스테이크

'밭에서 나는 쇠고기'라 불리는
두부는 올리고당이 많아
장운동을 돕고 소화흡수에도 좋아요.
사용하고 남은 두부를 보관할 때는
물에 소금을 약간 뿌려 담가두면
맛과 신선도를 좀 더 오래 유지할 수 있어요.

재료

두부 · · · 50g	**채소소스**	
올리브오일 · · · 약간	당근 · · · 10g	
	양파 · · · 5g	
	피망 · · · 5g	
	버터 · · · ¼작은술	
	간장 · · · ¼작은술	
	쇠고기육수 · · · 3큰술	쇠고기육수 만들기는 37p 참조

만들기

1 두부는 찬물에 20분 정도 담갔다가 체에 밭쳐 물기를 제거하고 1㎝ 크기로 깍둑 썬다.

2 당근과 양파, 피망은 깨끗이 씻어 0.3㎝ 크기로 다진다.

3 달군 팬에 올리브오일을 약간 두르고 두부를 노릇하게 지져 꺼내둔다.

4 팬에 버터를 녹이고 준비한 채소를 볶다가 간장으로 간을 하고 쇠고기육수를 넣어 물이 자작자작하게 남아 있을 때까지 끓여서 **채소소스**를 만든다.

5 접시에 노릇하게 지진 두부를 담고 **4**의 소스를 골고루 끼얹는다.

스크램블에그

달걀이 덩어리지지 않게 하려면
달걀물을 체에 한 번 걸러서 만드세요.
스크램블에그가 좀 더 부드러워져요.
달걀을 기본으로 버섯이나 당근, 양파 등
채소를 더해도 좋아요.

 **재료**

달걀 ··· 1개
분유물 ··· 1큰술(분유 또는 모유:물=1:1)
버터 ··· ¼작은술

 **만들기**

1 볼에 달걀을 깨서 넣고 분유물을 섞어 잘 풀어놓는다.

2 팬에 버터를 녹인 뒤 **1**의 달걀물을 붓고 약한 불에서 나무주걱이나 젓가
  락으로 저어가면서 완전히 익힌다.

단호박 불고기덮밥

단호박은 대표적인 녹황색 채소로 카로틴이 풍부해
감기에 대한 저항력을 키워줘요.
비타민과 미네랄도 풍부해
신진대사도 활발하게 해줍니다.
아기에게 천연의 단맛을 느끼게 할 수 있어 초기는 물론
완료기 이후에도 즐겨 사용되는 식재료입니다.

 **재료**

쇠고기 (불고기용) ··· 50g		**불고기양념장**
단호박 ··· 30g		간장 ··· ½작은술
양파 ··· 10g		참기름, 깨소금 ··· 약간씩
당근 ··· 10g		쇠고기 육수 ··· ½컵
밥 ··· 50g		
깨소금 ··· 약간		

2

 **만들기**

1 쇠고기는 불고기용으로 준비해 잘게 썬 뒤 볼에 **불고기양념장**과 함께 넣고 20분간 재운다.

2 단호박은 깨끗이 씻어 씨를 말끔히 긁어내서 찜통에 푹 찐다. 껍질을 벗긴 뒤 속만 골라낸 으깬다.

3 양파와 당근을 껍질을 벗기고 깨끗이 씻어 1㎝ 크기로 채 썬다.

4 팬에 재운 쇠고기를 넣어 볶다가 양념이 끓기 시작하면 손질한 단호박과 양파를 넣고 함께 볶는다.

5 그릇에 밥을 담고 **4**의 불고기를 적당량 올린 뒤 깨소금을 뿌린다.

깨소스시금치 두부무침

깨는 두뇌 발달에도 좋지만 소화효소가 들어있어
평소 잘 체하거나 배가 자주 아픈 아기에게
먹이면 효과를 볼 수 있어요.

재료

두부 … 50g
시금치 … 30g

깨소스
참깨 … 1작은술
간장 … ¼작은술
참기름 … 약간

만들기

1 두부는 찬물에 20분 정도 담갔다가 끓는 물에 데친 뒤 체에 받쳐 물기를
  뺀 뒤 으깬다.
2 시금치는 잎 부분만 깨끗이 씻어 끓는 물에 데친 뒤 찬물에 헹궈 물기를 짜
  내고 곱게 다진다.
3 그릇에 참깨, 간장, 참기름을 넣고 잘 섞어서 **깨소스**를 만든다.
4 볼에 준비한 두부와 시금치, **깨소스**를 넣어 고루 버무린다.

귤 팬케이크

팬케이크를 익힐 때 기름이 많으면
색깔이 예쁘게 나지 않고 타기 쉬워요.
코팅 팬을 이용하면 기름 없이 쉽게 구울 수 있어요.
약한 불로 은근히 구워야 한다는 점, 잊지 마세요!

재료

귤 · · · 20g
밀가루(박력분) · · · 2큰술
베이킹파우더 · · · ½작은술
설탕 · · · 1작은술
버터 · · · ¼작은술
달걀노른자 · · · 1개
분유물 · · · 2큰술(분유 또는 모유:물=1:1)

5 

6 

만들기

1 귤은 속껍질을 벗겨 과육만 발라내 0.3㎝ 크기로 썬다.

2 밀가루와 베이킹파우더, 설탕을 섞어 고운체에 내린다.

3 **2**에 녹인 버터, 달걀노른자, 분유물을 잘 섞은 뒤 귤을 넣어 반죽한다.

4 키위와 사과는 껍질을 벗기고 과육만 발라내 작게 깍둑 썬다.

5 종이타월에 올리브오일을 묻혀 달군 팬에 골고루 문질러준 뒤 반죽을 적
　당한 크기로 떠놓고 불을 약하게 줄여 뚜껑을 덮어 굽는다.

6 반죽 윗면에 구멍이 송송 나면 뒤집어서 앞뒤로 노릇하게 굽는다. 접시에
　옮겨담아 맨 위에 **4**의 과일을 얹는다.

두부딸기쉐이크

특별한 천연 음료를 만들어보세요.
두부에 딸기 외에도 여러 가지 제철 과일을 넣어
다양한 맛과 향, 질감을 경험하게 해주세요.

 **재료**

두부 ··· ½모
딸기 ··· 20g
우유 ··· ½컵

 **만들기**

1 두부는 흐르는 물에 헹궈 물기를 뺀 뒤 핸드 블렌더에 넣고 간다.

2 1에 손질한 딸기와 우유를 넣고 다시 한 번 간다.

3 아기 입맛에 따라 올리고당을 넣거나 호두가루, 땅콩가루 등의 견과류를
  살짝 뿌린다.

식빵과일푸딩

복숭아, 키위, 파인애플 등의 과일은 알레르기가 없는 경우
첫돌이 지나면 먹일 수 있어요.
식빵과 함께 푸딩으로 만들어주면 맛도 좋고
부드러워서 아기가 잘 먹어요.

재료

식빵 · · · 1장
복숭아 · · · 15g
키위 · · · 5g
달걀 · · · 1개
우유 · · · ¼컵
설탕 · · · ½작은술

만들기

1 식빵은 가장자리를 잘라내고 4~8등분한다.

2 복숭아는 깨끗이 씻어서 껍질을 벗기고 반달 모양으로 썬다.

3 키위는 껍질을 벗기고 얇게 썬다.

4 그릇에 달걀과 우유, 설탕을 넣고 거품기로 잘 섞은 다음 체에 내린다.

5 **4**에 식빵 썬 것을 담가 우유달걀물이 빵에 촉촉하게 스며들게 한다.

6 식빵 사이에 복숭아, 키위를 넣고 김이 오른 찜통에 얹어 12분 정도 찐다.

홍시요구르트

홍시는 소화를 돕고 설사 증상에 좋은 영양간식이에요.
제철인 가을에 미리 사두어 냉동실에 넣어두면
이듬해 여름까지 먹일 수 있어요.
다만 바나나와 함께 먹으면 철분 흡수를
방해할 수 있고 너무 많이 먹으면 변비가 생길 수 있으니
주의하세요.

재료

홍시 ··· ¼개
한천가루 ··· 5g
물 ··· 2큰술
우유 ··· 1컵
플레인 요구르트 ··· 2작은술

만들기

1 홍시는 껍질을 벗기고 씨를 뺀 다음 숟가락으로 긁어내 으깬다.

2 한천가루에 물 2큰술을 넣어서 10분쯤 불린다.

3 냄비에 우유를 붓고 약한 불에서 따뜻하게 데워질 정도로 끓이다가 불을
끄고 홍시를 넣어 섞는다.

4 **3**에 한천가루 녹인 물을 섞은 다음 체온과 비슷하게 식으면 플레인 요구
르트를 넣어 섞는다.

5 실온에서 12~18시간 정도 두었다가 냉장고에 넣고 차가워지면 먹인다.

김달걀볶음

단백질, 비타민, 미네랄이 풍부한 김과 달걀이 함께 들어가
영양도 2배 더 많은 이유식이에요.

 **재료**

생김 ··· ¼장
달걀 ··· 1개
분유물 ··· 1큰술(분유 또는 모유 : 물 = 1:1)
버터 ··· ¼작은술

 **만들기**

1 조미되지 않은 생김을 불에 살짝 구워 봉지에 담아 비벼 잘게 부순다.

2 달걀에 분유물을 섞어 잘 풀어 놓는다.

3 팬에 버터를 녹인 뒤 중간 불에서 김 부순 것을 볶다가 **2**를 붓고 약한 불에
서 나무주걱이나 젓가락으로 저어가며 완전히 익힌다.

채소김주먹밥

 **재료**

가지 ··· 20g
시금치 ··· 20g
참기름 ··· 약간
깨소금 ··· 약간
숙주 ··· 10g
올리브오일 ··· 조금
진밥 ··· 50g
생김 ··· ¼장

진밥 만들기는
34p 참조

 **만들기**

1 가지는 꼭지를 떼어내고 깨끗이 씻은 뒤 반 갈라 끓는 물에 살짝 데쳐서 1㎝ 길이로 썬다.

2 시금치는 줄기를 잘라내고 잎 부분만 깨끗이 씻어 끓는 물에 데친 뒤 찬물에 헹궈 물기를 짜내고 잘게 다진다.

3 볼에 준비한 가지와 시금치를 넣고 참기름, 깨소금으로 버무린다.

4 숙주는 머리와 뿌리를 다듬어 깨끗이 씻은 후 끓는 물에 데쳐 물기를 짜내고 1㎝ 크기로 썬다.

5 팬에 올리브오일을 두르고 준비된 채소와 진밥을 넣어 볶는다.

6 김은 0.5㎝ 두께로 자른 후 **5**의 밥을 2㎝ 크기의 원기둥 모양으로 뭉쳐 가운데를 돌돌 만다.

연두부
시금치우동

생우동면을 쫄깃하게 삶는 방법을 알려드릴게요.
생우동면의 10~20배 되는 양의 물을 불에 올리고
물이 끓어오르면 우동을 넣고 곧바로 긴 젓가락으로
면이 붙지 않게 8자 모양으로 저어줍니다.
가능하면 센 불로 끓이고 물이 넘칠 때는
찬물을 조금씩 부어 가면서
면의 중심까지 익히는 게 중요해요.
다 익으면 찬물이나 얼음물로 헹궈주세요.

1

재료

생우동면 ··· 40g
시금치 ··· 30g
멸치육수 ··· 1½컵
연두부 ··· 40g

멸치육수
만들기는 39p 참조

만들기

1 생우동면은 적당한 크기로 잘라 끓는 물에 데친 후 찬물에 헹군다.

2 시금치는 줄기는 잘라내고 잎 부분만 깨끗이 씻어 잘게 다진다.

3 멸치육수에 연두부를 숟가락으로 떠서 넣고 다진 시금치를 넣어 끓인다.

4 그릇에 우동면발을 담고 끓인 육수를 붓는다.

대추곶감전

대추는 약한 위장과 오장육부를 튼튼하게 해줘요.
특히 말린 대추에는 당질, 철, 칼슘이 많은데,
피를 보하는 약재로 많이 쓰여 몸속에서
수분과 진액을 만들어줘요.
설사, 식욕부진이 있는 아기에게 먹이면 좋아요.

 **재료**

마른 대추 ··· 1개
잣 ··· 1개
호두 ··· 1개
곶감 ··· ¼개
찹쌀가루 ··· 60g
뜨거운 물 ··· ⅓컵
올리브오일 ··· 약간

 **만들기**

5-1

5-2

1 마른 대추는 물에 5분 정도 불린 뒤 돌려 깎기해 씨를 발라내고 밀대로 밀어 곱게 다진다.

2 잣은 고깔을 떼어낸다.

3 호두는 속껍질까지 말끔히 벗겨서 다진다.

4 곶감은 반으로 저며 씨를 발라내고 밀대로 편편하게 민 후 곱게 다진다.

5 볼에 찹쌀가루, 다진 대추, 잣, 호두, 곶감을 고루 섞은 뒤 뜨거운 물 ⅓컵을 넣어 반죽한 후 지름 4㎝ 크기로 둥글납작하게 빚는다.

6 팬에 올리브오일을 약간 두르고 반죽을 놓아 말갛게 익으면 뒤집어 지진다.

양송이버섯 달걀노른자찜

아기가 좋아하는 재료는 물론 싫어하는 재료도
다져넣어 먹일 수 있는 이유식이에요.
달걀찜은 센 불에서 단시간에 조리하면
겉과 속이 거칠어져요.
약한 불에서 천천히 익히거나 중탕으로 찌세요.

재료

달걀노른자 · · · 1개
다시마육수 · · · ¼컵
양송이버섯 · · · 10g

다시마육수 만들기는
38p 참조

만들기

1 달걀노른자와 다시마육수를 섞어 잘 푼 뒤 체에 내린다.

2 양송이버섯은 갓 부분만 준비해 껍질을 벗겨내고 물에 헹군 뒤 0.5㎝ 크기
　로 다진다.

3 그릇에 **1**의 달걀물을 반쯤 담고 양송이버섯을 넣어 잘 섞은 후 남은 달걀
　물을 붓는다.

4 김이 오른 찜통에 **3**을 넣고 뚜껑을 마른 행주로 덮은 후 센 불에서 2분 정
　도 찌다가 약한 불로 줄여서 12~15분간 찐다.

키위소스 연어스테이크

연어는 다른 생선에 비해 비타민 A, D가 많이 들어 있고
특히 질감이 부드럽고 비리지 않아
이유식 재료로 다양하게 활용할 수 있어요.
단 지방함량이 높으므로 장이 약하거나
알레르기가 있는 아기는 첫돌 이후에 먹이세요.

 **재료**

스테이크용 연어 ··· 60g
버터 ··· ½작은술

키위소스
키위 ··· 30g
플레인 요구르트 ··· 1큰술

 **만들기**

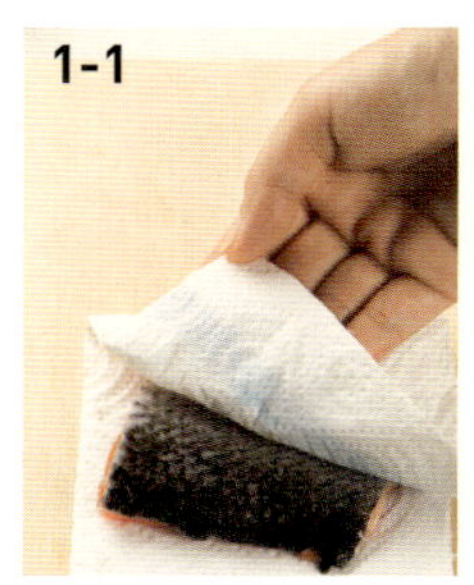

1 연어는 스테이크용으로 준비해 흐르는 물에 씻어 종이타월로 물기를 제거
하고 껍질을 벗겨낸다.

2 키위는 껍질을 벗기고 강판에 갈아 플레인 요구르트를 섞어 키위 소스를
만든다.

3 달군 팬에 버터를 녹이고 연어를 굽는다. 연어가 속까지 잘 익고 타지 않도
록 주의해가며 한쪽 면이 익으면 뒤집어 다른 쪽을 익힌다.

4 연어가 완전히 익으면 접시에 담고 키위소스를 끼얹는다.

옥수수
건포도머핀

옥수수는 트립파톤이라는 성분이 풍부해
비장을 튼튼하게 하고 위장을 편안하게 해줘요.
또 잠을 편하게 잘 수 있게 해줘
죽으로 끓여 먹으면 숙면에 도움이 돼요.

 재료

옥수수가루 ··· 20g
밀가루 ··· 20g
베이킹파우더 ··· 2g
달걀 ··· ½개
설탕 ··· 1작은술
우유 ··· ⅓컵
찐 옥수수 알맹이 ··· 10g
건포도 ··· 5g

만들기

1 옥수수가루, 밀가루, 베이킹파우더를 섞어 체에 내린다.

2 볼에 달걀을 풀고 설탕을 넣어 충분히 젓는다.

3 2에 우유를 넣어 섞은 후 1과 찐 옥수수 알맹이, 건포도를 넣고 섞는다.

4 3을 머핀 컵의 ⅓ 높이까지 붓는다.

5 170℃로 예열한 오븐에 20분간 구운 다음 꺼내서 식힌다.

쇠고기두부양파 시금치전

두부는 대두로 만들기 때문에 알레르기가 있는
아기에게 먹일 때는 조심해야 해요.
우선 양을 적게 먹여보고 반응을 살펴가며 진행하세요.

 **재료**

쇠고기 ··· 20g
두부 ··· 20g
양파 ··· 10g
시금치 ··· 10g
달걀노른자 ··· 1개
밀가루 ··· 1큰술
물 ··· 1큰술
올리브오일 ··· 약간

 **만들기**

1 쇠고기는 찬물에 담가 핏물을 제거하고 종이타월로 물기를 뺀 후 곱게 다
진다.

2 두부는 찬물에 20분 정도 담갔다가 끓는 물에 데친 뒤 건져 물기를 빼고
곱게 으깬다.

3 양파는 껍질을 벗기고 깨끗이 씻은 후 0.5cm 크기로 다진다.

4 시금치는 줄기를 잘라내고 잎 부분만 깨끗이 씻어 끓는 물에 데친 후 찬물
에 헹궈 물기를 짠 뒤 0.5cm 크기로 다진다.

5 볼에 다진 쇠고기, 으깬 두부, 다진 양파와 시금치, 달걀노른자, 밀가루, 물
1큰술을 넣고 잘 섞어 반죽한다.

6 종이타월에 올리브오일을 약간 묻혀 팬에 바른 뒤 팬이 달궈지면 반죽을
한 숟가락씩 떠놓아 노릇노릇하게 부친다.

6-1

6-2

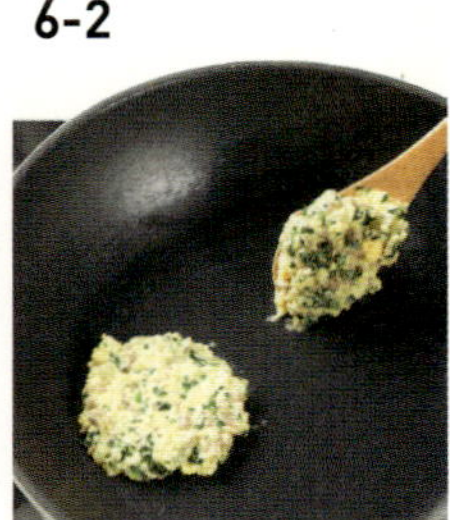

바지락애호박 당근진밥

정약전의 〈자산어보〉에는 천합(淺蛤)이란 이름으로
'살도 풍부하고 맛이 좋다'라고 씌어 있어요.
칼슘, 철, 인, 비타민 B2가 풍부하고
담즙분비, 간장기능을 도와줍니다.

재료

바지락살 ··· 15g
애호박 ··· 10g
당근 ··· 10g
참기름 ··· 약간
진밥 ··· 40g
물 ··· ½컵

진밥 만들기는
34p 참조

만들기

1 바지락살은 깨끗이 씻어 검은 내장을 빼내고 0.5㎝ 크기로 다진다.

2 애호박은 깨끗이 씻어 돌려 깎고 씨는 버린 후 연두색 부분만 0.5㎝ 크기
로 다진다.

3 당근은 깨끗이 씻어 껍질을 벗기고 0.5㎝ 크기로 다진다.

4 냄비에 참기름을 두르고 **1**의 바지락살을 넣고 볶다가 진밥과 잘게 다진
애호박, 당근을 넣고 고루 섞은 뒤 물 ½컵을 붓고 끓인다.

5 한소끔 끓어 오르면 약한 불로 줄이고 눌어붙지 않게 잘 저어가며 바지락
살과 채소가 다 익을 때까지 끓인다.

조갯살미역진밥

아기들은 이유식에서 조금만 비린내가 나도
고개를 돌려 버려요. 조갯살은 탄력이 있고 냄새가 나지 않는
신선한 것을 골라 꼼꼼하게 다듬어야 해요.
조갯살의 쫄깃쫄깃한 식감과 함께 미역, 다시마육수까지!
바다의 맛을 느끼게 해주세요.

재료

조갯살 ··· 15g
미역 ··· 10g
참기름 ··· 약간
진밥 ··· 40g
다시마육수 ··· ½컵

진밥 만들기는
34p 참조

다시마육수 만들기는
38p 참조

만들기

1 조갯살은 깨끗이 씻어 검은 내장을 빼내고 0.3㎝ 크기로 다진다.

2 미역은 부드럽게 불린 다음 바락바락 주물러 여러 번 씻은 후 물기를 짜내
   고 0.5㎝ 크기로 다진다.

3 냄비에 다진 조갯살과 미역, 참기름을 넣고 볶는다.

4 3에 진밥, 다시마육수를 넣고 조갯살이 완전히 익을 때까지 끓인다.

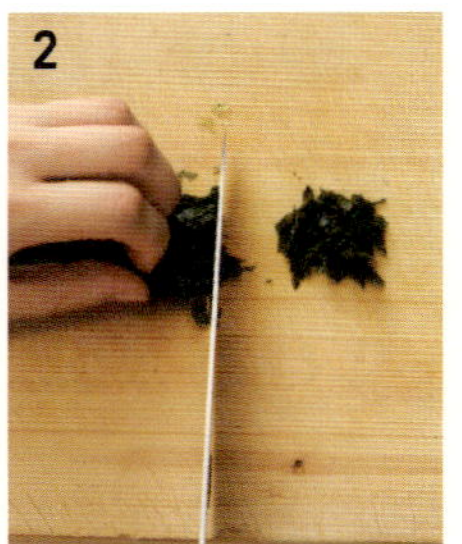

잔멸치부추전

멸치에는 단백질과 칼슘, 각종 무기질이 풍부해
아기의 성장 발육에 탁월한 효과가 있어요.
부추는 몸속의 나트륨을 배출하는 역할을 하는데,
봄 부추는 인삼보다 좋다는 말이 있을 정도랍니다.

재료

잔멸치 ··· 1큰술
부추 ··· 10g
밀가루 ··· 1큰술
물 ··· 1큰술
달걀노른자 ··· 1개
올리브오일 ··· 약간

만들기

1 잔멸치는 찬물에 담가 짠기를 완전히 뺀 후 종이타월로 물기를 닦는다.

2 기름을 두르지 않은 팬에 손질한 멸치를 노릇노릇하고 구수한 냄새가 날 때까지 볶은 후 잘게 다진다.

3 부추는 깨끗이 손질해서 씻은 후 0.5㎝ 길이로 다진다.

4 준비한 밀가루, 물, 달걀노른자를 섞어 반죽을 만든 뒤 잔멸치와 부추를 섞는다.

5 종이타월에 올리브오일을 약간 묻혀 팬에 바른 뒤 팬이 달궈지면 반죽을 한 숟가락씩 떠놓아 노릇노릇하게 부친다.

시금치빵

채소 중 면역력을 길러주는 비타민 A가 가장 많은
시금치를 넣어 만든 빵입니다.
단, 알레르기가 있는 아기는 피해야 해요.
이 경우 밀가루뿐만 아니라 달걀과 우유 등으로
만든 음식에도 알레르기 반응을 일으킬 수 있어요.
인스턴트식품이나 시판 카레, 간장, 소스 등도 조심하세요.

 **재료**

달걀 ··· ½개
설탕 ··· 1큰술
우유 ··· ¼컵
올리브오일 ··· ½큰술
박력분 ··· ½컵
베이킹파우더 ··· ½큰술
시금치 ··· 15g

 **만들기**

1 볼에 달걀, 설탕을 넣고 거품기로 잘 섞은 후 우유와 올리브오일을 넣어 고
 루 섞는다.
2 박력분과 베이킹파우더는 고운체에 내려 **1**과 섞는다.
3 시금치는 잎 부분만 끓는 물에 데쳐서 물기를 짠 다음 0.5㎝ 크기로 다진
 다.
4 **2**의 반죽에 다진 시금치를 넣고 잘 섞어서 베이킹 컵에 7할 정도 되게 담
 는다.
5 김이 오른 찜통에 **4**를 넣고 15분 정도 쪄낸다.

은행케이크

은행은 가래를 삭이고 기침을 멎게 하며
숨찬 증세를 낫게 해줘요.
아기가 밤에 오줌을 잘 못 가리거나
설사를 자주 할 때 죽으로 만들어 먹여도 좋아요.

 재료

쌀 ··· 20g
찹쌀 ··· 20g
물 ··· ⅓컵
은행 ··· 1~2알
단호박 ··· 20g
당근 ··· 10g

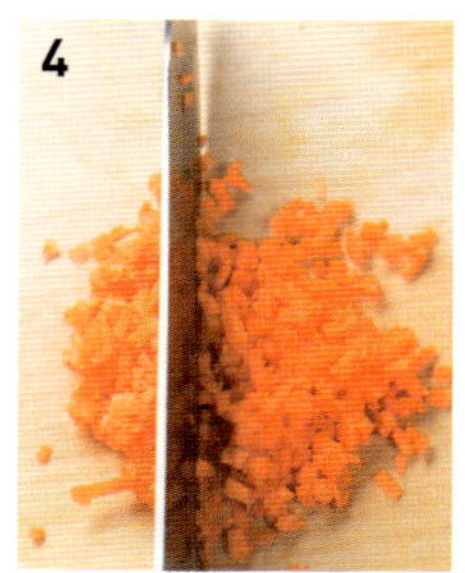

 만들기

1 쌀과 찹쌀은 1시간 정도 불려 체에 밭쳐 물기를 뺀 뒤 분쇄기에 살짝 간다.
  물을 넣어 진밥을 짓는다.

2 은행은 팬에 살짝 볶아 종이타월 위에 올려놓고 비벼가면서 껍질을 벗긴
  뒤 곱게 다진다.

3 단호박은 껍질을 벗겨 씨를 말끔히 긁어내고 작게 썬 후 찜통에 쪄서 으
  깬다.

4 당근은 깨끗이 씻어 껍질을 벗기고 삶아서 곱게 다진다.

5 1의 진밥을 절구에 넣고 살짝 으깨서 차지게 한 뒤 3등분으로 나눈다.

6 3등분으로 나눈 밥을 하나씩 지름 3㎝ 정도로 둥글넓적하게 빚은 뒤 그 위에
  다진 단호박, 진밥, 다진 당근, 진밥, 다진 은행 순서로 올려서 층을 만든다.

Tip 쿠키 틀을 이용하면 좀 더 쉽고 예쁘게 모양을 만들 수 있어요.

255

Q 돌이 지났는데도 젖병을 떼려 하지 않아요. 밥도 잘 안 먹어요.

A 젖병을 끊는 시기에 대한 정답은 없습니다. 생후 9개월부터 끊어도 된다는 이론부터 3세까지 먹여도 된다는 이론 모두 나름대로의 일리가 있어요. 어쨌든 젖병을 끊는 일은 미리 충분한 시간을 두고 준비해 엄마와 아기가 함께 타협해서 진행하는 것이 바람직하다는 의견이 공통적입이에요. 우리나라에서는 대개 첫돌에서 두 돌 이전에 끊는 것이 바람직하다고 봅니다. 그 시기가 되면 아기가 다양한 음식을 좋아하게 되고 자연스레 젖병을 필요로 하지 않게 됩니다. 아기가 젖병을 떼려 하지 않는다면 젖병 무는 시간에 좋아하는 죽을 조금 주는 것을 시작으로 점차 고형식으로 진행해 차츰 멀리하는 방법이 가장 좋습니다.

Q 아기 몸무게가 또래 표준보다 더 나가요.
비만이 될까봐 걱정인데 저지방 우유로 바꾸는 게 좋을까요?

A 아기가 아직은 급성장하는 시기에 있으므로 단순히 표준체중보다 더 나간다는 이유로 무리하게 저지방 우유를 먹일 필요는 없습니다. 아직은 체내에 지방이 과다하게 축적되기보다는 뇌의 발달, 여러 기관의 발달에 지방이 사용되기 때문입니다. 특히 지방을 거의 제거한 탈지우유나 저지방 우유를 지속적으로 먹일 경우 고장성탈수나 염분과잉이 생길 수 있으므로 주의해야 합니다.

Q 첫돌이 지났는데 음식에 간을 해도 되나요?

A 이 시기에는 아주 자극적이거나 향이 강한 것을 제외하고는 약간의 간을 해도 됩니다. 특히 주의해야 할 것은 짜게 먹는 음식이에요, 아기의 입맛을 일찍 고정시켜 당장은 신장에 부담을 줄 수 있고 미래에는 고혈압, 신장질환 등의 성인병에 노출될 가능성을 높입니다. 이 시기에는 아기에게 먹일 것과 어른이 먹을 음식을 함께 하는 일이 많아지는데 이때에는 간을 하기 전에 미리 아기용 음식을 덜어내고 어른 음식은 추가로 간을 하도록 합니다.

Q 병원에서 아기가 비만이래요. 이유식 섭취량을 줄여야 하나요?

A 이 시기의 아기에게는 비만보다는 체중이 많이 나간다는 표현이 더 적절합니다. 만약 그동안 아기가 먹은 음식이 고지방, 고칼로리 위주였고 과식을 하고 있었다면 음식의 양을 조절하는 것이 맞겠지만 실질적으로 이 시기의 아기가 고지방, 고칼로리의 음식을 먹는 경우는 거의 없습니다. 이때는

이유식 섭취량을 줄이기보다 고지방, 고칼로리 음식을 조절하고 조리법을 바꾸는 게 바람직합니다. 부모가 비만인 경우 아기까지 소아비만이 될 확률이 높아지는 가장 큰 이유는 부모로부터 이어지는 식습관 때문입니다. 아기가 성장할수록 식단에 각별히 주의하세요.

Q 아직 모유를 더 많이 먹고 이유식은 적게 먹어요.

A 지금은 이유식이 주식이 되고 모유를 간식으로 먹는 습관을 들일 때입니다. 아직도 모유 수유를 하루 4~5회 정도 한다면 모유를 먹이는 시간에 평소 아기가 좋아하는 재료로 만든 죽을 소량씩 먹여서 공복을 해결하도록 시도하세요. 조금이라도 먹기 시작하면 그 시간에 혹 젖을 찾더라도 오래 빨지 않게 됩니다. 2주 정도 시간을 두고 천천히 진행해야 아기가 무리 없이 수유량을 줄일 수 있어요.

Q 어른이 먹는 주스를 먹여도 되나요?

A 이 시기에는 어른이 먹는 주스를 먹어도 특별히 문제되지는 않습니다. 단, 가급적 무가당 제품을 선택해야 아기가 단맛에 일찍 길들여지는 것을 막을 수 있어 건강을 지키는 데 유리합니다. 특히 과일에는 비타민 이외에도 몸에 좋은 많은 성분들이 함유되어 있으므로 가급적 직접 만들어 생과일주스의 형태로 먹이고, 성분이 완전히 파괴되지 않도록 약간 덩어리 있게 만들어주세요.

Q 아기가 좋아하는 것만 먹으려고 해요. 억지로라도 이것저것 먹여야 할까요?

A 아기가 좋아하는 것만 먹으면 균형 있는 영양섭취가 이뤄지지 않아요. 그렇다고 싫어하는 음식을 억지로 먹이면 거부감을 더 키울 수 있어요. 이 시기의 아기는 호기심이 많기 때문에 특별히 나쁜 기억이 아니라면 오래 지나지 않아 잊어버립니다. 꼭 먹여야 하는데 거부하는 음식이 있다면 1~2주 후에 조리법을 바꾸어서 다시 시도해보세요.

Q 변을 볼 때마다 힘들어해요.

A 완료기에 대변을 보기 힘들어한다면 음식에 대한 적응과정으로 보기는 어렵습니다. 변을 매일 보는 것만이 정상은 아니지만 매번 힘들어하고 단단한 변을 본다면 우선 수분섭취를 늘리고, 섬유질이 많은 채소와 과일을 충분히 먹여 대변을 보기 유리한 조건을 만들어야 합니다. 또한 아직은 다양한 음식을 먹지 못하므로 장에 좋은 유산균, 프로바이오틱균 등을 먹이는 것도 고려해볼 수 있습니다. 만약 이런 음식이나 건강기능식품으로도 조절이 안 되고 항문에 출혈이 있거나 대변보는 것을 싫어하면 빨리 의료적인 조치를 선택해야 합니다.

Q 튀김 같은 기름진 음식도 먹일 수 있나요?

A 튀김처럼 기름진 음식은 소화가 잘 되지 않아 대변을 묽게 하고 소화에 부담을 줍니다. 올리브오일을 쓸 경우 맛이 줄어드는 단점이 있지만 아직 다양한 음식을 접하지 않았던 완료기의 아기에게는 더 적합합니다. 다만 기름기에 대한 소화력이 떨어질 경우 어느 정도 시간이 지난 후 다시 먹이도록 하세요. 이때 유전자변형제품으로 의심될 수 있는 콩기름이나 옥수수기름보다는 포도씨유나 올리브오일을 선택하되 되도록 적은 양을 사용하세요.

Q 첫돌이 지나서도 잘 씹지 않고 밥을 물고 있는 아기, 왜 그럴까요?

A 우선 아기가 음식을 제대로 씹는지부터 확인해야 합니다. 아기가 직접 음식을 씹으며 맛과 질감을 체험하는 것이 뇌에 자극을 줄 뿐만 아니라 씹는 행위 자체가 정신활동에 영향을 줄 수 있는데, 이유식을 진행하는 과정에서 충분히 겪지 못할 경우 씹는 행위에 흥미를 느끼지 못할 수 있어요. 비위기능이 약해서 그런 경우도 있습니다. 비위기능이 약하면 밥을 소화시키는 것이 부담되는데 이 때문에 밥을 먹을 의욕이 나지 않아 잘 안 씹는 것입니다. 특히 간과 신장의 기능이 약할 경우 씹는 힘이 약해집니다. 속열이 많아도 아기가 밥을 그냥 물고 있을 수 있습니다. 이 경우 아기가 밥을 먹으면서 계속 물을 찾게 되어 밥 한 숟가락 먹고, 물 한 모금 먹고 하는 식의 식습관을 갖게 됩니다. 이런 아기는 속에 열이 들어차 있어서 성질이 차가운 것들을 좋아하고, 입에 침이 잘 고이지 않아서 밥을 입안에 꾹 물고 있는 경우가 많습니다. 엄마와 아빠의 식습관도 점검해보세요. 밥을 급하게 먹는 사람의 경우 씹는 횟수가 적을 수밖에 없는데, 은연중에 아기가 이를 배울 수도 있습니다.

Q 육수에 밥 말아 먹는 걸 좋아해요.

A 완료기는 성인이 먹는 음식을 동일하게 먹고 소화하는 방법을 배우는 시기입니다. 육수에 밥을 말아 먹으면 대부분 오래 씹지 않고 쉽게 넘기게 되어 씹는 기능이 충분히 발달하지 못하고 위장의 소화기능을 떨어뜨려요. 가급적 맨밥과 반찬을 충분히 씹어 입안에서 소화를 하게 한 후 육수를 떠먹이는 것이 좋습니다.

Q 잡곡밥을 먹여도 되나요?

A 완료기에는 곡류의 종류를 특별히 제한하지 않아요. 하지만 처음부터 잡곡을 모두 섞어서 먹일 경우 탈이 났을 때 어떤 것이 원인인지 알 수가 없어요. 완료기라 하더라도 이전까지 충분히 잘 먹었던 곡류에 새로운 곡류를 하나씩 추가하는 방법으로 잡곡의 종류를 늘려가는 것이 좋아요.

Q 첫돌 지나고 바로 생우유를 먹여도 될까요?

A 생우유는 분유에 비해 알레르기를 일으킬 확률이 높고 너무 많이 먹으면 소화에 문제가 될 수 있습니다. 하지만 돌이 지나면 충분히 소화시킬 수 있으니 크게 걱정하지 않아도 됩니다. 이때 적정 섭취량은 플레인 요구르트나 우유, 두유 등 음료를 모두 합해서 하루 500~700㎖정도 입니다. 생우유를 너무 많이 먹으면 씹어 먹는 식습관에 방해가 되고 철분 결핍, 생리적 변비 혹은 설사, 만성식체 등을 유발할 수 있으니 주의하세요. 만약 아기의 이유식 진행속도가 느리고 밥과 다른 여러 음식을 잘 먹지 못할 경우엔 생우유보다는 분유를 먹이는 게 좋습니다. 또 아기에게 우유를 먹였을 때 설사, 변비 등의 부작용이 있다면 분유를 먹이도록 하세요.

Q 달걀을 너무 좋아해요. 많이 먹으면 혹시 문제가 되지 않나요?

A 특별한 탈이 없으면 큰 걱정은 없습니다. 다만 소금을 친 달걀프라이 등 어른이 먹는 음식을 이 시기에 자주 먹이면 인공조미료 같은 조미음식을 너무 빨리 접하게 되어 이후 담백한 이유식을 거부할 수 있습니다. 특히 우리나라 음식은 대부분 짜기 때문에 신장발달이 미숙한 아기에게는 부담이 되고, 간이 된 음식에 대한 기억으로 담백하거나 다양한 다른 맛을 잘 먹지 않게 되므로 자주 먹이는 것은 피하세요.

Q 잣, 호두, 땅콩 등 견과류는 언제부터, 얼마나 먹일 수 있나요?

A 견과류는 DHA, EPA 등 불포화지방산을 많이 함유하고 있어서 뇌를 건강하게 하는 식품으로 잘 알려져 있어요. 잣은 예로부터 몸의 기운을 북돋아주는 약재로서 환자나 허약한 아기의 보양제로 쓰였습니다. 특히 호두에 많은 칼슘과 비타민 B1, B2는 뇌신경을 안정시키고, 비타민 A는 뇌의 활동을 돕습니다. 또한 호두에 많이 포함된 니아신은 우울증에도 좋습니다. 그러나 체질에 따라 알레르기 반응을 일으키기도 하고, 조각이 매끄러워 먹다가 사레가 들려 폐로 흡입되는 경우도 있으므로 주의해야 합니다. 또한 불포화지방산은 우리 몸에 꼭 필요하지만 많은 양이 필요하지는 않으므로 과량 섭취하면 쉽게 살이 찔 수도 있습니다. 하루에 잣과 땅콩은 1~2큰술, 호두는 1~2개 정도만 섭취하는 것이 적당해요.

Q 너무 많이 먹어서 걱정이에요.

A 밥을 먹는 것에 정량이란 것은 없습니다. 하지만 체중이 지나치게 많이 나가 건강을 위협할 정도라면 조절해 줄 필요가 있습니다. 먹어도 계속 먹고 싶어하는 아기는 크게 위의 열이 많아 소화가 너무 빨리 되어버리는 경우와 어혈로 인해 흡수된 영양이 제대로 공급되지 못하는 경우로 나누어 볼 수 있습니다. 우선 위의 열로 인해 햇빛에 눈 녹듯이 음식이 빨리 소화되어 금세 밥이 먹고 싶어지는 것을 식소증食消症이라고 하는데, 이런 아기들은 물을 많이 마시고 땀도 많이 흘립니다. 또한 얼굴이 잘 붉어지고 숨을 쉴 때 많이 씩씩대거나 잘 때 코를 곱니다. 위의 열을 식히는 치료가 필요하며, 열이 많은 홍삼이나 인삼은 피하는 것이 좋습니다. 다음은 피가 잘 돌지 못하고 어혈이 생기는 경우인데 아기의 소변색이 진하고 대변도 어두운 색을 띠면서 냄새가 고약한 특징이 있습니다. 단것을 많이 찾고, 밥도 많이 먹습니다. 이런 아기는 어혈을 풀어서 피를 잘 돌게 해주어야 허기를 없앨 수 있습니다. 그렇지 않으면 허기진 것을 보충하려고 항상 많이 먹고, 체기로 이어지는 악순환에 시달리게 됩니다.

Q 귤을 좋아해서 손발이 노랗게 변할 정도예요. 괜찮을까요?

A 귤이나 오렌지, 당근 등에는 카로티노이드라는 성분이 많이 들어 있어서 다량을 섭취할 경우 피부색이 노랗게 변하게 되는데 이를 '카로틴혈증'이라고 합니다. 특별히 치료할 필요는 없고 먹는 양을 줄이면 자연스럽게 원래 피부색으로 돌아옵니다. 단, 카로틴혈증 외에 아기에게 기질적 이상이 있는 경우에도 피부가 노랗게 변하는데, 대표적으로 신생아가 피부뿐만 아니라 눈의 흰자까지 노랗게 변했다면 황달일 가능성이 있으므로 소아전문의와 상담하는 것이 좋습니다.

Q 더위에 지쳐 입맛을 잃은 아기, 어떻게 먹어야 하나요?

A 여름철 더위로 인해 생기는 병을 한의학에서는 '서병暑病' 또는 '주하병注夏病'이라고 하며 흔히 '더위 먹었다'는 말과 통합니다. 대체로 체력이 약하거나 마른 체형에 얼굴이 검거나 윤기가 없는 아기가 더윗병을 많이 앓습니다. 더윗병을 이기기 위해서는 아기에게 '이열치열以熱治熱'에 따라 따뜻한 음식을 자주 먹이는 것이 좋습니다. 당장은 덥다고 느껴지지만 먹은 후에는 아랫배가 따뜻해지면서 뜨거웠던 머리의 열이 싹 내려갑니다. 물도 찬물은 피하세요. 덥다고 찬 음식만 자꾸 먹으면 먹을 때만 시원할 뿐 복통과 설사로 속이 괴로워집니다. 음식은 평소보다 조금 적게 자주 먹이고 부족한 양은 간단한 간식이나 과일로 대신합니다.

Q 밥보다 물을 더 많이 먹어요.

A 밥을 먹을 때 유독 물을 많이 찾는 아기들 중에는 씹는 훈련이 잘 안 되어 있는 경우가 많습니다. 물에 밥을 말아 먹거나 물을 마셔서 음식을 넘기면 음식을 씹지 않고도 편하게 넘길 수 있기 때문에 아기에게 끊기 힘든 습관이 되기 쉽습니다. 이런 습관은 소화액의 작용이 약해지는 결과를 초래하므로 가급적 꼭 고쳐주어야 합니다. 평소 아기가 좋아할만한 씹을 거리(뻥튀기, 과일 조각, 오징어 등)를 주어 씹는 연습을 시키고 식사시간 중에도 음식을 꼭꼭 씹어서 삼키도록 격려해주세요.

Q 밥을 너무 빨리 먹어요.

A 아기가 씹지 않고 그냥 삼킨다면 고형식을 먹는 연습이 제대로 되지 않았을 가능성이 큽니다. 씹고 삼키는 데는 턱과 혀의 복잡한 협동작용이 필요합니다. 따라서 씹는 것도 훈련을 해야 합니다. 물론 씹지 않고 그냥 삼켜도 당장은 소화가 되겠지만 지속적으로 씹지 않고 삼킨다면 위장기능에 부담을 주어 소화장애가 일어날 수 있습니다. 물론 아기들 중 씹기를 좋아하는 경우는 드뭅니다. 어른은 매일 턱 근육을 쓰는데 익숙해져 씹고 삼키는 게 피곤하지 않지만, 아기는 한 번도 써본 적 없는 턱 근육을 사용하는 것을 피곤해할 수 있습니다. 천천히 느긋하게 식사할 수 있게 도와주면서 씹는 양을 점차 늘려주세요. 아기가 좋아할 만한 씹을 거리(뻥튀기, 과일 조각, 오징어 등)로 씹는 훈련을 도와주고 가족이 함께 식사할 때는 대화하며 먹도록 유도해주세요.

Q 툭 하면 배 아프다고 밥 안 먹는 아기, 꾀병이 아닐까요?

A 꾀병처럼 보일 수도 있지만 사실 꾀병은 아닙니다. 이런 증상을 가리켜 '기능성 복통'이라고 하는데, 특별히 건강상의 문제가 있는 건 아니지만 아기는 실제로 복통을 겪습니다. 즐거워야 할 식사가 힘든 노동처럼 느껴지고 이로 인한 심리적 스트레스로 아기 위장에 가스가 차면서 생기는 팽만감이 원인입니다. 혹시 밥을 먹이면서 야단치는 것을 반복하지는 않았는지 엄마의 습관을 먼저 되돌아 봐야 합니다. 아기에게 '밥 먹는 일'과 '인상 쓰는 엄마'가 동일시될 수 있으니 야단칠 일이 있다면 식사 후로 미루세요. 그리고 수시로 팔다리를 주물러 주고, 뛰어놀 때 팔다리를 휘젓는 행동을 많이 하도록 해 소화기 관련 경락이 자극되도록 하면 도움이 됩니다.

Q 아기는 차게 키우고, 찬 음식을 먹여야 장이 튼튼해진다는 말이 맞는 건가요?

A 한창 성장과정에 있는 아기는 어른보다 열이 많습니다. 따라서 너무 꽁꽁 싸매 키우는 것은 아기 건강에 좋지 않습니다. 〈고금의통〉에 나온 "등과 배는 따뜻하게 하고 머리와 가슴은 서늘하게 키우라"라는 말처럼 20~22℃ 정도의 약간 선선한 온도에서 아기를 키우는 것이 좋습니다. 하지만 식생활에 있어서는 찬 음식보다 따뜻한 음식이 아기에게 더 좋아요. 아기들은 비위가 약해 차가운 기운을 자주 대하거나 먹으면 나쁜 기운이 쉽게 들어와 저항력이 떨어지게 됩니다. 또한 아이스크림과 같은 빙과류 등의 찬 음식은 유지방, 설탕 등이 들어 있어서 겉으로는 차지만 실제로 열이 많은 성질을 가지고 있습니다. 따라서 이 음식들을 먹으면 찬 기운이 일차적으로 장의 온기를 떨어뜨리고, 유지방과 설탕 등의 열 기운이 장 근육을 이완시켜 이차적으로 장을 손상시킵니다. 찬 음식을 먹어야 장이 튼튼해진다는 말은 틀려요.

A 콩은 신장의 정기를 보강하고 혈을 잘 돌게하는 효과가 있습니다. 머리카락은 피의 찌꺼기로 만들어지며, 신장의 정기가 충실할 때는 윤택하고 정기가 손상되면 푸석푸석해집니다. 그래서 민간요법으로 머리카락이 빠지면 검은콩을 먹기도 합니다. 아기가 콩을 좋아하는 것은 기호일 수도 있고, 신장의 정기를 약하게 타고 난 결과 본인이 그에 해당하는 음식을 좋아하게 되는 것일 수도 있습니다. 정기와 혈이 충실한 상태에서 콩을 많이 먹으면 살이 찔 수 있지만 해로울 것은 없습니다.

Q 잘 먹던 아기가 갑자기 안 먹으면서 헛구역질을 해요.

A 잘 먹던 아기가 갑자기 헛구역질을 하고 편식이 늘어난다면 만성식체의 가능성을 살펴봐야 합니다. 식사시간을 준수하면서 식사 2시간 전, 잠들기 2시간 전부터 공복을 유지시켜 주세요. 가급적 밀가루 음식, 우유, 달고 찬 음료도 먹지 않도록 신경 써야 합니다. 차가운 음식(음료수, 주스, 과일, 우유)을 먹은 다음에는 반드시 미지근한 물을 한 모금 먹여 속을 진정시켜 주세요. 그리고 중완혈(명치와 배꼽 사이 가운데에 해당되는 혈)을 손바닥으로 지그시 눌러 시계 방향으로 마사지 해주면 도움이 됩니다.

Q 맨밥만 먹어요.

A 첫돌 이후 밥이 아기의 주식이 되면서, 반찬은 먹지 않거나 볶음밥이나 비빔밥을 만들어 주더라도 다른 것은 골라내고 맨밥만 골라서 먹는 경우가 많습니다. 이런 식습관은 이유식 기간 중 다양한 맛과 재료, 음식을 접하지 못해 양념이 된 다른 음식들을 낯설게 여기기 때문입니다. 아기에게 밥을 줄 때 처음부터 많은 양의 반찬을 주지 마세요. 엄마가 보기에 적은 양이라 할지라도 아기의 눈에는 많아 보일 수 있습니다. 그리고 준비한 반찬을 아주 잘게 다져서 소량씩 밥에 비벼 먹여보세요. 반찬의 종류가 단단하거나 크기가 크면 아기가 입안에서 다 골라서 뱉어내기 쉬워요. 처음에는 반찬을 다 골라내더라도 인내심을 가지고 꾸준히 노력해보세요.

Q 찬 음식을 좋아해서 그런지 감기를 달고 살아요.

A 한의학에서 질병의 원인으로 문제 삼는 것 중 하나가 어혈瘀血과 담음痰飮입니다. 어혈과 담음은 체내의 혈액이 일정한 자리에 정체되면서 노폐물이 많아진 것을 뜻합니다. 그런데 찬 음식을 먹게 되면 혈액순환 또는 기 순환이 제대로 되지 않아 몸속 어딘가 뭉치게 되는 어혈이나 담음이 생기게 됩니다. 가령 비염으로 인한 콧물로 고생하는 아기에게 찬 음식을 제한하면 콧물이 훨씬 줄어듭니다. 감기에 걸렸을 때 찬 음식을 먹으면 체력이 소진되고 일종의 담음인 콧물이 많아지는 것을 느낄 수 있습니다. 어혈과 담음에 의해 노폐물이 쌓이면 눈 밑이 검어지고 안색이 나빠지며 쉽게 피곤을 느끼며 짜증내기 쉽습니다. 또 간이 나빠지고 비만이 되는 경우도 있으며 여자아기의 경우 냉대하가 생기기도 합니다.

Q 얼음같이 손발이 차요. 체한 걸까요?

A 아기가 어릴수록 체중에 비해 체표면적이 넓고, 체온 조절 기능이 미숙해 손발 등의 말단 부위의 체온이 낮을 수 있으나 크게 걱정할 일은 아닙니다. 그런데 평소 손발이 유독 차면서 식욕이 없는 아기, 툭하면 배가 아프다고 하는 아기, 잘 먹는데도 살이 안 찌고 마른 아기, 감기를 달고 사는 아

기, 추위를 심하게 타는 아기라면 비위의 기운이 약해 중심부에서 말단까지 잘 뻗어나가지 못해서 그럴 수 있어요. 평소 손발이 따뜻한 아기인데 갑자기 차가워지는 경우도 있습니다. 인두염, 중이염 등으로 열이 나면서 상대적으로 손발이 차게 느껴지는 경우와 체한 경우입니다. 아기들은 소화가 되지 않거나 기운이 순환되지 않으면 감기와 비슷한 증상과 함께 구토, 복통, 설사를 하거나 손발이 차가워지기도 합니다. 하지만 엄마가 증상에 따라 치료하기는 어려우므로 아기의 손발이 갑자기 차가워지면서 몸 상태가 평소 같지 않으면 소아전문의의 진단을 받아보아야 합니다.

Q 잘 먹는데 살이 찌지 않아요.

A 아기가 잘 먹어도 살이 찌지 않는 이유는 다양합니다. 우선 장이 약한 아기의 경우로 대개 예민하고 소심한 성격으로 입도 짧고, 먹으면 바로 화장실로 달려가곤 합니다. 식욕부진, 구토, 복통, 설사, 변비 등의 증상도 잦은 편이라 영양이 제대로 흡수되기 힘들다 보니 얼굴은 혈색 없는 누런색을 띱니다. 반면 밥도 잘 먹고 결핵 같은 소모성 질환도 없는데 아기가 살이 찌지 않는다면 속열이 원인일 수 있습니다. 속열은 진액(체액)을 마르게 해 살이 오르는 것을 방해하고 키 성장도 방해합니다. 비염, 천식, 아토피성 피부염이 있는 아기에게서 흔히 볼 수 있습니다. 이와는 별개로 아기가 부산스러워서 얻은 열량보다 활동량이 많아 살이 찔 틈이 없을 수도 있습니다. 원인에 따라 해결책도 다르므로 장이 약하면서 마른 아기는 스트레스를 받지 않게 신경 쓰면서 기분 좋을 정도의 가벼운 운동을 함께해보세요. 특히 위장 활동과 식욕을 돕는 데 효과적인 걷기 운동이 좋습니다. 속열이 많은 아기는 초콜릿 같은 단 음식과 기름진 음식, 찬 음식을 가려줍니다.

Q 배탈 났을 때 어떤 음식을 먹이면 좋을까요?

A 아기가 설사나 구토가 심하다면 한 끼 정도 금식시키는 것이 좋습니다. 하지만 그 이상 금식시키는 것은 아기의 회복에 오히려 좋지 않습니다. 설사와 구토가 어느 정도 좋아지면 영양보충과 탈수 예방 등을 위해 미음부터 시작해 죽을 조금씩 자주 먹이세요. 이때 마죽과 산사죽이 도움이 됩니다. 마죽은 비위기능을 돕고 설사를 멎게 해주는데, 쌀로 흰죽을 끓이다가 마가루를 넣고 5분 정도 더 끓여서 먹이면 됩니다. 소화를 돕는 산사는 특히 여름에 찬 음식이나 고기 등을 먹고 배탈이 났을 때 효과적입니다. 아기가 하루 먹을 쌀의 양에 산사나무 열매 말린 것 4g을 넣고 죽을 끓입니다. 물에 넣고 끓여 따뜻하게 차로 마셔도 좋습니다.

Q 혀에 설태가 두껍게 생겼어요.

A 설태는 위염이나 소화불량 등 소화기 질환이 있을 때 잘 생겨요. 소화기능이 안 좋으면 설태가 두꺼워지면서 백색이나 황색을 띠는데 이런 아기는 아침에 구취가 심하게 나기도 합니다. 몸에 노폐물이 많이 쌓인다는 증거이므로 아기의 비위기능을 강화하고 몸에 노폐물이 쌓이지 않게 신경 쓰세요. 드물지만 혀에 검은 설태가 보인다면 항생제 과용을 의심해봐야 합니다. 감기가 낫지 않는다는 이유로 항생제를 지속적으로 복용하다 보면 흑태가 생길 수 있습니다.

Q 저녁에 유독 많이 먹어요.

A 아기가 저녁에 폭식을 하는 이유는 평소보다 에너지를 과하게 써서 몸속에 허열이 생겼기 때문입니다. 허열(虛熱)이란 몸에 열이 많지 않아도 본인은 열이 있다고 느끼는 것으로 속은 차가우면서도 몸의 표면은 뜨거운 상태를 말합니다. 빈 냄비를 가스 불에 올려두면 금방 시뻘겋게 달아오르는 것에 비유할 수 있습니다. 허열이 생긴 아기는 저녁 때 얼굴에 열기가 오르거나 목이 칼칼해지고 눈도 뻑뻑해합니다. 몸과 마음은 흥분되어 더 놀고 싶고, 잠은 안 오니 식욕은 늘어나 과식을 하는 것입니다. 위장도 휴식을 취해야 하는데 늦게까지 과식을 하게 되면 음식을 소화시키지 않고 그냥 내보내 가스를 만들고 토끼똥 혹은 변비 증상을 유발합니다. 또 아기 몸에 열기를 만들어 몸속 수분을 말리고 코가 막히거나 피부 건조를 유발해 가려움, 두드러기 등이 나타날 수도 있습니다. 입 냄새, 대변 냄새도 지독해집니다. 이럴때는 단 음식을 줄이고 평소에 몸속의 열을 식혀주는 보리밥과 치커리, 양상추, 시금치 등 쓴 채소를 많이 먹이세요.

Q 손톱이 자꾸 부러져요.

A 성장하는 아기들은 간의 기운이 손톱에까지 미치지 못해 손톱이 부러지거나 갈라지고 깨지는 경우가 흔합니다. 아기의 간이 약해서라기보다 영양을 손톱과 같은 신체 말단 구석구석까지 보내는 기능이 아직 완전하지 못하기 때문이에요. 성장하면서 자연스럽게 좋아지는 경우가 대부분이므로 다른 이상을 동반하거나 손톱 무좀이 아니라면 크게 걱정하지 않아도 됩니다. 그런데 또래 아기보다 유난히 손톱 상태가 좋지 않다면 두 가지 이유를 생각해 볼 수 있습니다. 비위기능이 약해서 몸의 영양 상태가 좋지 않거나 지나친 속열로 몸의 진액이 부족해져 손톱이 건조하기 때문일 수 있습니다. 평소에 손톱의 주성분인 케라틴이 많이 든 살코기, 달걀, 우유 등 양질의 단백질과 미역, 다시마 등 미네랄이 풍부한 해조류, 케라틴 세포 생성에 이로운 비타민 A나 D를 아기가 충분히 섭취하도록 하세요. 손을 씻은 후 로션을 꾸준히 발라주는 것도 도움이 됩니다.

Q 얼굴빛이 누렇다는 말을 많이 들어요.

A 아기에게서 가장 흔하게 볼 수 있는 누런 얼굴빛은 소화기가 약할 때 나타납니다. 주로 밥 먹기를 거부하며 운다거나 식욕과 기운이 없으면서 헛배 불러하는 경우가 많습니다. 입도 짧고 쉽게 체하며, 얼굴빛이 얼룩덜룩해지거나 허옇게 버짐이 피기도 하죠. 아기가 평소에 잘 안 먹는다고 해서 과자나 패스트푸드 같은 달고 짜고 자극적인 음식을 자주 먹이면 더욱 악화될 수 있습니다. 식후 바로 눕거나 심하게 움직이는 것도 좋지 않고 가볍게 산책하는 정도로 소화를 도와줄 필요가 있어요. 아기 입맛에 자극을 주길 원한다면 차라리 신맛을 내는 음식을 먹이는 게 좋습니다. 매실차나 레몬차, 진피(귤껍질)차 등 입맛을 당기고 소화기에 도움이 되는 음식이 이에 해당합니다.

♠ 기관지가 약한 아기에게 좋은 이유식 재료

- **호흡기 질환 예방에 좋은 '당근'** 비타민 A가 부족하면 기관지나 위에서 점액이 잘 형성되지 않고 건조해져 각종 미생물이 침입하기 쉬워요. 당근에는 비타민 A의 전구체인 베타카로틴이 풍부해요.
- **천식에 효과적인 '양파'** 양파는 가래를 비롯해 기도의 불필요한 점액을 제거하는 데 효과가 있어요. 알롬이란 성분이 기침을 멎게 해주는 역할을 합니다. 특유의 강하고 매운 맛을 줄이려면 다른 재료와 함께 조리하세요.
- **기관지가 촉촉해지는 '배'** 점막이 건조하면 염증도 잘 생겨요. 배는 90% 정도가 수분으로, 건조한 기관지 점막을 촉촉하게 적셔주는 역할을 해요. 단, 아기가 설사를 할 때는 피하세요.
- **폐를 건강하게 해주는 '호두'** 폐를 따뜻하게 해주어 기관지 질환을 예방해줘요. 알레르기를 일으킬 수 있으므로 돌 이후부터 곱게 갈아서 먹이세요. 몸에 열이 있는 아기는 피하고, 기침을 많이 할 땐 기도로 넘어갈 수 있으므로 주의합니다.

♣ 아기를 위한 한방 컬러테라피

- **심장을 튼튼하게 해주는 붉은색 '오미자차'** 한방에서는 오미자가 심장기능을 강화하고 눈을 밝게 하며 졸음을 쫓아 기억력을 되살린다고 봅니다. 오미자차나 붉은 꽃을 넣어 찐 설기떡이 도움이 돼요.
- **신장, 뼈를 단단하게 만드는 흑색 '검은깨죽'** 검은깨가 간장과 신장을 보해주고 원기와 체력을 높여주어 머리를 맑고 건강하게 해줘요.
- **호흡기가 약할 땐 흰색 '찐 감자'** 감자, 무, 양파 같은 흰색 채소는 항알레르기, 항염증 효과가 뛰어나요. 특히 감자의 경우 몸을 따뜻하게 해주고 알레르기성 체질 개선효과도 있어 알레르기 비염에 좋아요. 감자를 그냥 쪄먹거나 양파 또는 대파 등을 넣고 달여 마셔도 효과가 있어요.
- **비위를 살리는 황색 '단호박죽'** 단호박은 죽이나 찜으로 먹으면 소화력 증진에 좋아요. 황적색 색소에 많은 카로티노이드 성분이 면역력도 높여줘요.

♣ 소화기가 약한 아기의 특징

- 입술이 유난히 빨갛거나 자주 갈라져요.
- 혀끝 또는 혀 전체가 붉은 편이고 심할 경우 가운데가 갈라져 있어요.
- 찬물을 벌컥벌컥 마시는 습관이 있어요.
- 밤에 잘 때 시원한 데를 찾아 다녀요.
- 코피가 자주 나요.
- 머리나 목둘레에 유난히 땀이 많이 나요.
- 손바닥, 발바닥이나 팔 다리 등의 피부가 건조한 편이에요.
- 변비가 있고, 토끼똥, 염소똥을 눠요.

 첫돌 이후부터 아기용 김치 먹이기

김치는 필수아미노산, 비타민 철분 외에도 몸에 좋은 유산균, 장의 소화흡수를 돕는 효소, 섬유질이 많아 아기에게 먹이면 좋아요. 하지만 어른이 먹는 매운 김치를 그대로 주어선 안 되므로 첫돌 이후부터 아기용 백김치를 따로 만들어 먹이세요. 김치를 담글 때는 물 대신 사골육수를 만들어 넣으면 더 좋습니다.

• 아기용 백김치 담그기

♠ 재료

배추 … 1kg
굵은 소금 … ½컵
무 … 80g
배 … 40g
마른 대추 … 10g
밤 … 10g
실파 … 3대
생강 … 6g
마늘 … 6g
잣 … 10g
설탕 … 약간
사골육수 … 1½컵

♣ 만들기

1 배추는 깨끗이 씻어 손질해 4등분한 후 소금을 골고루 뿌려 7시간 정도 절인다. 흐르는 물에 헹구고 채반에 건져 물기를 뺀다.

2 무는 껍질을 벗겨 가늘게 채 썰고, 배는 껍질과 씨를 제거해 채 썬다.

3 마른 대추는 물에 불려 돌려 깍기한 뒤 씨를 제거해 채 썰고, 밤은 속껍질을 벗겨 곱게 채 썬다.

4 실파는 깨끗이 손질해 2㎝ 길이로 썰고, 생강과 마늘은 가늘게 채 썬다.

5 큰 그릇에 준비한 무, 배, 대추, 실파 등을 넣고 소금과 설탕으로 간을 한다.

6 절인 배춧잎 사이에 **5**의 속을 골고루 넣는다.

7 배추속이 빠지지 않도록 겉잎으로 감싼 뒤 그릇에 넣고 사골육수를 붓는다.

 딸꾹질 잘 하는 아기에게 좋은 '곶감 진액'

딸꾹질이 날 때는 곶감이 효과적이에요. 곶감 표면에 생기는 흰 가루(당분)는 시상 또는 시설이라 하며 한방에서는 폐가 답답할 때나 담이 많고 기침이 많이 나올 때, 만성기관지염 등에 도움을 준다고 알려져 있어요. 곶감의 씨를 빼고 냄비에 손질한 곶감과 물을 넣어 수저로 곶감을 으깨어 가면서 끓이세요. 어느 정도 물이 졸아들면 곶감 진액이 완성됩니다.

 허기를 느껴보게 하기

아기가 밥 먹기를 거부하거나 돌아다니며 먹는다면 과감히 상을 치워 배고픔을 느껴보게 하는 것도 한 방법입니다. 이때는 과자나 빵, 과일 등 입맛을 떨어뜨리거나 밥을 대신할 만한 간식을 먹는 것도 함께 제한해야 효과가 있어요.

 마사지로 소화기능을 살려주세요

• **옆구리 비벼주기** 옆구리는 정서나 스트레스에 관련된 경락이 지나가는 곳입니다. 스트레스를 받으면 이곳이 결리는 것도 이 때문이죠. 양 손바닥으로 아기의 겨드랑이 밑에서 허리까지 위에서 아래쪽으로 50~100회 정도 비벼주세요. 마사지 시작 부위에 위장이 있고 아랫배 쪽으로는 대장이 있어 소화와 배설기능을 좋게 하고 기혈 순환을 원활하게 해줍니다.

• **족삼리(足三里) 문지르기** 무릎 관절의 움푹 들어간 곳에서 아기의 엄지손가락을 제외한 네 손가락의 너비만큼 내려간 부위에서 바깥쪽으로 오목하게 들어간 부위를 족삼리혈이라고 합니다. 엄지손가락과 둘째손가락을 이용해 30~50회 부드럽게 문질러주세요.

• **복부 음양 나누기** 위장과 대장이 있는 복부의 음양을 자극하면 소화와 배설기능을 좋게 하고 기의 순환을 원활하게 해요. 배의 음양은 가슴의 갈비뼈가 갈라지기 시작하는 부위에서 아랫배까지 이어지는 갈비뼈의 연결선에 위치해요. 엄지손가락의 바닥으로 갈비뼈의 안쪽에서 바깥쪽을 따라 옆으로 밀어 내리듯이 100~200회 정도 실시하세요.

♣ 아기가 찬 음식을 좋아하는 이유

한창 성장하는 과정에 있는 아기는 어른보다 열이 많은 것이 특징입니다. 아기가 잘 자라기 위해서는 체내 신진대사가 활발하게 이루어져야 하는데 그 과정에서 열이 발생합니다. 그래서 아기들은 일상 체온도 어른보다 높아요. 특히 여름철엔 기온과 습도가 높아서 땀이 많이 나고 기운이 빠지기 쉬워요. 땀을 많이 흘리다 보면 갈증도 쉽게 느끼게 되고, 주위의 높은 기온과 맞물려 체온도 상승됩니다. 아기가 여름에 유독 찬 음식만 찾는 것은 이런 특성 때문이죠. 한의학에서는 땀을 많이 흘리면 위기(몸을 보호하는 기운, 땀구멍 개폐 조절 및 몸의 체온을 유지하는 기운)가 손상된다고 봅니다. 이때 기운이 손상되면 위장이 소화할 수 있는 기력도 떨어져요. 위장의 기능이 떨어지면 식욕이 감퇴되고 쉽게 갈증을 느끼게 되니 그만큼 찬 음식만 찾게 되죠. 이때는 아무리 물을 마셔도 계속 목이 마르고 땀이 많이 납니다. 속열이 많거나 알레르기 질환이 있는 아기는 몸 안에 담과 어혈 등의 노폐물 등이 몸 안에 속열을 만들어 찬 음식을 찾기 쉬워요. 이런 아기는 여름철 특히 힘들어하고 쉽게 지쳐요.

♠ 아기 먹이기도 '과유불급過猶不及'

한방에서는 아기를 건강하게 키우고 싶다면 삼과三過, 즉 과음식過飮食, 과보온過保溫, 과복약過服藥을 피할 것을 당부합니다. 음식을 많이 먹이지 말고, 옷을 너무 두껍게 입히지 말며, 약도 많이 먹이는 것보다 적게 먹는 것이 낫다는 말입니다. 과식은 소화능력보다 많은 음식물이 인체에 들어오는 것이기 때문에 다 소화되지 남은 음식물은 체내 이곳저곳에 떠돌아다니며 세포조직을 무너뜨립니다. 음식을 남기면 쓰레기가 되듯이 아무리 좋은 음식도 과식으로 인해 소화가 안 되면 노폐물이 됩니다. 노폐물에 의한 소화불량은 장에서만 일어나는 게 아닙니다. 혈관뿐 아니라 간, 근육, 피부에서도 소화불량이 나타나요. 가령 혈관에 생기면 신장, 방광에서 소변이 나오지 않는 것으로 나타납니다. 영양분이 분해되어 나가면 정상적으로 대소변이 배출됩니다.

♠ 아기에게 좋은 한방차

- **대추차** 성질이 따뜻하며 질이 윤택하여 소화기를 도와주고 혈액을 생성하는데 좋아요. 생강과 함께 달이면 생강의 자극성을 줄이고, 대추로 인해 생길 수 있는 더부룩함을 방지할 수 있어요.
- **생강차** 성질이 따뜻하고 매운맛이 나요. 찬바람으로 인한 감기에 잘 쓰이며 속이 차서 생기는 구토, 구역질에 반드시 사용하는 약입니다.
- **구기자차** 성질이 차고 몸의 진액을 보하는 효과가 큽니다. 또 혈액의 기운을 왕성하게 해서 눈을 맑게 하며, 성장하는 아기에게 필요한 음기를 보해줍니다. 마른 체격에 피부가 건조한 아기에게 좋아요.
- **결명자차** 성질이 약간 차고 속열을 풀어주는 효과가 있습니다. 또 장을 윤택하게 해주어 속열이 많고 변비가 있는 아기에게 먹이면 좋아요. 간의 열로 인해 눈이 잘 붓거나 충혈되면서 통증이 있는 경우에도 좋아요.
- **국화차** 성질이 약간 차고, 약성이 가벼워 인체 표층부의 열을 흩어버리고 간의 열독을 풀어주는 효과가 있어요. 열 감기로 인해 생기는 눈의 피로, 두통, 어지러움에 많이 사용해요.
- **생맥산차** 인삼, 오미자, 맥문동을 넣어 끓이며 여름철 심장과 폐의 기운을 북돋아요. 가래를 없애고 기침을 멎게 하는 작용이 있어서 기관지의 염증을 가라앉혀주고 더위와 갈증을 해소하는 효과가 있어요.

◈ 아기 눈에 좋은 식재료

우유, 유제품, 뼈째 먹는 생선, 해조류, 피망, 토마토, 당근, 시금치, 적상추, 단호박, 콩, 감자 등

♣ 마요네즈, 토마토케첩, 치즈 주의

마요네즈에는 달걀흰자와 기름, 소금이 들어 있어 첫돌 이전에는 주지 않아요. 또 첫돌이 지났더라도 염분과 지방이 다량 함유되어 있기 때문에 되도록 주지 않는 것이 좋습니다. 토마토케첩 역시 설탕과 소금이 다량 함유된 식품으로 적게 사용할수록 좋은 식품 중 하나예요. 치즈는 자연식품이긴 하지만 짠맛이 강해요. 치즈를 먹일 경우엔 생후 8개월부터 아기용 치즈로 시작합니다.

♣ '스위트홀릭 베이비' 만들지 않는 법

- **첫 이유식을 잘 시작한다** 아기가 단맛에 한 번 길들여지면 쓴맛이나 신맛 등 다른 맛을 거부하고 돌 이후의 유아식에도 단맛만 요구합니다. 따라서 이유식 재료를 고를 때 지나치게 달달한 식재료 위주로 고르지 않도록 주의하세요. 과일보다 채소를 먼저 주는 것이 바람직하며 과즙은 생후 6개월 이후부터 시작하는 것이 좋아요.
- **단맛으로 보상하지 않는다** 어떤 경우건 단맛을 보상의 도구로 사용해서는 안돼요. 상으로 단맛을 처음 접했을 경우 아기는 단맛을 '특별하게' 인식합니다. 부모가 단맛이 좋은 것이라고 가르쳐 준 셈이죠. 음식은 벌이 되어서도, 상이 되어서도 안 됩니다. 우리 몸에 필요한 영양을 공급하고 맛있게 먹는 것이라는 이미지를 심어주어야 해요.
- **천연 단맛도 자제시키는 편이 좋다** 자연이 주는 '단맛'은 설탕이나 인공 감미료보다 확실히 이롭지만 지나치면 이 역시 좋지 않아요. 가령, 오렌지나 바나나를 갈아 아무것도 넣지 않고 아기에게 주더라도 과일에 들어 있는 당을 너무 많이 섭취하면 식욕부진이나 비만에 영향을 줄 수 있어요. 과일이라도 너무 많이 먹는 것은 자제시키는 편이 좋습니다.
- **서서히 단맛을 줄인다** 매일 일정량 이상 섭취하던 설탕을 하루 아침에 끊기는 어른도 쉽지 않습니다. 이럴 때는 넉넉히 한 달 가량의 시간을 두고 서서히 설탕량을 줄여나가세요. 매일 아침 갈아 마시는 주스나 요리할 때 넣었던 설탕을 아주 조금씩 줄여나가다 보면 재료 본연의 맛을 느낄 수 있어요.

♠ 간식 살 때 '성분분석표' 확인은 필수!

아이스크림과 요구르트, 주스, 과자, 사탕에도 인공 감미료가 첨가돼 있습니다. 하지만 설탕 자체가 들어가지 않기 때문에 성분분석표에는 무설탕, 무가당으로 표기됩니다. 설탕 대신 액상과당, 결정과당, 당시럽 등의 형태로 들어가 있을 수 있으므로 꼭 확인하세요. 슈가스트랙 사이트(www.sugarstracks.com)에는 흔히 먹는 음료, 사탕, 과자 등에 얼마나 많은 당이 함유돼 있는지 '각설탕'의 개수로 표시돼 있어 한 눈에 알아볼 수 있어요. 또 하나 착각하기 쉬운 것은 회사들이 '당류' 수치를 적게 보이려고 100g 단위로 성분분석을 하는 경우가 많다는 것입니다. 가령, 총 무게가 300g 과자의 경우 '1회 제공량(100g)'으로 표기해 전체 당류의 ⅓을 축소시켜 적는 것이죠. 하지만 아기가 어떤 과자를 ⅓쯤 먹은 후 스스로 손을 멈추기란 불가능에 가까워요.

♠ 편식! 이렇게 대처하세요

음식을 조리할 때 아기가 좋아하는 음식과 연결해 변화를 주세요. 싫어하는 음식을 좋아하는 음식과 섞어서 조리하는 것도 좋은 방법이죠. 그래도 아기가 싫어할 때는 단계를 나누어 도전해보세요. 처음에는 숟가락만 대어보고, 그 다음에는 코로 냄새만 맡게 하고, 그 다음에 조금 맛을 보게 한 뒤 나중에는 입에 넣고 씹어보는 식으로 게임처럼 진행합니다.

• 식탁에서 주의할 점

1 절대로 먹어야 한다고 강요하지 마세요.
2 특정 음식을 강요하지 말고 아기가 먹고 싶은 것을 먹이도록 하세요.
3 먹는 양은 아기가 정할 수 있도록 해요.
4 식사시간이 즐거운 분위기가 될 수 있도록 하세요.
5 아파서 먹지 않는 경우에 강제로 먹이지 말고 대체식을 준비하세요.

♣ 아기의 장을 튼튼하게 하는 좋은 습관

- 물을 많이 먹이세요. 단, 식사 전후 30분 안에 마시는 것은 오히려 장운동을 방해해요.
- 섬유소가 많은 현미, 채소(뿌리채소 포함), 나물, 해조류를 많이 먹이세요.
- 유산균을 많이 먹이세요. 단, 유제품에 대한 알레르기가 있다면 김치처럼 유제품이 아닌 유산균을 먹여요.
- 하루 200~300회 정도 손으로 아랫배를 시계 방향으로 문질러 주세요.

아기가 밥을 안 먹으면 엄마는 안타까운 마음에 밥 대신 다른 간식이라도 먹이려고 애를 씁니다. 하지만 이것이 반복되면 아기는 정작 밥상 앞에서는 식욕을 잃어 제대로 먹지 않고, 오히려 간식으로 손을 내밀어 불규칙적으로 음식을 섭취하게 됩니다. 잦은 간식은 아기의 위가 쉴 틈을 주지 않아 소화기능만 약하게 만들죠. 밤늦게 먹거나 아침을 거르는 습관, 간식을 자주 먹는 것 모두 위장에 좋지 않아요. 특히 단맛은 장을 무력하게 만드는 성질이 있어 위장의 기운을 빼앗고 늘어지게 해요. 단 음식은 위장이 운동할 필요 없이 바로 흡수되기 때문에 소화시키는 과정이 따로 없어요. 밥을 소화시키려면 위장뿐 아니라 간, 심장, 폐, 비장 등 우리 몸의 모든 기관이 일을 해야 합니다.

♠ 겨울에 좋은 감기 증상별 한방차

• 열날 땐 '흰파뿌리생강차'
열감기뿐 아니라 초기 감기나 맑은 코감기에도 두루 효과적입니다. 아기에게 감기 기운이 있다 싶을 때 달여서 먹이면 좋습니다. 파와 생강은 향이 자극적이므로 묽게 끓이는 게 중요해요.
　♣ 재료 생강 ··· 3쪽, 파뿌리 ··· 3쪽, 물 ··· 15컵,
　　　　올리고당 ··· 약간
　♣ 만들기 생강과 파뿌리 넣고 물을 부어 끓인다. 끓기 시작하면 약한 불에서 은근하게 끓인 후 건더기는 체로 걸러내고 올리고당을 조금 넣어 먹인다.

• 콧물, 코감기엔 '박하잎차'
박하는 성질이 가장 가벼운 약재로 성분이 위로 상승하기 때문에 목병, 콧병에 많이 쓰입니다. 코가 막힐 때 방향제처럼 아기 잠자리 근처에 박하잎을 매달아 놓아도 코막힘이 덜합니다. 차로 만들 땐 오래 끓이면 약성분이 날아가므로 오래 끓이지 않아요.
　♣ 재료 물 ··· 2,000㎖, 박하잎 ··· 25~30g,
　♣ 만들기 끓는 물에 박하잎을 넣고 20분 정도 우린 뒤 잎을 건져낸다. 하루 2~3번 나누어 식후에 먹인다.

• 목감기엔 '도라지감초차'
기관지염이 있거나 호흡기가 약해서 감기를 달고 사는 아기에게 도라지차를 장복하면 좋아요. 편도선 부종에도 좋습니다. 도라지는 껍질을 벗기지 않고, 가급적 자연산을 써야 약성이 좋아요. 감초의 경우 과용하면 소변을 잘 못보고 몸이 부을 수 있으므로 주의하세요.
　♣ 재료 말린 도라지 ··· 10g, 감초 ··· 10g, 물 ··· 3컵,
　　　　흑설탕 ··· 약간
　♣ 만들기 도라지와 감초를 깨끗이 씻어 물기를 뺀 후 물을 부어 끓인다. 끓기 시작하면 불을 줄여 10분 정도 더 끓인다. 건더기는 체로 걸러 내고 흑설탕을 조금 타서 먹인다.

• 기침 날 땐 '모과차'
모과는 목과 코의 근육을 진정시켜 호흡기를 편안하게 해줘요. 감기에 걸렸을 때는 기침으로 인한 통증을 줄여주므로 감기, 기관지염이 심할 때 마시면 좋아요. 단, 아기가 소변이 잘 누지 못할 때는 많이 먹이지 마세요.
　♣ 재료 모과 ··· 100g, 올리고당 ··· 100g
　♣ 만들기 모과는 깨끗이 씻어서 얇게 썬 후 올리고당과 모과를 한 겹씩 번갈아 깐다. 걸쭉하게 숙성되면 끓인 물에 타서 먹인다.

• 가래 끓을 땐 '솔잎차'
기침을 멈추게 하며 가래가 생기는 것을 막아줘요. 향이 짙으면 아기가 먹기 힘들어할 수 있으므로 물의 양을 조절해 물처럼 마실 수 있게 하세요.
　♣ 재료 솔잎 ···100g, 감초 ··· 7g, 물 ··· 10컵, 올리고당 ··· 약간
　♣ 만들기 솔잎은 잘게 썰어서 감초와 함께 주머니에 넣고 물을 부어 15분 정도 끓인 후 올리고당을 조금 넣어 먹인다.

만성식체는 말 그대로 식체食滯가 오랜 기간 지속되는 것을
말해요. 식적食積이라고도 하는데, 잘못된 식습관이 오랫동
안 쌓여서 나타납니다. 식체가 복통, 구토, 열 등을 동반하
는 반면, 식습관과 밀접한 관련이 있는 만성식체는 속이 항
상 더부룩한 정도 외에는 별다른 증상이 없습니다. 불규칙
한 식사에 폭식을 하거나 달고 찬 음식을 즐기면서 삼겹살,
튀김처럼 기름진 음식과 과자, 면 같은 밀가루 음식을 자주
먹는 게 습관으로 굳어졌다면 만성식체가 생길 수 있습니
다. 특히 돌이 지났는데도 분유나 우유를 하루에 1,000㎖
가까이 마시는 아기라든가 음식을 잘 씹지 않고 삼켜버리
는 영유아에게서 흔히 나타납니다. 가장 중요한 것은 식생
활 관리입니다. 하루 세끼를 일정한 시간에 먹여 위장의 리
듬을 찾아줘야 해요. 생후 7~8개월이 되면 밤중 수유는 서
서히 중단해야 하며 10kg가 넘으면 자기 전 1시간, 11kg가
넘으면 2시간, 14kg가 넘으면 3시간 정도 공복 상태를 유
지해야 숙면이 가능합니다. 이유식 시기에는 씹는 훈련을
잘 시켜야 해요. 튀김이나 볶음보다는 찌거나, 삶는 방법으
로 요리하세요.

• 만성식체증후군 체크리스트

☐ 밥 먹는 시간이 불규칙하고 폭식을 해요.
☐ 음식을 입에 물고 있는 등 잘 먹지 않아요.
☐ 아기의 몸무게가 10kg이 넘었는데도 젖병을 물고 잠들어요.
☐ 돌이 지났는데도 우유를 하루에 1,000㎖ 이상 마셔요.
☐ 음식을 씹지 않고 삼켜요.
☐ 밀가루 음식, 달거나 찬 음식을 많이 먹어요.
☐ 염소 똥처럼 동글동글한 변을 봐요.
☐ 잠들 무렵 등을 긁어달라고 해요.
☐ 잠들 무렵 머리에서 땀이 많이 나요.
☐ 잘 때 벽, 바닥 등 찬 곳을 찾아 다녀요.
☐ 신트림을 자주 해요.
☐ 콧물, 코막힘, 가래, 잔기침 등의 증상이 오래 가요.

체크 항목이 6개 이상이면 만성식체증후군을 의심해 봐야 합니다.

♠ 두뇌발달에 좋은 식품

• **비타민** 비타민 등의 새싹채소에는 다 자란 채소에 비해 비타민
과 무기질 등의 영양소가 4배 이상 응집되어 있어요. 일반 채소
보다 부드러워 이유식용으로 좋아요.
• **오트밀** 귀리를 말하는 것으로 소화흡수가 잘 되고 칼슘, 철분 함
량이 많아 신경전달을 활발하게 도와 뇌 활동을 촉진시켜요.
• **콩** 식물성 단백질 중 으뜸입니다. 필수아미노산 중 곡류에 부족
한 라이신의 함량이 높아 밥에 콩을 넣어 먹이면 부족한 영양소
가 상호보충되어 성장기 아기에게 좋아요.
• **표고버섯** 한방에서 혈액을 정화하는 좋은 식품으로 알려져 있어
요. 말린 표고버섯에 풍부한 비타민 D는 칼슘과 인의 흡수율을
높여 신경을 안정시키는 데 도움을 줘요.
• **달걀** 필수아미노산과 레시틴, 지용성 비타민을 고루 갖고 있는
고영양식품임에도 불구하고 콜레스테롤 때문에 먹기를 꺼리는
경우가 많아요. 하지만 달걀노른자는 소화흡수가 잘 되고 레시
틴을 함유하여 혈중 콜레스테롤을 용해시키므로 혈관계 질병을
예방합니다.
• **연어** 붉은살생선은 비린 맛이 나지만 단백질과 지방이 풍부해
요. 오메가 3 지방산은 세포를 구성하고 뼈를 튼튼히 하여 아기
성장에 도움을 주며 치매도 예방해줘요.
• **참치** 불포화지방산인 DHA가 성장기 아기의 두뇌발달에 좋아요.
• **참깨** 참깨에 함유된 레시틴은 두뇌 신경세포의 활동을 활성화하
여 기억력을 높여주고 두뇌활동을 도와요. 또한 뇌 신경세포의
주성분인 아미노산, 뇌신경을 안정시켜주는 비타민 B1, E, 칼슘
이 풍부해 두뇌의 발육과 활동에 좋아요.
• **호두** 불포화지방산과 필수지방산, 지용성 비타민, 단백질, 칼슘,
철분이 풍부한 대표적인 건뇌식품입니다. 양질의 지방은 아기의
성장과 두뇌 발달에도 좋아요.

생후 12개월 전후
두뇌 발달, 정서적 안정에 도움 되는 한방 이유식

첫 돌이 지난 아기는 하루 세끼의 식사를 이유식을 통해 섭취하는 만큼 각별히 더 신경 써야 해요.
한방 이유식을 통해 건강은 물론 두뇌발달, 정서안정 등의 효과를 볼 수 있습니다.
백복신, 호두, 산수유 등의 약재를 이용해 이유식은 물론 간식으로도 활용해보세요.

◉ 완료기 한방 이유식 진행 원칙 2

1 한방재료도 편식하면 안돼요 아기가 질병을 앓고 있거나 특별히 허약한 장부가 있어서 그에 맞는 약재를 사용하면 일시적으로 증상이 좋아지고 건강이 회복되는 것처럼 보일 수 있습니다. 그러나 한 가지 약재만을 오랫동안 먹이는 것은 금물입니다. 좋은 약재 한두 가지만을 집중적으로 먹이기보다 여러 약재를 골고루 먹이는 것이 한방 이유식의 좋은 효과를 볼 수 있는 방법입니다.

2 다양한 조리법으로 만들어요 한방 이유식은 한방재료를 끓여서 사용하기 때문에 다른 식재료 역시 모두 끓여서 먹여야 한다고 생각하지만 사실 그렇지 않습니다. 한방 이유식의 한방재료는 물에 끓여서 우린 물을 받아내지만 다른 재료들은 신선한 상태 그대로 혹은 영양이 파괴되지 않도록 다양하게 조리해서 이유식을 만들어보세요. 한식 위주로 생각하기 쉬운데 한방재료를 이용해서도 케이크, 햄버거, 머핀 등의 다양한 이유식과 유아식을 얼마든지 만들 수 있답니다.

◉ 완료기 한방 이유식 약재

• 천마
맛이 달고 성질은 차지도 따뜻하지도 않아요. 몸 안의 나쁜 기운을 제거하고 간의 힘을 길러줘요. 간의 보호를 위해 어릴 때부터 먹이면 좋아요.

> **• 이런 아기에게 좋아요**
> 경기를 잘 하는 아기
> **• 좋은 천마 고르기**
> 봄에 한 달 가량만 성장하고 사멸하는 약재로 꽃대가 올라오기 시작하는 무렵에 채취한 천마가 좋아요. 여름이나 시기를 놓쳐 채취한 것은 속이 비어있으므로 꼼꼼히 살피세요.

• 백복신
소나무 뿌리에 기생하는 버섯류의 약재예요. 복신茯神의 신神에서 볼 수 있듯이 정신과 관련이 깊어 정신력을 기르고 마음을 안정시켜줘요. 성질이 차지도 덥지도 않고 단맛이 나면서도 담백하며, 소변을 잘 보게 하는 효과가 있어요.

• **이런 아기에게 좋아요**
소변을 잘 못 누는 아기, 자주 놀라고 깊이 잠들지 못하는 아기
• **좋은 백복신 고르기**
단면이 회백색을 띤 것을 고르되 가루가 많이 떨어지지 않는 것을 고르세요.

• 산수유

간과 신장을 보하여 성장통을 다스려주고 뼈를 튼튼하게 해줘요. 그러나 평소 열이 많으며 손발이 뜨겁고 구취가 많이 나면서 소변을 잘 못 누는 아기는 피하세요.

• **이런 아기에게 좋아요**
식은땀을 많이 흘리는 아기, 새벽에 설사를 하고 소변량이 적으면서 잘 못 누는 아기, 소변을 자주 보는 아기
• **좋은 산수유 고르기**
압축되어 쭈그러진 표면이 자홍색 또는 자흑색을 띠며, 광택이 있으면서 부드러운 것을 선택하세요.

• 감초

비와 위를 보하고 기를 도우며 폐를 건강하게 해주는 약재로 특히 기침을 멎게 하는 효능으로 잘 알려져 있어요. 아기가 감기에 걸렸을 때 먹이면 열을 내리고 독을 풀어주는 것은 물론 감기를 예방하는 효과도 있어 환절기나 겨울철에 자주 먹이면 좋아요.

• **이런 아기에게 좋아요**
평소 기침을 자주 하는 아기, 영양보충이 필요한 성장기 아기
• **좋은 감초 고르기**
겉껍질이 긴밀하고 주름이 있으며 적갈색이고 단단한 것이 좋아요. 향이 진하고 단면이 황백색인 것이 좋아요.

• 생지황

성질이 차면서 달고 쓴맛이 나는 약재예요. 아기가 열이 날 때 열을 내려주고 땀을 적게 나게 해

열병에 많이 쓰여요. 열로 인한 코피에도 좋고 부기를 빼며 불면증 치료에도 사용돼요.

• **이런 아기에게 좋아요**
감기나 발열, 경기 등의 증상을 보이는 아기, 잘 놀라는 아기, 얼굴이 붉거나 코피를 자주 흘리는 아기
• **좋은 생지황 고르기**
크기가 너무 크지 않고 단면이 옅은 갈색인 것을 선택하세요.

• 산마(산약)

〈동의보감〉에 "마는 허약하고 몸이 여윈 것을 보하고 오장을 채워주며, 기력을 더하고 근골을 강하게 하고 심신을 편하게 하며 지혜를 기른다"라고 되어 있을 만큼 아기에게 좋은 약재예요. 입맛을 돋우고 소화를 도와줘요.

• **이런 아기에게 좋아요**
설사를 자주 하는 아기, 기침이 오래 가는 아기, 헛배가 부른 아기, 신장이 약한 아기
• **좋은 산마 고르기**
크기가 굵고 잘랐을 때 단면이 하얗고 진액이 많이 묻어 있는 것이 좋아요.

• 황정

호흡기와 소화기를 건강하게 해주는 약재예요. 아기에게 평소 자주 먹이면 오장육부가 튼튼해져요. 병을 앓고 난 후 입맛을 잃었을 때 아기에게 먹이면 몰라보게 좋아져요.

• **이런 아기에게 좋아요**
성장하는 아기의 면역력을 높여주어 보약 지을 때 많이 사용해요.
• **좋은 황정 고르기**
잘 부스러지지 않고 흑갈색을 띤 것을 고르세요.

산수유감자수프

산수유는 소화기관을 튼튼하게 만들어주는 약재입니다.
설사를 자주하고 소변의 양이 적거나
소변을 자주 보는 아기에게 먹이면 좋아요.

재료

산수유 ··· 3g
물 ··· 1컵
감자 ··· 30g
양파 ··· 10g
버터 ··· ½작은술
분유물 ··· ⅓컵(분유 또는 모유:물 = 1:1)
유아용 치즈 ··· ¼장

만들기

1 냄비에 산수유와 물 ½컵을 넣고 5분 정도 불린 후 물 ½컵을
더 넣어 센 불에서 20분 정도 끓인 뒤 체에 밭쳐 우린 물 ½컵
을 받는다.

2 감자와 양파는 껍질을 벗긴 후 깨끗이 씻어 곱게 다진다.

3 냄비에 버터를 두르고 감자와 양파를 충분히 볶다가 산수유
우린 물을 붓고 끓인다.

4 끓어오르면 분유물을 넣고 한소끔 더 끓이다가 유아용 치즈를
잘게 다져 뿌린다.

천마채소밥

천마는 질병의 원인이 되는 나쁜 기운을 제거하고,
간의 힘을 길러주는 약재입니다.
채소와 함께 이유식으로 먹이면
아기의 기력을 회복시켜주는 효과가 탁월해요.

재료

천마 ··· 3g
물 ··· 1컵
무 ··· 50g
당근 ··· 10g
시금치 ··· 10g
배춧잎 ··· 10g
진밥 ··· 50g

만들기

1 냄비에 천마와 물 ½컵을 넣고 20분 정도 불린 후 물 ½컵을 더 넣어 센 불에서 10분 정도 끓이다가 중간 불로 줄여 20분간 더 끓인다. 체에 밭쳐 우린 물 ½컵을 받는다.

2 무와 당근은 깨끗이 씻어 껍질을 벗긴 뒤 0.5㎝ 크기로 다진다.

3 시금치는 깨끗이 씻어 줄기와 잎을 손질하고 끓는 물에 살짝 데쳐 찬물에 헹궈 물기를 짠 뒤 1㎝ 크기로 썬다.

4 배춧잎은 깨끗이 씻어 줄기 부분만 가늘게 채 썬다.

5 냄비에 잘게 썬 무와 당근, 시금치, 배추, 천마 우린 물을 넣고 끓이다가 채소가 익으면 진밥을 넣고 한소끔 더 끓인 뒤 불을 끈다.

감초돈육전

감초는 폐가 약해서 기침을 자주 하거나
감기에 자주 걸리는 아기에게 효과적이에요.
영양이 풍부한 돼지고기와 함께 먹이면
기력을 회복하는데 도움이 돼요.

재료

감초 ··· 3g	**돼지고기양념**
물 ··· 1컵	양파즙 ··· ½작은술
다진 돼지고기 ··· 20g	참기름 ··· 약간
양배추 ··· 3g	깨소금 ··· 약간
양파 ··· 15g	
당근 ··· 5g	
피망 ··· 5g	
소금 ··· 약간	
달걀 ··· ½개	
녹말가루 ··· 2큰술	
올리브오일 ··· 약간	

만들기

1 냄비에 감초와 물 ½컵을 넣고 5분간 불린 후 물 ½컵을 더 부어 센 불에서 10분 간 끓인 다음 체에 밭쳐 우린 물을 받는다.

2 볼에 다진 돼지고기와 양파즙, 감초 우린 물 2큰술, **돼지고기 양념**을 넣어 버무린다.

3 양배추는 한 장씩 잎을 떼어내어 깨끗이 씻어 굵은 심을 제거한 뒤 곱게 다진다.

4 양파는 껍질을 벗겨 깨끗이 씻어 곱게 다지고, 당근, 피망도 깨끗이 씻은 뒤 곱게 다진다.

5 2에 준비한 채소를 넣고 소금으로 간을 한 뒤 달걀과 녹말가루를 넣어 반죽한다.

6 반죽을 적당한 크기로 동그랗게 만들어 올리브오일을 두른 팬에 넣고 노릇하게 지진다.

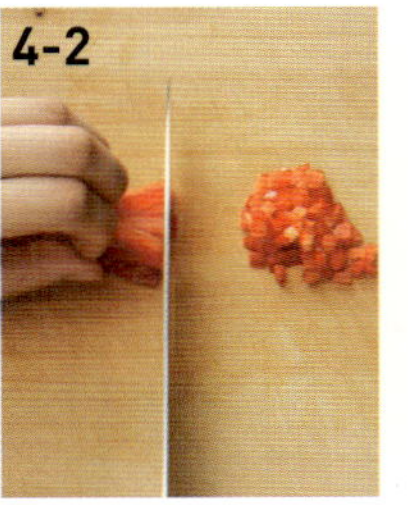

원지흰살생선 주먹밥

맛이 맵고 기운이 무거워 사람을 안정시키며
마음을 편안하게 하는 원지는 총명탕에 들어가는
대표적인 약재입니다. 아기가 쉽게 먹을 수 있도록
주먹밥을 만들어주세요.

재료

원지 · · · 3g
물 · · · 1컵
불린 쌀 · · · 20g
흰살생선 · · · 20g
시금치 · · · 10g
오이 · · · 20g
양파 · · · 5g
분유물(분유 또는 모유:물=1:1) · · · 약간
깨 · · · 약간
참기름 · · · 약간
버터 · · · 약간

만들기

1 냄비에 원지와 물 ½컵을 넣고 5분간 불린 후 10분 간 끓인 다
   음 체에 밭쳐 우린 물을 받는다.
2 불린 쌀에 물 1큰술과 원지 우린 물 1작은술을 넣어 밥을 짓는다.
3 흰살생선은 깨끗이 씻은 뒤 푹 쪄서 가시와 힘줄을 발라내고
   살만 잘게 부순다.
4 시금치는 줄기와 잎을 손질해 끓는 물에 살짝 데친 뒤 찬물에
   헹궈 물기를 짜내고 1㎝ 크기로 자른다.
5 오이는 깨끗이 씻은 뒤 돌려 깎기해 껍질을 벗기고 0.5㎝ 크기
   로 다지고, 양파는 껍질을 벗겨 씻은 후 곱게 다진다.
6 팬에 흰살생선, 오이, 시금치, 양파를 넣고 볶다가 **2**의 원지밥
   을 넣어 비빈다.
7 **6**에 검은 깨와 참기름을 넣고 비빈 후 삼각모양의 주먹밥을
   작게 만든다.

원지채소밥

원지는 머리를 맑게 만들어줄 뿐 아니라
혈액순환을 원활하게 해줘요.
여기에 식이섬유와 각종 비타민이 들어있는 채소를 함께 넣어
만들면 아기들에게 더없이 좋은 이유식이 됩니다.

재료

원지 ··· 3g
물 ··· ½컵
당근 ··· 20g
무 ··· 20g
배춧잎 ··· 20g
강낭콩 ··· 10g
불린 쌀 ··· 40g
다시마육수 ··· ½컵

다시마육수 만들기는
38p 참조

만들기

1 원지를 물 ½컵에 담가 5분 정도 불린 후 냄비에 넣고 센 불에서 10분간 끓인 뒤 체에 밭쳐 우린 물 ½컵을 받는다.

2 당근과 무는 껍질을 벗겨 깨끗이 씻어 3㎝ 길이로 얇게 채 썬다.

3 배춧잎은 깨끗이 씻어 줄기 부분만 3㎝ 길이로 얇게 채 썬다.

4 강낭콩은 흐르는 물로 깨끗이 씻어 4등분한다.

5 냄비에 불린 쌀, 원지 우린 물, 다시마육수, 손질한 당근, 무, 배춧잎, 강낭콩을 넣고 센 불에 올려 끓인다.

6 한소끔 끓어오르면 약한 불로 줄이고 쌀알이 퍼질 때까지 뜸을 들인다.

산마애호박 리조토

산마는 몸이 허약한 아기에게 자주 먹이면 좋은 약재입니다.
특히 편식이 심한 아기에게 먹이면 좋아요.

재료

산마 ··· 3g
애호박 ··· 50g
양파 ··· 20g
새우살 ··· 10g
올리브오일 ··· 1큰술
불린 쌀 ··· 40g
쇠고기육수 ··· 1컵
아기용 치즈 ··· ½장
소금 ··· 약간
파르메산 치즈 간 것 ··· 1작은술

만들기

1 산마는 깨끗이 씻어 껍질을 얇게 벗긴 후 강판에 곱게 갈아 베보에 놓고 즙을 내린다.

2 애호박은 껍질 부분을 강판에 갈고 남은 과육은 0.5㎝ 두께로 깍둑 썬다.

3 양파는 깨끗이 씻어 잘게 다지고, 새우살은 등 쪽의 내장을 빼낸 후 0.5㎝ 크기로 썬다.

4 팬에 올리브오일을 두르고 깍둑 썬 애호박과 손질한 양파, 새우살을 넣고 재료가 익을 때까지 볶다가 불린 쌀을 넣어 살짝 볶는다.

5 4에 1의 산마즙과 쇠고기육수를 한 국자씩 넣어가면서 끓인다.

6 쌀이 익을 때쯤 준비한 애호박 간 것을 넣고 끓이다가 쌀알이 푹 퍼지면 아기용 치즈를 넣고 소금 간을 한다.

7 6을 그릇에 담고 파르메산 치즈를 뿌린다.

백복신닭고기 볶음국수

총명탕의 재료이기도 한 백복신!
아기에게 꾸준히 먹이면 두뇌발달에 도움이 됩니다.

재료

백복신 ··· 3g
물 ··· 1컵
닭고기 ··· 20g
양파 ··· 20g
당근 ··· 20g
쌀국수 ··· 50g
참기름 ··· 약간
파래가루 ··· ½작은술

양념장

간장 ··· ½작은술
녹말물 ··· ½큰술
깨소금 ··· 약간

만들기

1 냄비에 백복신과 물 1컵을 넣고 센 불에서 끓이다가 중간 불에서 10분 정도 더 끓인 뒤 체에 밭쳐 우린 물 ⅓컵을 받는다.

2 닭고기는 힘줄과 기름기를 제거하고 고기결과 반대 방향으로 1㎝ 크기로 썬다.

3 양파와 당근은 껍질을 벗겨 깨끗이 씻은 후 0.5㎝ 크기로 다진다.

4 쌀국수는 끓는 물에 담가 부드러워질 때까지 불린 후 체에 밭쳐 물기를 뺀다.

5 팬에 참기름을 두르고 다진 양파, 당근, 닭고기를 넣어 볶는다.

6 양파가 투명해지면 백복신 우린 물을 넣어 **양념장**을 만들어 넣고 5분간 끓인 후 체에 건진 쌀국수를 넣어 볶는다.

7 쌀국수와 채소가 어우러지면 파래가루를 뿌린 뒤 잘 섞는다.

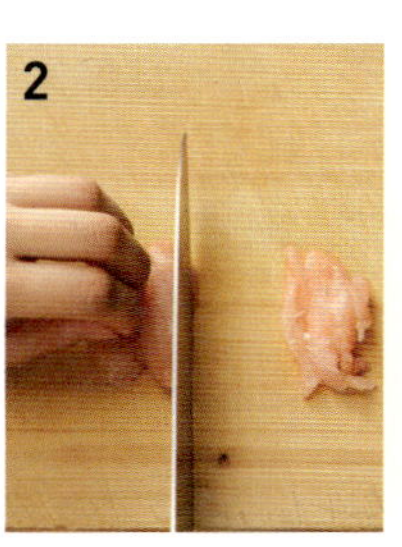

생지황완자구이

생지황을 꾸준히 먹이면 좋은 효과를 볼 수 있어요.

재료

생지황 ··· 3g
양파 ··· 20g
두부 ··· 20g
파프리카(청. 홍) ··· 10g씩
다진 쇠고기 ··· 50g
올리브오일 ··· 약간

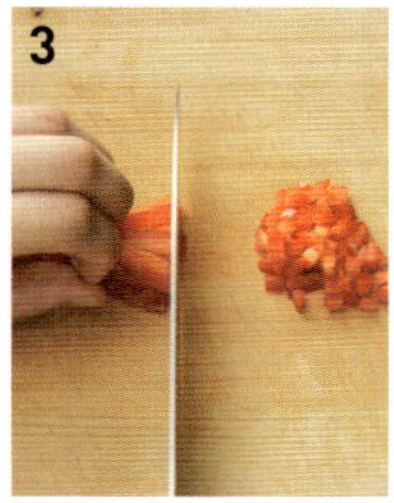

만들기

1 생지황은 껍질째 씻은 뒤 강판에 곱게 간다.

2 양파는 껍질을 벗겨 깨끗이 씻어 곱게 다지고, 두부는 면보로
　물기를 닦은 뒤 으깬다.

3 파프리카는 씨와 흰 부분을 잘라낸 뒤 곱게 다진다.

4 볼에 다진 쇠고기와 곱게 간 생지황, 양파, 두부, 파프리카를
　넣고 손으로 오래 치대어 반죽한다.

5 반죽을 지름 7㎝ 크기로 동글납작하게 빚어 반죽이 부서지지
　않게 치댄다.

6 팬에 올리브오일을 두르고 **5**의 반죽을 넣어 약한 불에서 노릇
　하게 속까지 익도록 굽는다.

감초감자조림

감초는 새 살이 나는 데 도움을 줍니다.
자주 넘어지거나 다치는 아기에게 먹이면 좋아요.

재료

감초 ··· 3g
물 ··· 1컵
메추리알 ··· 4개
감자 ··· 60g
양파 ··· 10g
양송이버섯 ··· 30g
올리브오일 ··· 약간

양념장
간장 ··· 1작은술
다진 파 ··· ½작은술
다진 마늘 ··· ¼작은술
물엿 ··· ¼작은술
참기름 ··· 약간
깨소금 ··· 약간

만들기

1 냄비에 감초와 물 ½컵에 넣어 5분 정도 불린 후 물 ½컵을 더
  넣어 센 불에서 10분간 끓인 뒤 체에 밭쳐 우린 물을 받는다.

2 메추리알은 삶아서 껍질을 벗긴다.

3 감자와 양파는 껍질을 벗긴 뒤 깨끗이 씻어 2㎝ 크기로 네모
  지게 썬다.

4 양송이버섯은 기둥을 떼어내고 깨끗이 씻은 뒤 갓 부분만 끓
  는 물에 데쳐서 2㎝ 크기로 썬다.

5 분량의 재료를 고루 섞어 **양념장**을 만든다.

6 팬에 올리브오일을 두르고 감자와 양파를 볶다가 양송이버섯
  과 양념장, 감초 우린 물 3큰술을 넣고 섞은 후 메추리알을 넣
  어 조린다.

천마사과설기

천마는 사과와 만나면 면역력을 높여주는
효과가 있는 진액을 생성합니다.
아기의 감기 예방에 효과적인 이유식이에요.

재료

천마 · · · 3g
물 · · · 1컵
사과 · · · 30g
감 · · · 30g
밤 · · · 2개
설탕 · · · 1큰술
건포도 · · · 5개
다진 호두 · · · 1작은술
멥쌀가루 · · · 50g
소금 · · · 약간

만들기

1 냄비에 천마와 물 ½컵을 넣어 20분 정도 불린 뒤 물 ½컵을
  더 넣어 센 불에서 10분 정도 끓이다가 중간 불로 줄여 20분간
  더 끓인다. 체에 밭쳐 우린 물 1작은술을 받는다.

2 사과는 깨끗이 씻은 뒤 껍질을 벗겨 1㎝ 크기로 깍둑 썬다.

3 감과 밤은 깨끗이 씻은 뒤 껍질을 벗겨내고 1㎝ 크기로 깍둑
  썬다.

4 냄비에 설탕과 **1**의 천마 우린 물을 넣고 중간 불에서 한소끔
  끓인 뒤 사과, 밤, 건포도, 다진 호두를 넣어 대강 버무린다.

5 멥쌀가루와 소금을 **4**에 넣고 잘 섞어서 반죽을 동글동글하게
  빚은 뒤 김이 오른 찜통에 넣고 15분 정도 찐다.

백복신고구마 양갱

백복신은 정신력을 기르고 지혜를 증진시키며
마음을 안정시키는 효능이 있어요.
한창 크는 아기에게 먹이면 두뇌발달은 물론
정서 안정까지 도모할 수 있답니다.

재료 

한천가루 ··· 3g
고구마 ··· 50g
백복신 ··· 3g
물 ··· 1컵
설탕 ··· 1큰술

만들기 

1 볼에 한천가루와 물 1큰술을 넣고 15분 정도 불린 후 중탕으로
  녹인다.

2 고구마는 깨끗이 씻어 푹 삶은 후 껍질을 벗겨 으깬다.

3 냄비에 백복신, 물 1컵과 함께 넣고 센 불에 끓인다. 한소끔 끓
  어오르면 중간 불로 줄여서 10분 정도 더 끓인 뒤 체에 밭쳐
  우린 물을 받는다.

4 냄비에 백복신 우린 물을 넣고 끓이다가 설탕을 넣어 녹인 후
  2의 으깬 고구마, 중탕으로 녹인 한천을 넣고 잘 젓는다.

5 플라스틱 틀에 깨끗이 씻은 **4**를 붓고 냉장실에 30분 정도 넣
  어 굳힌다.

6 **5**가 잘 굳으면 꺼내어 적당한 크기로 자르거나 모양 틀로 찍
  어낸다.

생지황딸기젤리

몸의 회복을 도와주는 생지황은
특히 아기가 열이 날 때 먹이면
열을 내려주고 쉽게 잠들 수 있게 해줍니다.

재료

생지황 ···5g
물 ···½컵
올리고당 ···2큰술
판젤라틴 ···1장
딸기 ···2~3개

만들기

1 생지황은 껍질째 씻은 뒤 강판에 곱게 간다.

2 냄비에 물 ½컵을 부어 끓이다가 곱게 간 생지황과 올리고당
을 넣고 생지황과 올리고당이 잘 섞일 때까지 끓인다.

3 판젤라틴은 찬물에 담가두었다가 물기를 꼭 짜낸 뒤 냄비에
넣고 약한 불에서 녹인 다음 **2**에 넣어 섞는다.

4 젤리 틀에 **3**을 부어서 냉장고에 넣고 10분 정도 굳힌다.

5 딸기는 깨끗이 씻어 꼭지를 떼고 2등분한다.

6 손으로 틀 바닥을 쳐서 살짝 굳은 젤리를 빼낸다. 젤리를 딸기
로 감싸서 냉장고에 다시 넣어 30분간 둔다.

THREE

- **아토피 아기**를 위한 이유식

- **아픈 아기**를 위한 이유식
  (감기, 설사, 변비, 구내염)

Special Page 내 아기를 위한 **건강 트렌드** 따라잡기

A

아토피는 알레르기 질환의 일부로 주로 피부에 증상이 나타나는 형태를 말합니다.
어릴 때 태열, 아토피가 생긴 아기들은 크면서
알레르기 비염, 결막염, 천식 등의 질환으로 진행되는 경우가 많아요.
이를 알레르기가 형태만 바꿔서 점점 변해간다고 해서 '알레르기 행진'이라고 합니다.
아토피 뿐만 아니라 태열, 음식 알레르기, 만성 두드러기, 비염 등의 질환이 있는 아기는
알레르기 체질로 보고 아토피 이유식을 진행하는 것이 좋아요.
아기의 비위기능을 높여 주어 아토피 체질을 개선하는 데 도움이 되는 이유식 정보를 소개합니다.

아기의 피부 증상이 아토피성 피부염인지 판단하는 데 도움이 되는 자가 테스트입니다. 테스트 결과만으로는 정확한 진단을 어려우므로 테스트 결과 26점 이상의 점수가 나온 경우라면 소아전문의를 찾아 정확한 진찰을 받아보는 것이 좋아요.

가족 중에 알레르기 증상이 있는 사람이 있어요	25점	□
눈 주위, 목둘레, 팔다리가 붉고 염증이 있어요	10점	□
여기저기 가려워해요	10점	□
염증이 생긴 부위에 진물이 흘러요	10점	□
얼굴, 목둘레, 팔다리의 피부가 하얗게 벗겨져요	10점	□
천식이 있어요	10점	□
아침마다 재채기를 하거나 맑은 콧물이 줄줄 흘러요	10점	□
두드러기가 잘 생겨요	5점	□
손바닥과 발바닥에 허물이 벗겨져요	5점	□
피부가 건조하거나 닭살이 있어요	5점	□

0~25점
아토피가 아니거나 혹은 아토피라 하더라도 비교적 가벼운 경우입니다. 음식과 집 안의 온도와 습도, 피부 보습 등을 관리하면서 좀 더 지켜보세요.

26~45점
아토피성 피부염일 가능성은 많지만 비교적 가벼운 증상이므로 관리를 잘하면 극복할 수 있습니다. 아토피를 유발할 수 있는 음식, 환경, 보습에 유의하는 것만으로도 좋아질 수 있어요. 패스트푸드나 인스턴트식품은 피하고 아기의 피부가 건조해지지 않게 신경 써주세요. 하지만 생활관리 후에도 증상이 호전되지 않거나 아기가 가려움증 등으로 힘들어한다면 소아전문의의 진단과 처방을 받는 것이 좋습니다.

46~100점
아토피성 피부염의 증상이 상당히 오래 진행되어 아기가 힘들어할 가능성이 높습니다. 일반 생활관리만으로는 증상을 호전시키기 어려우므로 소아전문의의 진료를 통한 적극적인 치료가 필요합니다.

● 아토피 아기의 이유식 원칙 9

1 이유식은 생후 6개월부터 차근차근 시작하세요

아토피가 있거나 의심되는 아기라면 이유식은 되도록 천천히 시작하는 게 좋아요. 생후 6개월 무렵부터가 적당합니다. 생후 6개월 그전에는 장을 지키는 IgA라는 면역물질을 충분히 만들어낼 수 없어 알레르기를 일으킬 확률이 높아요.

2 반드시 식사일기를 쓰세요

아토피 아기는 물론이고 별 다른 증상이 없는 아기에게 이유식을 줄 때도 식사일기를 써야 합니다. 이유식을 하면서 아기에게 발진이나 두드러기 같은 것이 생겼다면 원인 식품을 찾아야 해요. 이때 아기에게 먹인 것을 메모해두면 큰 도움이 됩니다. 식사일기에는 음식 종류뿐 아니라 재료와 분량, 그리고 조리방법도 함께 기록하세요.

아기에게 갑자기 아토피 반응이 나타났다면 처음에는 그전에 먹였던 재료들로 이유식을 만들어 먹이세요. 3~7일 간격을 두고 한 가지씩 재료를 바꾸어보세요. 만약 아기의 증세가 좋아진다면 최근에 사용한 새로운 재료가 알레르기의 원인임을 알 수 있습니다.

3 음식 제한은 신중하게 결정하세요

아토피가 의심된다면 알레르기를 잘 일으킨다고 알려진 음식을 우선 삼가는 게 좋습니다. 이런 음식은 아기의 소화 기능을 떨어뜨리고 알레르기 반응을 유도해 아토피를 더욱 악화시킬 수 있어요. 다만 무작정 원인이 되는 음식을 모두 피하면 자칫 영양결핍이 생길 수 있으므로 우선 병원을 찾아 소아전문의와 상의 후 결정하세요. 알레르기를 잘 일으키는 식품이라도 모든 아기에게 적용되는 것은 아니며 또 아토피가 있는 아기라도 반드시 반응이 나타나는 건 아닙니다.

4 다양한 재료 영양의 균형을 맞춰주세요

이유식 재료는 일반 아기와 마찬가지로 개월 수에 맞춰 다양하게 사용하세요. 그러다 특정 식품에 대한 아토피 반응이 나타나면 일단 그 식품을 중단한 뒤 몇 개월간 경과를 지켜보세요. 심하지 않은 경우라면 대개 만 두 돌 이후에는 자연스럽게 극복되는 경우가 많으므로 그때 다시 시도하면 됩니다.

5 채소, 과일도 익혀서 먹이세요

보통 영양 성분 중에서는 단백질이 아토피를 잘 일으킨다고 알려져 있습니다. 식품 속에 들어있는 단백질은 삶고, 찌고, 데치는 등 열을 가해서 익히면 성분이 변화되어 아토피를 덜 일으킵니다. 아기에게 줄 음식은 채소나 과일까지도 처음에는 익혀서 먹이는 게 안전해요. 아토피 아기의 경우 이상 반응이 없다면 생후 10개월 이후부터 조금씩 생것을 먹여보세요.

6 조리법을 바꿔보세요

식사일기를 통해 아토피의 원인 음식을 알아냈다면 무조건 그 음식을 끊지 말고 조리법에 변화를 주어보세요. 날것으로 먹였다면 익혀서 주고, 볶거나 튀긴 음식이었다면 삶거나 찌는 조리법으로 바꾸어 보세요.

7 대체식품을 적극 활용하세요

아토피를 일으키는 식품이라고 무조건 먹이지 않으면 영양의 불균형을 초래하기 쉬워요. 아토피가 아주 심한 경우가 아니라면 한두 가지 정도의 대체식품은 반드시 찾을 수 있습니다. 아기가 5대 영양소를 골고루 섭취하도록 다양한 대체식품을 활용하세요.

- **우유** ⇨ 달걀, 콩류, 해조류
- **달걀** ⇨ 두부, 닭고기, 쇠고기
- **콩** ⇨ 달걀, 닭고기, 우유, 김, 미역, 다시마, 파래
- **밀가루** ⇨ 쌀로 만든 빵, 당면, 감자, 떡
- **쇠고기** ⇨ 닭고기, 흰살생선
- **닭고기** ⇨ 쇠고기, 흰살생선
- **돼지고기** ⇨ 쇠고기, 흰살생선
- **생선** ⇨ 두부, 달걀, 쇠고기, 닭고기

8 면역력을 높이는 음식을 먹이세요

아토피 아기는 면역력이 약하기 때문에 음식으로 면역력을 키워주면 증상 완화에 도움이 됩니다. 특히 해조류와 채소류가 좋아요. 무기질과 비타민이 풍부하게 들어있고 장내에 유익한 세균이 번식하도록 돕는 이유식 중기부터 먹이면 좋습니다. 다만 해조류 자체에 짠맛이 있으므로 조리 전에 짠기를 충분히 빼주어야 해요. 다시마육수를 사용하거나 미역국 등으로 만들어주세요. 비타민이 풍부한 채소와 감자 등도 적극 활용하세요.

9 신선한 제철 재료를 사용하세요

제철 재료는 그 계절에 필요로 하는 영양소를 가장 많이 함유하고 있습니다. 제철 음식을 통해 그때그때 필요한 기운을 적절히 흡수하면 면역체계가 균형을 찾는 데 큰 도움이 됩니다. 그리고 육류와 생선은 특히 신경 써서 신선한 것을 먹이세요.

● 아토피 아기가 피해야 할 식품

• **인스턴트식품** 각종 색소와 첨가물 덩어리인 음료수, 과자, 패스트푸드 등은 아토피 아기가 피해야 할 대표적인 음식입니다. 굳이 아토피 때문이 아니더라도 아기의 건강한 성장발달을 위해서는 먹이지 말아야 합니다. 특히 인스턴트식품은 인체에 해로운 첨가물은 물론 여러 가지 재료를 섞어서 만들기 때문에 한 가지 재료로 만든 식품에 비해 아토피나 알레르기를 일으킬 가능성이 높습니다. 간식도 되도록 엄마가 직접 만들어주세요.

• **단 음식** 아기가 건강하게 성장하려면 어릴 때부터 다양한 단백질을 충분히 섭취해야 합니다. 그런데 단 음식을 많이 먹으면 체내 단백질 영역이 자꾸 줄어들게 됩니다. 이럴 경우 단백질이 편협한 성질을 갖게 되면서 변형되어 아토피나 알레르기를 일으킬 수 있어요. 또한 아기의 몸속에 당이 많아지면 체온이 올라가고 과민반응을 일으켜 아토피성 피부염이 발생하기 쉽습니다. 다만 단백질은 자칫 아토피나 알레르기 반응의 직접적인 원인이 될 수 있으므로 한 가지씩 단계를 밟아 먹이는 게 중요해요.

• **유전자변형식품** 수입 콩이나 옥수수, 감자 중에는 유전자변형농법으로 생산된 것이 상당히 많아요. 원재료뿐 아니라 이런 식품이 함유된 식용유, 간장, 된장, 고추장, 당면, 전분, 올리고당, 두부, 과자, 통조림, 두유 등도 먹이지 마세요. 인공적으로 만들어진 식품은 알레르기 유발 단백질을 만들어 낼 가능성이 있어 아토피가 있는 경우엔 피하는 게 좋습니다.

• **풋과일** 이유식 재료는 충분히 숙성된 것을 사용하세요. 특히 과일의 경우, 채 익지 않은 상태에서 출하되는 경우가 종종 있는데 이런 풋과일 속에는 아기에게 아토피나 알레르기를 일으키는 물질이 들어있기 때문에 피해야 합니다.

• **식품첨가물** 우리가 먹는 농산물, 축산물, 어패류 등은 시간이 지나면서 부패, 변질하기 마련입니다. 그런데 가공, 거래하는 과정에서 유효기간을 늘리고 보다 보기 좋은 상품으로 만들기 위해 여러 가지 색소, 방부제, 살균제 등이 첨가됩니다. 예를 들어 과자, 빵, 빙과류 등에 많이 쓰이는 아황산표백제의 경우 많이 먹으면 신경염 및 순환기장애, 위 점막 자극, 기관지염, 천식유발 등의 부작용이 생길 수 있어요. 호흡기나 소화기관에 자극을 주는 음식은 면역력이 떨어지는 아토피 아기들에게 좋지 않습니다.

• **선식, 생식** 간혹 생식이나 선식이 아토피에 효과가 있는 것처럼 홍보하는 경우가 있는데 사실은 그 반대입니다. 아기에게는 생것보다 익힌 음식이 소화에 부담을 주지 않아 더 좋습니다. 또한 여러 가지 곡물가루를 섞어 만든 생식과 선식은 어떤 한 가지라도 아기에게 맞지 않으면 알레르기를 일으킬 수 있는데 그 원인을 찾아내기는 어려워요. 그래서 모두 이유식으로는 권하지 않습니다.

• **식용유와 기름진 가공식품** 기름기 많은 음식에 들어있는 지방 성분은 우리 몸속에서 활성산소와 결합해 과산화지질이라는 물질을 만들어냅니다. 이 과산화지질은 우리 몸의 세포를 파괴하는 역할을 하기 때문에 아토피성 피부염을 더욱 악화시켜요. 식용유 대신 올리브오일이나 포도씨유를 사용하고 오래된 것이나 한 번 사용했던 기름은 다시 사용하지 않도록 합니다.

아토피 아기가 주의해야 할 식품

- **생우유** 반드시 돌이 지난 후에 먹이세요. 또한 우유 알레르기가 심한 아기는 우유뿐 아니라 요구르트, 치즈 등을 비롯해 우유가 들어간 가공식품도 주의해야 합니다.

- **달걀** 노른자보다 흰자가 아토피나 알레르기를 일으킬 확률이 높습니다. 노른자는 생후 7개월부터, 흰자는 돌 이후부터 먹이되 반드시 익혀야 합니다.

- **밀가루** 생후 7~8개월부터 먹여도 되지만 되도록 늦게 먹이는 게 좋습니다. 보통 국수나 빵으로 먹이는데 국수는 면발만, 빵은 잼이나 버터 같은 첨가물 없이 먹이세요. 과자는 첨가물이 많이 들어가므로 가급적 먹이지 마세요.

- **돼지고기** 쇠고기나 닭고기에 비해 돼지고기는 아토피나 알레르기를 일으키기 쉽습니다. 쇠고기나 닭고기는 생후 6개월이 지나서, 돼지고기는 첫돌 이후에 조금씩 먹이되 지방은 떼어내고 살코기만 완전히 익혀주세요.

- **등푸른생선** 고등어, 꽁치 같은 등푸른생선도 알레르기를 일으키는 대표적인 식품입니다. 이유식으로 생선을 사용할 때는 흰살생선으로 시작하고 차츰 연어, 도미 같은 붉은살생선을 주세요. 등푸른생선은 첫돌이 지난 후에 먹이도록 하세요. 흰살생선도 껍질을 제거하고 살만 먹여야 합니다.

- **새우, 게** 갑각류는 적은 양으로도 아토피나 알레르기를 일으킬 수 있어요. 아토피가 없는 아기라도 돌이 지난 후에 아주 조금씩만 먹여봐서 반응을 보고, 아토피가 있는 아기라면 좀 더 늦게 먹이는 게 좋습니다.

- **딸기, 토마토** 과일 중에는 딸기, 토마토, 복숭아, 키위 등이 아토피나 알레르기를 일으키기 쉽습니다. 아토피가 있는 아기라면 돌 이후에 되도록 천천히 시작하세요.

- **땅콩** 견과류 역시 주의해야 할 식품입니다. 그 중에서도 땅콩 알레르기가 가장 심한데, 어른이 될 때까지 계속되는 경우가 많으므로 세 살 이후에 먹이기를 권합니다. 모유 수유하는 엄마도 땅콩은 피하세요. 호두나 아몬드, 씨앗류는 첫돌 무렵부터 먹이는 게 좋습니다.

변비 있는 아토피 아기의 이유식을 만들 때

아토피성 피부염을 앓고 있는 아기는 몸에 열이 많은 경우가 많아 이유식을 하면서 변비가 더 심해지기도 합니다. 이럴 때에는 수박, 감, 배, 참외 같은 성질이 찬 과일이나 양배추, 시금치, 브로콜리, 콜리플라워, 아스파라거스, 셀러리, 양상추 같은 섬유소가 풍부한 채소가 좋습니다. 이유식은 푹 삶거나 익히는 조리법이 많아 장의 활동이 둔해져 변비의 원인이 될 수도 있으므로 조리법에도 주의를 기울여야 합니다. 변비가 있는 아토피 아기라면 보통 아기보다 채소를 조금 더 넣는 것이 좋아요. 미역, 잣, 호두, 고구마, 옥수수, 참깨, 들깨 등이 변비에 좋은 식품입니다. 홍시, 곶감, 사과즙, 꿀, 인삼, 아이스크림 등은 피하세요.

🔸 아토피 아기의 이유식 단계별 진행 요령

아토피 초기 이유식 생후 6~7개월

아토피 아기의 이유식 시작시기는 일반 아기보다 한두 달 늦은 생후 6~7개월부터가 적당합니다. 모유나 분유를 1회에 200㎖까지 먹을 수 있고, 수유 간격이 일정하다면 이유식을 시작해도 좋습니다. 첫 이유식은 쌀미음 또는 찹쌀과 멥쌀을 3:7 비율로 섞은 미음을 10배죽(쌀:물=1:10)으로 아주 묽게 쑤어 먹입니다. 하루에 한 숟가락부터 시작해 며칠 간격으로 한 숟가락씩 늘려 1회 양을 50g까지 늘리세요. 쌀미음을 3숟가락 정도 먹을 수 있게 되면 채소를 첨가해보세요. 새로운 재료의 첨가는 한 번에 한 가지씩, 적어도 3~7일 간격을 두고 이상 반응이 없는지 확인한 후 진행해야 합니다. 채소가 들어간 이유식을 별 탈 없이 잘 받아먹으면 과일을 먹이는데 처음에는 열을 풀어주는 배가 좋고, 다음엔 사과를 먹여봅니다. 이런 방법으로 이유식 첫 한 달 동안은 하루에 한 번 이유식을 먹이세요. 이유식을 먹이는 동안 이상 반응이 없다면 계속 진행합니다.

아토피 중기 이유식 생후 8~9개월

아기의 발육상태에 문제가 없다면 이유식을 시작한 지 한두 달 후부터 중기 이유식을 시작하세요. 이 시기에는 철분 공급을 위해 육류가 꼭 필요해요. 우선 쇠고기로 시작해 1주일 정도 반응을 살핀 뒤 닭가슴살을 먹여보세요. 그리고 차츰 단백질 공급원인 두부와 흰살생선 등을 조심스럽게 먹이기 시작하세요. 이 시기에는 쌀 이외의 곡류도 먹일 수 있어요. 조, 녹두 같은 저알레르기 곡류를 소화가 잘 되도록 충분히 불려서 곱게 빻아 조리해서 먹이기 시작하세요.

아토피 후기 이유식 생후 10~11개월

일반 이유식의 진행과 마찬가지로 후기에는 하루 세끼를 이유식으로 먹이세요. 이유식을 통해 충분한 영양을 골고루 섭취할 수 있도록 탄수화물, 단백질, 비타민, 무기질 등을 균형있게 챙겨주세요. 지금까지 저알레르기 식품을 통해 아기의 아토피 증상이 좋아졌다면 이제 그동안 제한했던 식품들을 조심스럽게 시도해보세요. 무분별한 식품 제한은 체격과 면역력을 떨어뜨려 결국 아토피를 더 심하게 하는 악순환으로 이어질 수 있습니다. 무리한 제한식이 영양결핍이 되지 않도록 대체식품들을 최대한 활용하여 이유식을 만들어주세요.

아토피 완료기 이유식 생후 12개월 이후

이제는 진밥 형태로 하루 세끼를 주고 하루 두 번 간식도 챙겨주어야 합니다. 그동안 미뤄왔던 식품들을 하나둘 먹여보기 시작하세요. 쇠고기나 닭고기를 먹고 나서 괜찮다면 돼지고기를 살코기로 먹여보고 생우유와 유제품, 달걀 등도 다양한 방법으로 조리해주세요. 간식은 시판 과자보다 엄마가 직접 만든 찐 감자나 고구마, 단호박 등의 천연 간식이 가장 좋습니다. 다만 염증이 있을 때는 튀김 등 기름진 음식은 절대 먹이지 마세요.

아토피 아기에게 좋은 음성 식품

속열이 많은 아토피 아기에게는 음기가 강한 음식이 좋아요. 음기가 강한 음식은 서늘한 음식으로도 불리는데 식품이 지닌 고유한 성질을 말하는 것이지, 얼음이나 냉수처럼 차가운 상태를 뜻하는 것은 아니에요. 아기의 개월 수에 맞춰 먹여보고 아토피로 의심되는 증상이 나타나면 삼가도록 하세요.

- **곡류** 보리, 콩류, 메밀 등
- **채소류** 배추, 양배추, 상추, 시금치, 근대, 아욱, 깻잎, 양상추, 신선초, 가지, 호박, 오이, 감자, 우엉, 더덕, 토란, 씀바귀, 질경이, 고들빼기, 머윗대, 콩나물, 숙주나물 등
- **해산물 · 어패류** 미역, 다시마, 삼치, 명태, 모시조개, 대합, 바지락, 오징어 등
- **과일류** 감, 대추, 배, 감귤류, 사과, 포도, 키위, 딸기, 산딸기, 자두, 참외, 앵두, 멜론, 자몽, 참다래, 모과 등
- **가공식품류** 곤약, 메밀묵, 청포묵, 두부, 두유
- **양념류** 청국장, 된장, 간장, 참기름, 들기름, 유채기름, 들깨
- **음료** 감잎차, 결명자차, 보리차, 칡차, 더덕차, 들깨차, 녹차, 뽕잎차, 대추차, 질경이 달인 물 등

피부가 좋아하는 음식

- **과일, 채소** 피부의 면역력을 높여 주는 음식입니다. 특히 비타민이 많이 들어있는 녹황색 채소는 식이섬유가 풍부해 변비에도 좋습니다. 또한 수면 각성리듬에 관여하는 신경전달물질 세로토닌을 만들어 아기의 숙면을 돕기 때문에 고운 피부를 만드는 데 효과적입니다.
- **물** 아기는 엄마가 챙겨주지 않으면 물을 잘 안 마십니다. 평소 끓인 보리차나 미네랄이 풍부한 물을 작은 컵으로 하루 7잔 정도 마시게 하세요. 특히 겨울철에 실내에서 주로 생활하다 보면 피부가 쉽게 건조해집니다.
- **잡곡밥** 유아식 단계부터 먹이면 좋아요. 섬유질이 풍부하게 들어 있는 현미, 보리, 녹두, 율무 등은 변비를 예방하고 장을 깨끗하게 청소해 몸 전체의 순환은 물론 피부 혈색도 좋게 합니다. 단, 지나치게 잡곡을 많이 먹이면 몸에 흡수가 안 돼 소화불량이 될 수 있으므로, 우선 소량을 먹여보아 아기가 무리 없이 소화하는지 반응을 살핀 후 서서히 양을 늘립니다.
- **된장국, 흰살생선** 환절기가 되면 얼굴에 울긋불긋 아토피가 생기는 아기에게 된장국을 먹이면 특히 효과가 좋아요. 된장국은 피부에 자극을 주지 않으면서 몸의 열을 내리고 흰살생선은 피부의 면역력을 높여줍니다.

아기가 아프면 엄마는 애가 탑니다.
병원에 가서 진찰을 받고 약물치료를 하는 것 못지않게
아픈 아기의 영양섭취도 중요합니다.
하지만 아기도 어른처럼 아프면 입맛이 없고 소화력도 떨어집니다.
감기, 설사, 변비, 구내염 등 증상별로 아기가 먹기 좋고,
소화도 잘 되고 거기에 치료 효과까지 겸할 수 있는
이유식 정보를 소개합니다.

1 묽게 만들어 조금씩 자주 먹이세요

아프면 소화력이 떨어지므로 무엇보다 소화가 잘 되는 음식을 만들어 주는 것이 중요합니다. 따라서 아플 때 먹이는 이유식은 평소보다 물의 양을 2배 정도 더 잡아 묽게 만드세요. 한꺼번에 많이 먹이는 것도 소화에 부담이 되므로 주의하세요. 하루에 먹는 양은 아프기 전과 비슷하게 맞추되 조금씩 자주 주세요.

2 열량과 수분 보충에 신경쓰세요

아픈 아기가 먹으려 하지 않는다고 이유식을 포기하면 안 됩니다. 이유식 대신 분유를 주는 것도 좋지 않아요. 자칫 회복 후 아기가 분유만 먹으려 할 수 있기 때문입니다. 기력을 회복하기 위해서는 빠져나간 에너지를 보충할 수 있는 충분한 영양이 공급되어야 합니다. 특히 감기를 앓거나 설사를 하는 경우에는 수분이 많이 빠져나가므로 수분 보충에 신경쓰세요.

3 수분 보충은 '물'이 최고!

물 대신 이온음료나 아기용 주스를 먹이는 것은 좋은 방법이 아니에요. 미지근한 물이나 보리차가 가장 좋으며 묽게 쑨 미음도 괜찮습니다. 주스는 특히 설사를 더 심하게 만들 수 있고, 이온음료는 기본적으로 어른을 위한 음료인데다 여러 가지 첨가제가 들어 있어 주의해야 합니다.

4 이유식은 약을 먹인 뒤에 주세요

대부분의 약은 아기의 컨디션이 가장 좋지 않을 때 먹이게 됩니다. 약의 종류에 따라 차이는 있지만 보통 약을 먹이기 전에 이유식을 먼저 먹이면 약효가 떨어질 확률이 높습니다. 우선 약을 먹인 뒤 1시간쯤 지나 약효가 몸에 퍼지면 그때 이유식을 먹이세요.

5 증상이 좋아지면 서서히 이유식 단계를 높이세요

아기의 병세가 나아졌다고 곧바로 이유식을 먹이는 건 삼가야 합니다. 위가 놀라지 않도록 하루 이틀은 현재 먹고 있는 이유식의 전단계로 돌아가 부드러운 쌀죽부터 먹이다가 점차 한 가지씩 첨가해서 서서히 단계를 맞추세요. 식욕부진으로 떨어진 기력을 회복하기 위해서는 두부, 흰살생선 같은 부드러운 단백질 식품이 좋고, 면역력을 높이는 녹황색 채소를 첨가해 만드는 것도 좋습니다.

아기에게 가장 흔한 질병으로 감기를 꼽을 수 있습니다.
바이러스에 의한 감염이 주원인으로 열이 나고 기침, 콧물, 코막힘은 물론
구토나 설사 등의 증상을 동반하기도 합니다.
아기가 감기에 걸리면 소화력이 떨어지고 입맛을 잃어 잘 먹지 않게 됩니다.
일단 감기에 걸리면 이유식은 한 단계 뒤로 후퇴하고 충분한 수분 섭취와 고열량, 고단백,
고비타민 식사가 되도록 신경 써서 부드럽게 조리한 음식을 아기에게 먹이세요.

● 감기 걸린 아기의 이유식 원칙 4

1 열감기에는 수분 보충이 중요해요

열이 나면 몸 안의 수분이 빠져나가고 체력소모도 커지므로 부족한 열량과 수분을 채워주는 것이 중요합니다. 만약 아기가 고열로 잘 먹지도 않고 설사까지 한다면 수분 보충이 우선입니다. 모유나 분유 외에 끓여서 식힌 보리차나 묽은 미음 등을 자주 먹여주세요. 하지만 열이 나도 잘 먹고 설사를 하지 않는다면 아기가 좋아하는 이유식을 그대로 주어도 좋습니다.

2 기침이 심할 땐 목과 가슴을 따뜻하게!

기침은 몸 안에 들어온 안 좋은 세균이나 이물질을 밖으로 내보내기 위한 것이므로 억지로 못하게 막으면 안 됩니다. 하지만 심하게 기침을 하면 아기가 숨을 쉬기 힘들어 괴로워하게 되고 심할 경우 목에 염증이 생겨 구내염이나 편도선염으로 발전할 수도 있습니다. 방 안 공기가 건조하지 않게 습도를 조절하고, 목이 마르지 않게 수시로 수분을 보충해주세요. 부드러운 푸딩이나 연두부맑은국, 생선죽 등을 먹이면 도움이 됩니다.

3 고열량, 고단백 식사가 필요해요

아기가 감기에 걸리면 활동량은 줄지만 감기 바이러스와 싸우기 위해 대사량은 오히려 증가해 칼로리 요구량도 많아집니다. 감기 바이러스와 대항할 면역단백질을 합성하기 위해서는 충분한 영양섭취가 필수입니다. 잘 먹지 못하면 근육에 저장되었던 에너지가 빠져나가 체력손실이 생길 수밖에 없습니다. 아기가 잘 먹지 못한다면 고열량의 음식을 조금씩 자주 먹여보세요. 재료는 평소보다 더 잘게 썰어 조리하고 뜨거울 경우 목에 자극을 줄 수 있으므로 충분히 식혀서 줍니다.

4 면역력에 좋은 비타민도 충분히!

비타민 A의 전구체인 카로틴을 비롯해 비타민 B1, C 등은 면역력을 증가시켜줍니다. 아기의 월령에 맞춰 비타민이 풍부하게 들어있는 재료로 이유식을 만들어주세요.

단백질이 풍부한 식품
두부, 흰살생선, 닭가슴살, 쇠고기, 달걀노른자 등

카로틴이 풍부한 식품
당근, 고구마, 시금치, 호박, 쑥갓, 브로콜리, 토마토, 오이, 미나리

비타민 B1이 풍부한 식품
현미, 보리, 콩류, 곡식배아, 감자, 채소, 돼지고기, 생선, 밤

비타민 C가 풍부한 식품
감자, 밤, 배추, 양배추, 피망, 콩나물, 쑥, 시금치, 무, 사과, 대추, 감, 귤

● 감기에 좋은 이유식 재료

- **브로콜리** 브로콜리에 함유된 비타민 U는 위궤양, 만성위염 등에 도움을 준다는 보고와 헬리코박터 파일로리균 억제 효과가 있는 설포라페인이라는 성분도 확인되었습니다. 브로콜리의 베타카로틴과 셀레늄은 항암작용과 어린이의 성장발육 및 면역강화에 도움을 주며 비타민 C는 레몬의 2배, 감자보다 7배나 많이 포함되어 있어 질병에 대한 면역력을 높여줍니다. 칼슘과 철, 무기질도 풍부해서 기초 건강을 다져주는 식품으로도 손색이 없어요.

- **양배추** 몸을 따뜻하게 하고 신진대사를 활발하게 하여 장과 위를 잘 통하게 해줍니다. 필수 아미노산인 라이신이 많이 들어있고 칼슘 함량이 높아 성장기 아기에게 좋아요. 비타민 C도 많아 감기 예방에도 효과적입니다.

- **당근** 대표적인 녹황색 채소인 당근은 카로틴을 다량 함유하고 있어 바이러스에 대한 저항력을 강화시킵니다.

- **단호박** 속을 따뜻하게 하고 위의 기능을 도와 음식물의 소화흡수를 촉진시킵니다. 카로틴이 풍부해 감기에 대한 저항력을 키워주고, 비타민과 미네랄이 풍부하여 신진대사를 활발하게 합니다.

- **닭고기** 육질이 부드럽고 연해 소화흡수가 잘 됩니다. 서양에서는 몸살감기를 앓는 아기에게 치킨수프를 먹이는 전통이 있어요. 철분과 필수 아미노산은 성장기 어린이에게 도움이 되며, 불포화지방산인 리놀레산은 암과 심장병, 동맥경화 예방에도 좋습니다. 몸이 허약해 잔병치레가 잦고 소화기능이 떨어져 식욕이 없을 때 먹여도 좋아요.

● 한방에서 보는 '감기'

한방에서는 감기의 원인을 '사기邪氣' 즉 나쁜 기운이 몸 안에 들어와서 생긴다고 봅니다. 찬 기운으로 인해 호흡기가 약해지면서 시작되는데, 아기가 건강할 땐 괜찮지만 몸이 약해지면 사기를 다스리지 못해 감기에 걸리게 된다는 것이죠. '감기는 약을 먹어도 1주일, 안 먹어도 7일'이라는 말이 있듯이 별다른 치료약은 없어요. 특히 생후 24개월 미만의 아기에게는 감기약 성분이 안전하지 않으므로 주의해야 합니다. 2008년 1월 식품의약품안전청에서 발표한 영유아감기약사용제한조치에 따르면 되도록 감기약 사용을 자제하되 꼭 필요한 경우에만 의사의 지시에 따르라고 당부하고 있습니다. 외국에서도 감기약 처방보다는 휴식과 수분 섭취, 비타민 C를 권하는 경우가 많아요. 아기가 감기에 걸렸다고 무턱대고 약부터 먹이지 말고 아기 스스로 감기를 이겨낼 수 있도록 도와주면서 옆에서 지켜보세요.

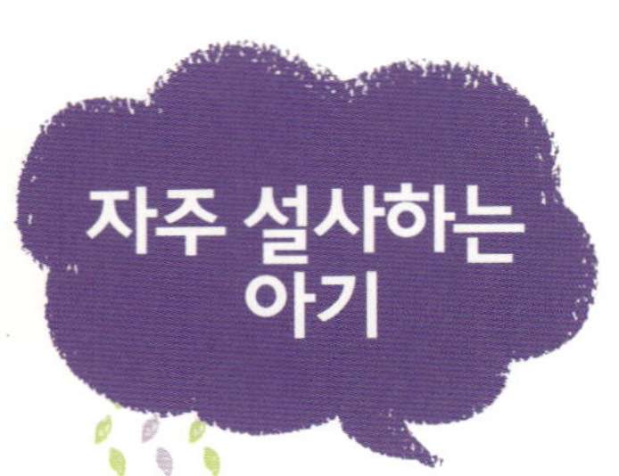

설사는 감기만큼이나 아기에게 자주 일어나는 증상입니다.
아기가 설사를 하는 원인은 다양합니다. 감기 때문일 수도 있고 이유식을
너무 서둘러 시작했다거나 갑자기 많은 양을 먹었을 때, 음식 알레르기나
세균 감염에 의한 것일 수도 있습니다. 설사는 해도 아기가 기분이 좋고 식욕도 있을 땐
괜찮지만 물 같은 설사가 심하거나 끈끈한 점액, 피나 농 같은 것이 섞여 나오면 빨리
치료를 받아야 합니다. 설사하는 아기의 이유식은 탈수를 예방하고 장내 환경을 개선시켜
설사를 멎게 하는 게 우선입니다. 소화가 잘 되는 음식으로 떨어진 식욕을 회복시켜 주세요.

● 자주 설사하는 아기의 이유식 원칙 3

1 장내 유익균이 살기 좋은 환경을 만들어주세요

장 속의 유해균과 유익균의 균형이 깨지면 설사를 하는데 이때 젖산간균, 비피더스균, 유산균 등의 프로바이오틱균을 섭취하면 장 속의 유해균 번식이 억제되어 설사를 멎게 하고 증상이 오래 지속되지 않게 도움을 줍니다. 올리고당이 다량 함유된 바나나 등도 좋습니다.

2 물을 자주 먹여 탈수증을 막아요

질병으로 인한 것이든, 흔하게 싸는 묽은 변이든 설사가 계속되면 몸 안의 수분이 많이 빠져나가게 됩니다. 하루에 10회 이상 물과 같은 변을 보면 탈수증이 생기므로 미지근한 보리차나 묽은 미음 등을 자주 먹여 예방해주세요.

3 소화가 잘 되는 재료를 선택해요

설사를 한다고 무조건 굶겨선 안 됩니다. 설사 증상이 가볍고 아기도 곧잘 먹으면 이유식을 한 단계 전으로 돌아가 소화가 잘 되도록 부드럽게 만들어줍니다. 설사 증상이 좀 나아지면 변을 좋게 하는 밤, 바나나, 사과 등을 넣은 이유식을 만들고, 설사가 멈추면 섬유질이 적은 채소와 두부, 흰살생선 등을 넣은 이유식을 만들어 먹이세요.

설사에 좋은 이유식 재료

- **찹쌀** 멥쌀에 비해 소화가 잘 되기 때문에 소화기가 약하고 몸이 찰 때 먹으면 약한 기운을 보강하여 구토와 설사를 멎게 합니다. 단, 열이 많을 때 너무 많이 먹으면 오히려 변이 단단해지거나 소화를 시키지 못하므로 주의하세요.

- **밤** 탄닌 성분이 설사를 멎게 도와줍니다.

- **조** 조의 찬 성질은 비위의 열을 내려주어 소화가 잘 되게 하고 구토와 설사를 멎게 하는 효능이 있어요. 묵은 좁쌀로 미음을 만들어 먹이면 소갈증과 이질에도 효과가 있는데, 특히 좁쌀과 인삼을 함께 끓여서 만든 즙이 좋습니다.

- **감자** 체액을 구성하는 칼륨이 많아 탈수를 예방하고 소화흡수가 잘 되어 설사하는 아기에게 도움을 줍니다.

- **대추** 오장육부를 보하고 피로를 풀어주어 원기회복에 좋고 약한 위장과 소화기관도 튼튼히 해줍니다. 생대추에는 비타민 C가 많고, 말린 대추에는 당질, 철, 칼슘이 다량 함유되어 있는데 특히 말린 대추는 피를 보하는 약재로 쓰여 체내에서 수분과 진액을 생성하여 설사, 식욕부진, 신경안정, 빈혈증에 효과가 있습니다.

- **흰살생선** 육질이 부드럽고 지방의 함량이 적어 담백한 맛을 냅니다. 또한 단백질, 비타민, 각종 무기질이 많아 설사로 빠져나가는 영양을 채워주는 데 좋은 음식입니다.

- **바나나, 감** 바나나와 감에 많은 펙틴은 식이섬유의 일종으로 장을 튼튼하게 해 장 환경을 개선시켜주어 설사에 좋습니다. 이들 과일에 함유된 디오스프린이라는 탄닌 성분은 지방질과 함께 대변을 단단하게 만드는 작용을 합니다.

한방에서 보는 '설사'

설사는 몸속에 나쁜 독소가 들어왔을 때 이를 배출하기 위해 나타나거나 장기능에 이상이 있을 때 나타나는 증상입니다. 일반적으로 바이러스나 세균, 기생충에 감염되어 나타나고, 상하거나 조리가 잘못된 음식이나 과식에 의한 급성 설사 증상이 대부분입니다. 급성 설사는 금식을 하면서 미지근한 보리차를 먹이면 사흘 안에 회복되므로 크게 염려하지 않아도 됩니다. 그러나 만성 설사는 아기를 예민하고 허약하게 자라게 하므로 반드시 원인을 찾아 치료를 받아야 합니다.

변비는 단순히 변을 보는 횟수가 적은 것뿐만 아니라 아기가 변을 볼 때
통증을 느끼거나 배변하는 것을 싫어하는 증상도 포함됩니다. 모유보다는 분유를 먹는
아기에게 변비가 잘 생기고, 이유식을 시작하면서 생기는 변비는 수분이나 채소류의
섭취부족, 때론 너무 적게 먹는 것이 원인이기도 합니다. 그러나 아기가 변을 잘 못 본다고
함부로 관장을 해서는 안 됩니다. 먼저 이유식 식단을 체크한 후 개선 방법을
생각해보아야 합니다. 대부분 식사 내용의 변화만으로도 충분히 완화됩니다.

변비 걸린 아기의 이유식 원칙 5

1 변비, 잘 구분해야 해요

엄마가 생각하는 변비의 절반은 일시적인 현상일 때가 많습니다. 진짜 변비는 3~4일이 지나도 변을 못보고 배변 시 항문이 찢어져 피가 나오기도 해서 아기가 무척 아파합니다. 그러나 이런 증상 없이 변을 잘 보던 아기가 2~3일에 한 번 본다고 해서 변비라고 할 수는 없어요. 아기가 변을 보지 않아도 식욕이 있고 컨디션이 나쁘지 않으면 그리 걱정할 일은 아닙니다.

2 섬유질이 풍부한 채소를 먹이세요

변비에는 장의 연동운동 능력이 떨어져 생기는 이완성 변비와 장의 연동이 너무 강해 변이 딱딱하게 끊어지는 경련성 변비가 있습니다. 이완성 변비에는 채소와 곡물에 많은 불용성 식이섬유를, 경련성 변비에는 과일, 해초, 곤약에 풍부한 수용성 식이섬유를 섭취하는 것이 좋습니다. 단 과일을 먹일 때는 즙만 먹이지 말고 갈거나 작게 잘라 과육을 먹여야 섬유질 섭취를 늘릴 수 있어요. 이때 섬유소의 섭취량을 갑자기 늘리면 복부팽만이나 방귀만 많이 나오므로 서서히 늘려야 해요. 음식물의 대사에 필요한 비타민 B1과B2 들어있는 식품도 충분히 섭취해야 합니다.

3 수분을 충분히 먹이세요

평소 물을 많이 먹이면 변비 예방과 증상 완화에 큰 도움이 됩니다. 매일 3컵 이상의 물을 마시도록 합니다. 시판 과일주스는 변비에 별로 도움이 되지 않습니다.

4 활동량을 늘려주세요

먹는 습관 못지않게 생활리듬과 심리적인 요인도 중요합니다. 식사시간이 불규칙하거나 운동량이 부족할 때도 변비가 생길 수 있습니다. 운동량이 많아지면 식욕도 왕성해지고 장의 활동도 좋아지므로 깨어있는 동안에는 많이 기어 다니게 하는 등 활발하게 놀게 해주세요.

5 변비가 생기는 식품을 주의해요

과일과 채소 중에는 의외로 변비를 유발하는 것들이 많습니다. 바나나와 감에는 탄닌이 많이 들어있어 변을 단단하게 하고, 사

불용성 식이섬유가 풍부한 식품
고구마, 오트밀, 브로콜리, 완두콩, 시금치 등의 채소류

수용성 식이섬유가 풍부한 식품
사과, 해조류, 귀리, 두류, 보리

비타민 B1이 풍부한 식품
깨, 현미, 콩가루, 완두콩, 잡곡, 토마토

비타민 B2가 풍부한 식품
통곡물, 달걀, 버섯, 소맥배아

과나 당근의 경우 생것은 괜찮지만 익혀서 먹으면 변비가 생기기도 합니다. 우유나 요구르트, 치즈, 아이스크림 같은 유제품에는 칼슘과 단백질은 풍부한 반면 섬유질이 들어있지 않아 많이 마시면 변비가 생길 수 있습니다.

변비에 좋은 이유식 재료

- **고구마** 고구마에 풍부하게 들어 있는 셀룰로오스는 물을 흡수하는 능력이 강해서 대변량을 증가시켜 변비를 개선해줍니다.

- **시금치** 사포닌과 섬유질이 풍부해 변비를 개선하는 데 도움이 됩니다. 단, 이유식을 만들 때 오래 삶으면 비타민 C, 엽산, 베타카로틴 등이 파괴되므로 3분 이내로 살짝 데쳐서 요리합니다.

- **사과** 펙틴이 장운동을 활발하게 하고 장벽에 젤리 모양의 막을 만들어 유동성 물질의 흡수를 막고 변비를 예방합니다. 사과의 과당과 포도당은 소화흡수가 빨라 에너지로 쉽게 이용되어 피로회복에도 좋습니다.

- **배** 소화효소가 많아 소화작용을 돕고 배변을 돕습니다. 단, 성질이 차므로 소화기가 약해 설사나 구토가 잦은 아기, 몸이 찬 아기는 많이 먹으면 좋지 않아요.

- **살구, 자두** 섬유질이 다른 과일에 비해 3~6배 정도 많으며 이사틴과 솔비톨이라는 성분이 변을 묽게 해 변비 치료에 도움이 됩니다.

- **보리** 오장육부를 튼튼히 하고 설사를 멎게 하는 효과가 있어 옛날에는 엿기름(보리에 물을 주어 싹을 내서 말린 것)을 소화제로 사용하기도 했습니다. 성질이 차고 위장에 열이 많아 생기는 변비에 효과적이며, 섬유질이 많아 장의 운동을 촉진시켜 변비를 해소해 줍니다.

- **아욱** 한의학에서는 아욱의 씨앗을 동규자 혹은 규자라고 부르는데 이뇨제, 변비 치료제로 쓰입니다. 단, 소화기가 약해 평소 변이 묽은 아기는 피하는 것이 좋습니다.

한방에서 보는 '소아 변비'

한방에서는 변비를 비위, 대장의 문제로 봅니다. 비위에서 영양분이 제대로 흡수되지 못하고, 수분대사가 잘 조절되지 않거나, 비위나 장에 열이 많을 때, 대장이 차거나, 대변을 배설시키는 힘이 부족한 경우에 변비가 잘 생깁니다. 아기들의 변비는 크게 두 가지 타입으로 구분됩니다. 먼저, 장에 열이 많아서 대변으로부터 수분을 지나치게 흡수하여 변이 단단해져 변비가 생기는 경우입니다. 이때는 차가운 성질의 약재와 촉촉하게 적셔주는 성질의 약재를 처방하여 장의 열을 식혀주는 치료를 합니다. 두 번째로는 기운이 부족하여 장이 운동을 못해서 생기는 변비입니다. 이는 기운이 부족하여 변비가 생긴 것으로 허약한 아기에게 나타납니다. 성장이 부진하면서 무기력하고 머리카락이 잘 부스러지거나 빠지고 피부가 거친 경우가 많습니다. 전신에 기와 진액이 부족하여 생기는 변비이므로 장을 치료하면서 기와 진액을 함께 보충해주는 처방으로 변비를 치료합니다.

수족구병이나 아구창, 헤르페스 구내염 등은 갓난아기들이 잘 걸리는 입속 질병입니다.
또한 아무거나 빨고 만져서 바이러스나 세균에 감염이 되기도 하고,
감기 후유증으로 입안이 헐기도 합니다. 아기가 유난히 보채고 침을 많이 흘리면
입안을 들여다보세요. 입안이 헐면 쓰리고 아파서 잘 먹으려 하지 않습니다.
뜨겁거나 신 것, 단 것 등 자극적인 맛을 삼가고 헐었던 점막을 보호하고
염증을 없애주며, 세포의 재생을 도와주는 양질의 단백질과 비타민을 충분히
공급해주는 음식을 만들어 주세요. 부드럽게 넘어가는 순한 음식이 좋습니다.

● 입안이 잘 허는 아기의 이유식 원칙 3

1 물을 자주 먹이세요

평소 손을 자주 씻기고, 치아와 잇몸 등을 자주 닦아주면 아기의 입속 질병을 어느 정도 예방할 수 있습니다. 입안이 헌 정도가 심하면 이유식뿐만 아니라 모유나 분유도 잘 먹지 못해 탈수 증상이 생기기도 합니다. 아기가 통 먹지 못하더라도 수시로 물을 먹여 입안을 헹구어주며, 수분을 공급해주어야 합니다.

2 자극이 없는 음식을 만들어주세요

수분은 충분하게, 맛은 담백하고 자극이 없는 음식을 만들어 먹이세요. 삼키기 좋게 부드럽게 만들고, 신맛이 강하거나 뜨거운 음식은 피하세요. 음식 온도는 체온보다 조금 낮은 것이 적당합니다. 하지만 아기가 너무 아파하면 좀 더 차갑게 해주세요. 차가운 음식이 통증을 덜어줍니다.

3 영양가 높은 재료를 선택하세요

입안이 헐면 많이 먹지 못하므로 조금을 먹여도 알차고 영양가 높은 이유식을 만들어주세요. 점차 증상이 낫는다고 해도 갑자기 예전의 이유식을 주는 것은 삼가고, 자극이 적고 부드러운 죽부터 서서히 단계를 높여가는 게 좋습니다. 우유나 요구르트, 달걀, 두부, 흰살생선, 감자 등을 이용해 부드럽게 이유식을 만듭니다. 과일은 신맛이 적은 것으로 선택하세요.

● 입병에 좋은 이유식 재료

- **두부** '밭에서 나는 고기'라 불릴 만큼 필수 아미노산을 포함한 양질의 단백질과 칼슘이 풍부합니다. 95% 이상이 소화될 정도로 소화가 잘 되는 식품입니다.

- **당근** 카로틴이 다량 들어 있어 점막을 보호해주고 바이러스에 대한 저항력을 높여줍니다.

- **고구마** 열량도 높지만, 달콤하고 부드러워 아기가 잘 먹습니다. 비타민 A와 C가 풍부해 점막세포의 빠른 재생과 상처의 치유를 도와 빨리 낫게 합니다.

- **바나나** 입안에 자극 없이 부드럽고 단맛이 많아 아기의 입맛을 돋우는 데 좋습니다.

비타민 A가 풍부한 식품
(점막 보호 기능)

당근, 고구마, 시금치, 호박, 쑥갓, 토마토, 오이, 미나리

비타민 C가 풍부한 식품
(항염 작용)

감자, 밤, 오이, 배추, 양배추, 피망, 콩나물, 쑥, 시금치, 무, 사과, 대추, 감, 귤, 딸기

부드럽고 소화가 잘 되는 식품
두부, 흰살생선, 닭가슴살, 쇠고기, 달걀노른자, 바나나

● 한방에서 보는 '입병'

한방에서 입은 소화기 계통을 관장하는 부분과 관련이 있다고 봅니다. 입은 몸의 여러 장기에 영양을 공급하는 기능을 갖고 있어 지나치게 약하거나 기능이 저하되어 있을 때 질환이 발생합니다. 입안이 헐거나 입 냄새가 나며 입이 마르고 건조해지는 증상은 대개 열을 동반하는데, 이는 실제로 열이 심하게 오르거나 소화기관의 기능이 무력해져 제대로 흡수가 안 돼 상부 쪽으로만 열이 치우쳐 나타납니다. 따라서 입병이 날 때는 속열을 풀어주고 전체적인 기운을 북돋워주는 치료가 필요합니다.

내 아기 건강을 위한
트렌드 따라잡기

TREND 1

**어린이 영양제,
똑똑하게 선택하기**

영양적으로 균형 있게 식사하는 아기에게 영양제를 추가로 먹일 필요는 없습니다.
우리나라처럼 쌀을 주식으로 하는 동양인의 경우 탄수화물, 단백질,
지방의 섭취율이 안정적인 편이라 과일이나 생선, 유제품 등의 섭취만 보충하면
특별히 영양제를 섭취할 필요는 없습니다.
하지만 잘못된 식습관과 인스턴트식품의 과잉섭취로 인해 체내 영양소가 부족하게 되면
성장에 영향을 줄 수 있습니다. 이런 경우 영양제를 먹이면 아기의 성장이나
면역력 증진에 도움이 됩니다. 단, 영양제를 고를 때에는 필요한 영양소 함량이
무엇인지 올바로 알고 충분한 양이 들어있는지, 과잉은 아닌지,
첨가물이 해롭지는 않은지 등을 꼼꼼히 따져보고 골라야 해요.

영양보충용 제품과 기능성 제품으로 나뉘어요

어린이 영양제는 크게 두 가지로 나눌 수 있습니다. 일상적인 식생활에서 부족할 수 있는 영양소를 공급하는 영양보충용 제품(종합비타민제, 칼슘제, 철분제 등)과 특정 기능성 성분을 통해 건강 증진 혹은 증상 개선을 도와주는 고기능성 제품(프로폴리스, 유산균, 초유, 클로렐라 등)으로 약보다는 건강기능식품에 가까워요.

모든 아기가 먹어야 하는 건 아니에요

모든 아기에게 영양제가 필요한 것은 아닙니다. 어린이용 영양제는 대부분 부족한 영양소를 채워주는 보조제 개념인데다, 연령에 따라 필요한 영양 성분이나 적정 섭취량이 다르기 때문에 식생활을 통해 채워주는 것이 우선입니다. 따라서 전문 상담영양사와 상의하는 것이 좋습니다.

아기 특성에 따라 부족한 영양을 보충해야 해요

아기가 평소에 편식이 심하다면 상대적으로 무기질이나 비타민이 부족할 수 있으므로 이를 보완해주는 종합영양제를 선택합니다. 유제품을 잘 먹지 않거나 계속 성장하는 시기라면 종합비타민과 칼슘을 함께 먹입니다. 감기에 자주 걸리는 등 면역력이 떨어지면 비타민 C와 초유와 홍삼이 도움이 되며, 공부하는 아기의 두뇌발달을 위한 오메가 3, 눈 건강에 좋은 루테인이 들어있는 영양제가 좋습니다.

비타민, 유산균, 홍삼 등 다양한 제품이 있어요

- **비타민, 무기질** 아기의 골격 형성과 성장발육을 도와요. 특히 뼈를 구성하는 칼슘보조제나 마그네슘, 아연 등 미네랄이 들어 있는 보충제는 밥을 잘 먹지 않아 허약한 아기, 편식이 심한 아기에게 좋습니다.
- **유산균** 몸의 면역력의 70%를 책임지는 장내 건강과 함께 아토피성 피부염을 개선하는 효과도 있어요. 장내에 잘 번식하는 유산균을 골라야 하는데 현재까지는 비피더스균이 가장 유용하다고 알려져 있습니다.
- **홍삼** 사포닌 성분이 면역력을 강화시켜주며, 밥을 잘 안 먹는 아기에게 효과적입니다.
- **초유** 유아기 아기의 세포 재생과 회복을 원활히 하여 성장을 돕습니다. 면역력이 약해 잔병치레 잦은 아기, 깊은 잠을 못 자는 아기의 수면습관 개선에도 좋습니다.

- **프로폴리스** 천연의 항생제라고 불릴 만큼 항균, 항염작용이 뛰어나다고 알려져 있습니다. 감기가 잦은 아기, 아토피성 피부염, 중이염, 천식, 비염 등 알레르기 질환을 앓는 아기에게 도움이 됩니다.
- **레시틴** 대두나 달걀의 난황에 들어 있는 세포막의 구성 성분으로 두뇌에 영양을 공급해줍니다. ADHD(주의력결핍 과잉행동장애) 질환이 있는 아기에게 섭취를 권하는 제품이기도 합니다.
- **클로렐라, 스피루리나** 엽록소가 풍부한 바다식품입니다. 미래의 식량으로 불릴 만큼 각종 비타민과 무기질 등 영양이 풍부하고 중금속을 배출해주는 기능이 있으며 체질 개선에 도움을 줍니다.
- **효모** 비타민 B군이 많이 들어 있어 쌀밥을 주식으로 하는 한국인에게 가장 효과적입니다. 성장기 어린이에게 좋으며, 베타클루칸 성분이 면역력을 높여줍니다.

꼼꼼히 따져보고 선택하세요

- **필요 영양소 알아보기** 아기의 식습관, 식사량 등을 확인하여 부족한 영양소가 무엇인지 찾는 것이 우선입니다.
- **영양소 함량 확인하기** 영양제에 함유된 영양소의 양을 살펴보세요. 예를 들어 성장을 위한 영양제 구입이라면 칼슘, 아연 등의 함량을 따져보고, 비타민제는 지용성 비타민 함량을 확인합니다. 과다섭취하면 몸속에 쌓여 독성을 유발할 수 있습니다.
- **단맛 등 첨가물 성분표 확인하기** 아기가 잘 먹게 하기 위해 단맛을 내는 물질을 넣는 경우가 많은데 인공감미료, 인공착색료 등 합성첨가물은 건강에 좋지 않습니다. 복숭아 추출물, 땅콩 등 아기에게 알레르기를 일으키는 성분이 있는 지도 살펴보세요.
- **식약청 인증 마크 확인하기** 식약청이 인증한 건강기능식품 마크를 확인합니다. 마크가 없으면 대개 캔디류로 표기되는데 아기에게 도움이 되는 영양 성분은 거의 없습니다. 유명 캐릭터 포장이나 특정 성분이 많이 들어있다는 광고에도 현혹되지 않도록 주의하세요.
- **유통기한, 섭취 방법 확인하기** 유통기한이 흐릿하게 표시되어 있거나 아예 표기되어 있지 않은 경우도 있으므로 주의합니다. 섭취 방법이나 하루 섭취량도 종류에 따라 다르므로 미리 확인하고 먹이세요.

영양제 섭취도 '과유불급'이에요

여러 가지 영양제를 동시에 먹이면 일부 영양 성분이 중복되어 일일 최대 권장량을 초과할 가능성이 높고, 영양소 간 흡수를 저해할 수도 있으므로 꼼꼼히 따져봐야 합니다. 무엇보다 아기에게 부족한 영양소를 제대로 파악하고 보충해주는 것이 가장 중요하며, 과잉 시 생길 수 있는 부작용도 미리 알고 있어 적절히 대처해야 합니다.

영양제보다 올바른 식습관이 더 중요해요

아기에게 영양제를 먹이고 있으니 괜찮겠지 하는 생각에 식생활 관리에 소홀해지기 쉽습니다. 하지만 영양제는 아기의 불균형한 영양을 보충해주는 것임을 잊지 말아야 합니다. 양질의 음식을 챙겨 먹이는 것이 최우선이며 아기의 편식이나 식욕부진을 개선하려는 노력을 계속해야 합니다.

영양제, 알고 먹이세요

- **칼슘과 철분의 흡수 방해** 흡수되는 통로가 유사해 함께 먹으면 두 성분이 서로 흡수되려고 경쟁하여 오히려 흡수율이 떨어집니다. 모두 복용해야 한다면 칼슘제는 식전에, 철분제는 식후가 좋습니다.
- **지용성 비타민 과잉 섭취** 수용성 비타민은 몸에서 사용되고 남으면 소변을 통해 배출되는데 지용성의 경우 과잉 시 체내에 축적되므로 주의해야 합니다. 비타민 D의 경우 권장량의 5배를 섭취할 경우 과잉증이 올 수 있습니다.
- **비타민 A 과잉 섭취** 종합비타민제와 항산화제 제품을 함께 복용하면 비타민 A가 과잉될 수 있습니다. 비타민 A는 다른 영양소에 비해 일일 최대 허용량이 적어 과잉 섭취하면 피부건조, 졸도, 간 독성 등이 나타날 수 있으니 주의합니다.
- **비타민 C 과잉 섭취** 1,000~2,000㎎의 고용량 비타민 C를 먹는 경우가 있는데 자칫 하루 최대 허용치인 2,000㎎을 넘으면 아이에 따라 설사, 속쓰림 등이 생길 수 있습니다.
- **칼슘제 장기 복용** 과칼슘뇨증이 생겨 신장 등에 병이 생길 수 있어요.
- **철분제 과다 복용** 구토나 식욕부진 등의 위장장애를 일으킬 수 있습니다.

수용성 비타민 일일 권장 섭취량

	티아민 (B1)	리보플라빈 (B2)	니아신 (B3)	판토텐산 (B5)	피리독신 (B6)	엽산	시아노코발라민 (B12)	비오틴
1~2세	0.5mg	0.6mg	6mg	2mg	0.6mg	150㎍	0.9㎍	9㎍
3~5세	0.5mg	0.7mg	7mg	3mg	0.7mg	180㎍	1.1㎍	11㎍

지용성 비타민 일일 권장 섭취량

	비타민 A	비타민 D	비타민 E	비타민 K
1~2세	300㎍	5㎍	5㎍	25㎍
3~5세	300㎍	5㎍	6㎍	30㎍

알레르기 질환 예방해주는 '유산균'

사람의 장에는 1백조 마리가 넘는 세균이 존재하며 우리 몸에 이로운 '유익균'과 해로운 '유해균'으로 구분됩니다. 대표적인 유익균인 유산균의 효능은 매우 다양합니다. 장내 유해물질의 생성을 억제하고, 유익균을 증식시켜 장 건강에도 도움을 줘요. 최근에는 아토피 고위험군 임신부가 출산 전과 출산 후 수유기에 유산균을 먹으면 태어나는 아기도 아토피 발생률이 감소하는 것으로 밝혀졌고, 또한 아토피 유아의 치료에도 유효한 치료 효과가 있다고 보고되고 있습니다. 또한 '장누수증후군 Leaky Gut Syndrome이라고 하는 새로운 알레르기 질환으로의 진행을 막을 수 있다고도 알려져 주목을 받고 있습니다. 장누수증후군이란 소화기관을 덮고 있는 상피세포 사이의 결합이 약해지면서 유해물질이나 알레르기를 일으키는 항원이 들어와 배앓이, 설사, 아토피 등을 유발하는 것을 말하는데 장이 샌다고 해서 붙여진 이름입니다. 유산균을 먹이면 아토피, 천식, 비염 등의 알레르기성 질환을 미리 예방하는 데 도움이 됩니다. 전문가들은 두 돌 전까지 유산균을 먹일 것을 권장하고 있습니다. 아기에게 먹이는 유산균의 양은 7~8개월에는 50g 이하, 9~11개월에는 70~80g, 만 1세 때는 100g 정도가 적당하며(1일 1억~10억 마리정도) 자기 전 공복에 섭취하는 게 좋아요.

Plus Tip

**홍삼 영양제에 관한
대표 궁금증 5**

Q 열이 많은 아기는 먹으면 안 된다?

A 인삼을 찌고 말리는 과정에서 열성이 제거되기는 하지만 모든 아기에게 맞는 것은 아닙니다. 일반적으로 속이 차거나 손발이 찬 아기, 쉽게 배탈이 나고 기운 없어하는 아기, 땀이 별로 없는데 한 번 땀을 흘리면 쉽게 지치는 아기에게 잘 맞습니다. 반면 땀이 많으면서 활동량도 많고, 변비 경향을 보이며 검은색 변을 자주 보는 등 속열이 많은 아기는 피하는 게 좋아요.

Q 먹으면 면역력이 높아진다?

A 홍삼은 대보원기 大補元氣 라 하여 기운을 북돋아주고 보비익폐 補脾益肺라 하여 소화기와 호흡기를 강화 시켜줍니다. 전자가 원기를 북돋워 면역력을 높여준다면, 후자는 직접적으로 소화기, 호흡기를 튼튼하게 하는 효과를 지녔어요.

Q 아토피가 있으면 먹으면 안 된다?

A 아토피의 경우 장부의 열이 그대로 피부로 전해지므로 안 먹는 것이 좋습니다. 단, 소화기능이 좋지 않고 추위를 타는 아기는 먹어도 괜찮아요.

Q 많이 먹으면 부작용이 생긴다?

A 어떤 약재이든 증상 개선 이후에도 필요 이상으로 장복하면 부작용이 생길 수 있습니다. 영양제에 들어간 엑기스를 섭취할 경우 양이 적어 드물게 나타나지만 홍삼은 열을 올리는 작용이 있어 두통, 어지러움, 가슴 두근거림, 불면, 피부발진, 혈압상승 등의 부작용이 생길 수 있습니다.

Q 함께 먹으면 좋은 음식이 있다면?

A 홍삼이 열이 있는 약재라 쓴맛 나는 채소, 나물 등과 함께 먹는 것이 좋습니다. 시금치, 양상추, 치커리, 토란 등이 대표적인데 몸 안의 열을 내리고 피를 맑게 해줘요.

달걀과 우유, 콩 등은 아기의 성장과 두뇌발달을 돕는 대표적인 식품들로 이유식을 만들 때도 단계에 맞춰 즐겨 사용하는 재료들입니다. 이들 식품을 가공해 만든 치즈, 요구르트, 두부, 두유 역시 아기의 간식 등에 즐겨 이용하는 것들이고요. 이들 식품은 완전식품이라 불리지만, 말 그대로 완벽한 식품은 아닙니다. 어느 것 하나만으로 아기 건강과 성장에 필요한 영양을 모두 공급받을 수 없고, 과다섭취 시에는 부작용도 생길 수 있습니다. 각각의 특성을 바로 알아야 다양한 식품들과 상호 보완적으로 먹일 수 있고 제 효과를 기대할 수 있습니다.

맛과 영양, 가격 모두를 충족해야 완전식품이에요

완전식품이란 우리 몸이 필요로 하는 여러 영양소를 골고루 갖춘 식품을 뜻합니다. 하지만 영양만 풍부하다고 해서 모두 완전식품은 아닙니다. 완전식품으로 불리려면 맛과 영양, 가격 세 가지 조건을 모두 만족시켜야 합니다. 필요한 영양을 모두 갖추고 있으면서 맛도 있어야 하고, 쉽게 구입할 수 있을 정도의 가격이어야 해요.

달걀에는 식품 중 양질의 단백질이 가장 많이 들어있어요

달걀은 식품 중 가장 높은 양질의 단백질을 지니고 있습니다. 달걀 100g 중에는 12g 정도의 단백질이 함유되어 있는데 이중 달걀노른자와 달걀흰자에 15:11의 비율로 노른자에 조금 더 많이 들어있습니다. 달걀노른자에는 단백질, 지방이 많고 비타민, 무기질이 들어 있으며, 달걀흰자는 수분이 88%, 나머지는 단백질로 이루어져 있습니다. 단백질은 근육을 형성하는 데 꼭 필요한 영양소로 아기의 성장에 도움이 됩니다.

> • **달걀의 효능** 달걀노른자에는 '콜린'이라는 물질이 많이 들어있어 기억력 증진에 도움이 됩니다. 콜린은 뇌신경 전달물질인 아세틸콜린 분비를 활성화 시켜줘요. 달걀노른자에 들어있는 '루테인'은 시력에 도움이 되고, 비타민 D는 칼슘의 흡수를 도와 뼈를 자라게 해줍니다. 흔히 알고 있는 사실과 달리 달걀에는 비타민 A, B2, B12, E 등이 풍부해 육류나 생선, 대두 등과 비교해도 뒤지지 않아요. 다만 비타민 C는 부족하므로 따로 섭취하는 것이 좋습니다.

우유는 인체영양학적으로 가장 우수한 영양식품이에요

우유에는 우리 몸에 필요한 5대 영양소가 골고루 들어 있어요. 한국인의 경우 부족하기 쉬운 단백질, 칼슘, 비타민 B2, 비타민 B12를 우유를 통해 공급받을 수 있습니다. 생우유 100㎖에는 3.2g 정도의 단백질이 들어있고 필수 아미노산이 풍부해 어린이의 성장발육에 도움이 됩니다. 소화율이 99%에 달하는 것도 장점입니다. 우유를 싫어하거나 소화시키지 못하는 아기에게는 치즈나 요구르트가 좋은 대체식품이 될 수 있습니다.

콩은 가장 이상적인 단백질원으로 꼽혀요

콩은 '밭에서 나는 고기'라 할 만큼 단백질을 풍부하게 함유하고 있어요. 특히 우리 몸에서 형성할 수 없어 반드시 음식으로 섭취해야 하는 필수 아미노산 8가지가 모두 들어 있습니다. 단백질뿐만 아니라 식이섬유, 비타민, 칼슘, 식물성 지방산 등도 풍부합니다.

영유아 단백질 영양섭취 기준

연령	체중(kg)	단백질 권장섭취량(g)	우유 섭취량(㎖)
생후 6~12개월	9.1	13.5	420
만 1~2세	12.2	15	460
만 3~5세	16.3	20	625

우유의 경우 100㎖당 단백질이 3.2g 들어 있어요.

유제품별 성분분석표

성분	일반 우유 (200㎖)	아기용 우유 (180㎖)	아기용 치즈 (18g)	액상 플레인 요구르트 (130㎖)
열량(㎉)	130	130	55	125
탄수화물(g)	9	8	1 미만	18
당류(g)	9	8	0	15
섬유소(g)	–	–	–	2.6
단백질(g)	6	6	3	4
지방(g)	8	8	4.5	5
포화지방(g)	5	4.5	3	3.1
트랜스지방(g)	0.5 이하	0	0.3	0
콜레스테롤(mg)	30	25	11	20
나트륨(mg)	100	90	90	65
칼슘(mg)	200	180	140	130
철분(mg)	–	–	2.1	–
비타민 D(μg)	–	–	2.8	–
DHA(mg)		29	1.8	–

달걀

- 달걀에는 섬유질과 비타민 C가 부족하므로 이를 보충할 수 있는 당근, 피망, 파, 부추, 브로콜리 등의 채소나 과일을 함께 먹이는 것이 좋습니다.
- 달걀은 산성식품이므로 채소, 과일, 두부 같은 알칼리성 식품을 함께 먹여야 체내 산과 염기의 불균형을 막을 수 있습니다.
- 시금치의 수산 성분은 달걀의 철분과 반응해 녹지 않고 결합체를 만들어 흡수를 방해합니다. 피트산(잡곡, 녹차, 콩류), 탄닌산(녹차, 홍차) 함유 식품도 철분 흡수를 막습니다.
- 달걀과 햄, 베이컨, 치즈 등을 함께 먹이면 포화지방을 과다하게 섭취하게 되므로 주의하세요.
- 콜레스테롤이 들어 있어 달걀 섭취를 꺼리는 경우가 있는데 레시틴 성분이 함께 들어 있어 체내 콜레스테롤 농도를 낮춰주고 간에 지방이 쌓이는 것을 막아주므로 하루 1~2개 섭취는 크게 문제가 되지 않습니다.

우유

- 통통하거나 체지방이 많은 아기는 2세 이후에는 저지방 우유로 먹이되 1일 섭취량은 400㎖ 이하가 좋습니다.
- 우유의 단백질은 아미노산 균형이 풍부하고 영양가 높지만 카제인 함량이 높아 소화가 잘 안됩니다. 소화기능이 약한 아기는 먹이지 않는 것이 좋습니다.
- 우리 몸의 산성이 우유를 중화하는 과정에서 알칼리성인 뼈의 칼슘 성분이 쓰입니다. 과다한 경우 골다공증을 촉진할 수 있으므로 1일 권장량을 지키는 것이 뼈 건강에 좋습니다.
- 철분 함량이 부족한 우유만 섭취하는 아기는 철분 부족으로 인해 빈혈이 생길 수 있습니다. 이유식을 통해 철분을 보충해주세요.
- 우유의 단백질은 알레르기를 일으킬 가능성이 크므로 첫돌 이후에 주의해서 먹이세요.
- 우유에는 섬유소가 들어 있지 않아 변비를 유발할 수 있어요. 채소, 과일 등을 함께 먹여 균형 있는 식사가 되도록 합니다.

콩

- 필수 아미노산인 리신, 트레오닌이 부족하므로 양질의 동물성 단백질을 함께 먹여 영양의 균형을 맞춰주세요.
- 콩은 익혀 먹어도 소화율이 65% 정도로 낮아요. 콩으로 만든 두유, 두부, 간장, 된장 등은 소화율이 90%에 이르므로 가공식품으로 먹이는 것도 좋습니다.

- **치즈** 우유를 유산균이나 효소로 응고시킨 후 수분을 제거한 식품으로 우유에 들어 있는 단백질, 칼슘, 비타민 등이 8배~10배 정도 농축된 발효식품입니다. 적은 양으로 같은 영양을 얻을 수 있지만 과식할 수 있으므로 주의합니다. 영유아 보다는 성장기 아기에게 특히 좋으며 만 1~3세는 하루 한 장, 4~6세는 한 장 반까지 먹을 수 있습니다. 나트륨, 첨가물 함량 등을 꼼꼼히 확인하세요.

- **요구르트** 우유에 함유된 영양소 외에도 유산균의 발효 효과도 함께 기대할 수 있는 영양식품입입니다. 단백질, 무기질, 비타민 등의 영양 성분이 우유와 가장 흡사하고 특히 소장에 유당 분해 효소가 없어 유제품 복용 시 복통을 일으키는 유당불내증을 완화시켜주어 유제품을 기피하는 어린이에게도 좋아요.

- **두부** 콩의 영양 성분은 그대로 지니면서 소화율이 95%나 되며 아미노산, 칼슘, 철분 등 무기질이 풍부한 단백질 식품입니다. 두부 한 모는 우유 한 잔에 들어 있는 칼슘의 4배나 되는 양을 함유하고 성장기 아기의 치아와 뼈 건강에 좋으며, 신경안정 효과도 있어 스트레스를 이겨내는 데도 도움이 됩니다.

- **두유** 콩으로 만들어 단백질, 탄수화물, 지방 등 영양소가 풍부하고 섬유소가 많아 변비를 막아주고 소화력도 높여줍니다. 두유에 들어 있는 옴, 타우린, 콜린, 레시틴 등은 두뇌 발달을 돕고 칼슘, 인, 비타민 등은 칼슘의 흡수율을 높여 뼈를 튼튼하게 해줍니다. 칼로리는 우유보다 낮으며 유당이 없어 우유를 못 마시는 아기도 두유는 먹을 수 있습니다. 단, 단맛이 강한 두유는 가급적 피하는 것이 좋아요.

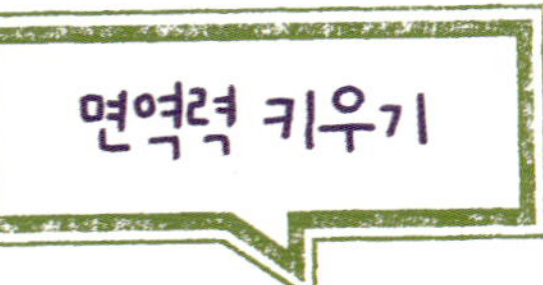

신종플루와 수족구병 대유행 이후 아기 키우는 엄마들 사이에 부쩍 화두가 된 것이 있다면 단연 '면역력'입니다. 자연과 더불어 크던 과거에는 아기가 자라면서 아픈 것은 당연한 일로 여겨졌지요. 하지만 오늘날 오염된 환경과 먹을거리 걱정에, 맘껏 뛰어놀 곳 없이 아기를 키워야 하는 엄마들은 잔병치레가 잦은 아기가 걱정입니다. 면역력은 어느 날 갑자기 얻어지는 것이 아닙니다. 소문난 영양제를 떠올리기에 앞서 아기에게 건강한 생활습관과 식습관을 길러주는 것이 바로 엄마표 평생 면역력을 선물하는 방법임을 잊지 마세요.

한의학에서 보는 면역력이란?

면역력이란 우리 몸 외부의 세균이나 바이러스 등이 침입했을 때 쉽게 이겨내고 병을 피하는 힘입니다. 한의학에서는 질병의 요소를 없애기 보다는 질병과 싸워 이길 수 있는 힘을 기르는 것을 더 중요하게 봅니다. 정기존내 사불가간正氣存內 邪不可干이란 정기正氣(면역력)가 몸 안에 충만하면 사기邪氣(나쁜 기운)가 몸을 상하게 하지 못한다는 뜻합니다.

면역력에 영향을 미치는 요소는 다양해요

아무리 건강해도 충분한 영양과 수면을 취하지 못하거나 스트레스를 많이 받으면 자신이 지닌 면역력을 제대로 발휘하지 못해 질환에 노출될 수 있습니다. 또 외부질환의 전염력이 강하면 건강한 사람도 감염될 수 있습니다. 특히 아직 면역기능이 완전하지 못한 6세 미만의 어린이는 면역력이 약할 수밖에 없습니다. 균형 있는 식사와 수면, 적당한 운동, 위생관리 등을 통해 면역력을 키워주어야 합니다.

면역력이 떨어지면 감기 등 감염성 질환에 잘 걸려요

면역력이 떨어졌을 때 가장 먼저 찾아오는 질환은 바이러스나 세균으로 인한 감염성 질환입니다. 대표적인 질환이 바로 감기입니다. 쉬우면서도 어려운 병이 바로 감기입니다. 감기 바이러스는 수많은 변종을 가지고 있기 때문에 감기 자체를 완전히 이겨낼 수 없으나 건강한 사람의 경우 우리 몸에 면역작용으로 보통 1주일 안에 이런 바이러스들을 다 몰아 낼 수 있습니다. 하지만 면역이 약한 아기나 만성질환이 있는 이들은 이런 감기로 인해 다른 합병증이 동반되기도 하고 큰 병으로 고생할 수도 있습니다.

선천 면역력은 '신장', 후천 면역력은 '비위'와 관련 있어요

한방에서는 선천 면역력이 신장 기운과 연결돼 있다고 봅니다. 신장의 기운을 약하게 타고난 아기는 태어날 때부터 머리카락이 가늘고 몸을 뒤집거나 앉고 서는 것, 치아가 나는 것이 늦습니다. 아기가 생후 6개월 이전에 감기에 걸린다거나 병치레를 한다면 선천 면역력이 약한 것이므로 신장의 기운을 보해주는 치료가 필요합니다. 신장은 음기와 연관된 장부이므로 밤에 일찍 잠자리에 들고 푹 재워 음의 기운을 북돋아주는 것이 좋습니다.

후천 면역력은 비위와 연관이 있습니다. 비위란 음식을 먹고 소화하고 흡수하는 전 과정을 총괄하는 장부들을 말합니다. 후천 면역력이 약한 아기는 주로 코감기에 많이 걸리고 감기만 걸렸다 하면 입맛을 잃고 설사나 구토 같은 소화기형 감기를 동반합니다. 이 모든 증상은 비위기능이 떨어져서 나타난 것으로 비위기능을 북돋아줌으로써 후천 면역력을 키워줘야 합니다.

감기, 온전히 앓아야 면역력이 생겨요

감기는 생명을 위협하지 않으면서도 아기의 면역을 증진시킬 수 있는 '유일한' 질환이죠. 그런데 감기 초기에 항생제, 해열진통제 등으로 열을 내리고 콧물과 기침을 멈추는 증상치료에만 급급하면 아기의 면역계는 질병에 대한 경험을 쌓지 못하게 됩니다. 감기를 앓는 과정을 온전히 거치며 바이러스를 학습해야만 비로소 면역이 생기기 때문입니다. 어떤 단계에서든지 인위적으로 끊어버리면 면역이 생기다가 말게 됩니다. 때문에 이후 감기에 걸리면 확실히 낫지 않고 콧물, 잔기침 등 가벼운 증상을 오래 끄는 감기를 계속해서 반복할 수 있습니다. 콧물 멈추기, 열 내리기에 급급해 미래 아기의 건강을 포기하지 마세요.

> **면역력, 생활 속에서 길러주세요**

- **개인위생을 철저히** 손을 자주 씻어 오염원에 노출되지 않도록 합니다. 특히 어린이집, 유치원 등 사람이 많이 모인 장소에 다녀 온 후에는 흐르는 물에 비누칠을 해서 30초 이상 꼼꼼히 씻도록 합니다.

- **숙면으로 충분한 휴식을** 낮을 양陽으로, 밤을 음陰으로 볼 때 수면은 음의 기운을 몸에 받아들여 다시 양을 만드는 과정입니다. 특히 아기는 성장 발달이 일어나는 시기라 활발하게 움직이는 양기陽氣가 강한데, 잠을 제대로 못자면 몸 안에 음기가 부족하고 양기만 넘쳐 단단하게 크지 못하고 속빈 강정처럼 됩니다. 늦어도 밤 9시~10시에는 재우는 것이 좋습니다.

- **올바른 식습관은 기본** 속열을 조장하는 식습관을 피해야 합니다. 인스턴트식품, 달고 기름진 음식, 과식과 폭식, 야식을 삼가고, 속열을 내려주는 씀바귀, 치커리, 깻잎, 고들빼기, 케일 등 쓴맛 채소를 많이 먹입니다. 육류를 섭취할 때도 각종 쌈과 샐러드를 챙겨 먹입니다. 면역의 70%를 담당하는 장腸에 좋은 된장, 고추장, 김치, 유산균 등 발효식품을 먹이고 제철 과일, 채소를 챙깁니다.

- **적당한 운동, 외기욕으로 폐를 튼튼히** 한방에는 "약보藥補, 식보食補, 동보動補를 삼보三補라 해서, 약보는 식보보다 못하고 식보는 동보에 미치지 못한다"라는 말이 있습니다. 동보는 적당한 운동을 뜻하며 운동의 중요성을 강조하는 말입니다. 돌 이전의 아기라면 외기욕으로 햇볕을 자주 쬐어 주고 가벼운 산책을 즐기세요. 좋은 공기는 피부와 호흡을 통해 아기 몸에 신선한 산소를 공급하고, 햇볕은 적혈구와 백혈구의 생성을 촉진시키며 비타민 D의 합성을 도와 면역력을 높여줍니다.

- **스트레스 받지 않게 해주기** 몸이 피곤하거나 환경적으로 익숙하지 않을 때, 정신적으로 안정되지 못할 때 아기는 스트레스를 받습니다. 스트레스에 시달리면 감기에 더 자주 걸리거나 소화불량이 생길 수 있으므로 주변 환경이 자주 바뀌지 않도록 신경 써주며 작은 일에도 칭찬을 해주고 자주 안아주세요.

- **요구르트** 살아있는 배양균이 가득한 생균제인 요구르트는 장의 건강을 지켜줍니다.

- **오트밀과 보리** 항균성과 항산화 작용이 있는 섬유질 효소인 베타글루칸이 들어있습니다.

- **생선류** 굴, 가재, 게 등의 갑각류에 많은 셀레늄은 백혈구가 감기 바이러스를 물리치는 단백질인 사이토카인을 생산하도록 도와줍니다. 연어, 고등어, 청어 등에는 오메가 3 지방산이 풍부합니다. 오메가 3은 염증을 치료하고, 호흡을 좋게 하여 감기나 호흡기 질환으로부터 폐를 보호해줘요.

- **쇠고기** 쇠고기에 풍부한 아연은 면역력을 키우는 중요한 미네랄의 하나입니다. 아연은 조금만 부족해도 감염의 위험이 높아집니다. 백혈구의 생성에 중요하며 병균이나 바이러스의 침입에 맞서는 면역력을 강화시켜요.

- **고구마** 피부는 세균이나 바이러스를 제 1선에서 막아내는 중요한 기관입니다. 강하고 건강한 피부를 지키려면 비타민 A가 절대적으로 필요합니다. 비타민 A를 섭취하는 가장 좋은 방법은 고구마 같은 음식을 먹는 것입니다. 고구마에 들어있는 베타카로틴을 먹으면 인체에서 비타민 A로 바껴요.

- **버섯** 백혈구의 생산을 증대시키고 활동성을 증대시켜줘요. 감기에 감염됐을 때 먹으면 매우 좋아요.

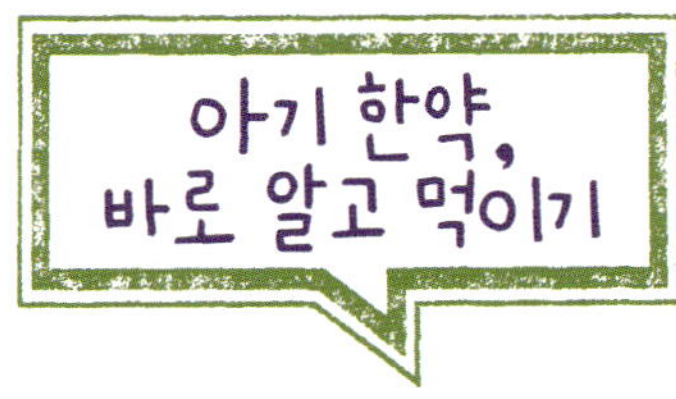

아기는 기초 대사가 활발하고 기혈 순환이 빠른 편이라 계절, 날씨 등
외부 환경에 쉽게 영양을 받고 민감한 편입니다.
아직 면역체계가 완성되지 않아 찬바람이 조금만 불어도 쉽게 감기에 걸리며
날씨가 더워지면 쉽게 식욕을 잃어 피곤해하기 일쑤입니다.
이럴 때 한약은 부족한 기운을 채워주어 기초 체력과 면역력을 키우는 데 도움이 됩니다.
한약을 둘러싼 여러 속설에 대한 진실과 함께 어느 시기에,
어떤 한약을 먹여야 아기에게 도움이 될 지 꼼꼼하게 알아두세요.

1:1 맞춤 치료 한약이 좋아요

아기가 이유 없이 밥을 안 먹을 때, 툭하면 감기에 걸릴 때, 또래 아기보다 성장이 더뎌 보일 때 엄
마들은 보약을 떠올립니다. 그런데 생각해보면 보약은 모든 아기에게 동일하게 처방되는 한 종류의
한약은 아닙니다. 오히려 아기의 기본 체질에 따라, 건강상태에 따라 아기를 돕는 처방이 달라집니
다. 가령 열이 많은 체질의 아기가 잦은 감기로 고생한다면 속열을 내리면서 호흡기를 보강하는 한
약을, 비위가 약하고 식욕부진으로 성장이 더딘 아기에게는 비위를 따뜻하게 해주면서 소화흡수를
돕는 한약을 처방하게 됩니다.

6개월 미만의 아기도 한약 치료가 가능해요

아기의 건강 상태에 따라 6개월 미만의 어린 아기도 한약 치료를 할 수 있습니다. 단, 너무 어린 아
기는 한약을 잘 먹으려 하지 않아 일반 한약의 쓴맛에 대한 거부감으로 토하기도 하고 복용 자체가
어려운 경우도 있습니다. 이때는 증류 한약 등 아기가 잘 먹을 수 있는 한약 처방이 도움이 됩니다.
증류 한약이란 약재를 직접 달여서 추출한 것이 아니라 한약을 달인 증기를 이용해 만든 한약으로
약성이 순하고 먹기에 편합니다.

아기에게 한약이 필요한 때가 있어요

- **걸음마를 시작하면서 활동량이 늘어날 때** 돌 무렵 아기의 활동량은 급격히 늘어납니다. 활동량에
  비해 에너지가 모자라면 한의학적으로는 기혈氣血이 소진되어 성장하면서 잔병치레를 할 가능성
  이 커집니다. 한약은 체력을 돕고 면역력을 키우는 데 도움이 됩니다.
- **어린이집 등 단체생활로 감염 위험이 높을 때** 새로운 환경에 적응하고 생활하면서 건강한 아기도
  잔병을 달고 살기 쉬운 시기입니다. 감기나 비염 같은 감염성 질환이나 수두, 수족구 같은 전염성
  질환에 자주 노출되므로 면역력 증진을 위해 필요합니다.
- **봄·가을 상관없이 몸의 기운이 떨어지는 계절** 아기마다 기력이 떨어지는 시기가 달라 어떤 아기
  는 날이 더울 때, 어떤 아기는 추울 때 힘들어 합니다. 아기가 이유 없이 힘들어하고 식욕이 떨어
  지거나 또래 아기들보다 발육이 늦다면 계절에 상관없이 한약을 복용하는 게 좋습니다.
- **식욕부진, 코피, 늦잠 등 아기에게 이상 징후가 보일 때** 아기가 땀을 과도하게 흘리고 밤잠을 설

친다면 신장을 보하고 과도하게 쌓인 속열을 식혀주는 한약이 필요합니다. 또 코피가 자주 나면서 헐고, 감기를 달고 산다면 폐를 보해야 합니다.

연령에 따라 필요한 처방이 달라지기도 해요

- **12개월 전후** 걷기 시작하면서 체력소모가 많아지고 본격적인 잔병치레가 시작되는 시기입니다. 특히 24개월까지 급성장기이므로 잔병치레 예방을 위한 면역력 보강, 성장을 돕기 위한 한약이 도움이 됩니다.
- **만 3세 이후** 보통 단체생활을 시작하는 시기로, 단체생활로 인한 감기, 비염 등을 달고 사는 아기가 많습니다. 호흡기를 보강하는 한약 치료가 필요합니다.
- **만 5세 이후** 면역체계가 많이 안정되어 잔병치레 횟수가 눈에 띄게 줄어듭니다. 아이에 따라 성장이 더딘 아이, 알레르기성 비염이나 아토피 등을 앓는 아이를 치료하기 위한 한약 처방이 이뤄집니다.

한약 먹이기 전, 미리 알아두세요

- 한약을 지을 때는 체질 감별과 진맥 등 정확한 진찰을 위해 아기와 함께 방문하도록 합니다. 평소 아기의 생활습관을 자세히 설명해 처방 받으면 더 큰 효과를 볼 수 있습니다.
- 아기마다 특정 약재에 예민하거나 몸 상태가 안 좋을 때, 알레르기가 있는 경우 설사, 변비, 두드러기, 복통 등이 생길 수 있습니다. 아기의 경우 성인에 비해 소화기와 장이 약하기 때문에 이상 증상이 있을 때는 반드시 소아전문한의사의 진료와 상담을 받아야 합니다. 아기의 증상, 양상, 나타난 시기 등을 보고 원인을 파악할 수 있습니다.
- 양약을 함께 처방받았을 때는 소아전문한의사와 상담 후 복용 여부를 결정합니다. 가령 한의학적으로 볼 때 항생제는 찬 성질의 약으로 오랫동안 복용하거나 과다 복용했을 경우 소화기가 예민해지고 설사를 할 수 있어 보약류의 처방을 같이 먹이면 약효가 떨어질 수 있습니다.
- 한약을 먹일 때 어떤 음식을 금해야 한다는 법은 없습니다. 단, 돼지고기, 닭고기, 밀가루가 들어간 음식이나 튀김류, 찬 음료, 과자, 사탕, 초콜릿, 아이스크림 등의 경우 소화흡수를 방해하기 때문에 한약의 효과를 약화시킬 수 있으므로 피하는 것이 좋습니다.
- 한약을 먹기 힘들어 할 때는 올리고당을 조금 첨가하고 향에 예민할 경우엔 생과일주스, 우유에 소량 섞어 먹여보고 점차 한약 복용량을 늘리는 게 좋습니다.
- 한약은 온도가 높을 수록 쓴맛이 강하게 느껴질 수 있어요. 실온 또는 시원한 상태로 먹이는 것이 좋습니다.
- 한약의 유통기한은 상온 보관 시 1개월, 냉장 보관 시 2개월, 냉동 보관을 할 경우 6개월까지 가능합니다. 과립제나 환 형태의 한약의 경우 1~2년간 가능한데 복용 전 반드시 확인합니다.

첫돌 한약, 먹여야 하나요?

첫돌이 되면 아기의 몸과 환경에도 많은 변화가 생깁니다. 어쩌다 걸리던 감기를 자주 앓게 되고 잔병치레도 서서히 하게 됩니다. 걷게 되면서 근육의 발달도 왕성해지고 성장속도도 빠르게 진행되는 시기입니다. 첫돌 한약은 이 시기 아기의 면역을 튼튼히 하고 몸의 기운을 더해주어 근골이 잘 자라도록 도와줍니다. 실제로 함소아한의원이 25개월 미만 환아 3,139명을 대상으로 생후 11개월에서 15개월 사이에 처음으로 한약을 복용한 몸무게 퍼센타일(%)★을 조사한 결과에서도 첫돌 무렵 한약을 복용하면 체중 증가에 도움이 되는 것으로 나타났습니다. 첫돌 한약 복용 전에 평균 11.2‰이었던 아기들이 36개월 이내에 재진한 후에는 18.7‰로 7.5‰가 늘었습니다. 이는 100명의 아기를 가장 마른 아기부터 차례대로 세웠을 때 11번째 서 있던 아기가 다음 보약을 먹고 몸무게가 18~19번째로 늘어났다는 뜻입니다. 특히 몸무게가 잘 늘고 있다는 것은 성장이 잘 이뤄지고 있다는 의미도 있어 첫돌 한약이 저체중아의 몸무게 증가 효과와 더불어 오장육부의 균형을 맞춰 주는 한약으로 의미가 있습니다.

★ 퍼센타일: 아이가 100명 중에 몇번째에 해당하는지를 나타내는 말

**한약을 둘러싼
속설의 진실**

Q 녹용이 머리를 둔하게 한다?

A 녹용을 복용하면 뇌세포가 활성화되어 오히려 머리가 좋아집니다. 녹용은 원기부족이나 중병 후 건강회복에 효과가 있으며, 특히 허약한 아기에게 있어 신체기능을 보강하여 성장을 돕는 대표적인 약재입니다. 성장기 아기는 몸이 건강해야 뇌세포도 함께 발달할 수 있으므로 녹용을 복용하면 머리가 좋아질 수 있습니다. 녹용에 대한 연구 논문들은 녹용이 뇌세포를 활성화해서 뇌기능을 좋게 하고 기억력과 집중력을 길러주는 데 효과가 뛰어남을 입증해주고 있습니다. 다만 아기의 체질과 상태, 소화기능을 고려하지 않고 무분별하게 먹였을 경우 부작용이 나타날 수 있으므로 반드시 한의사와 상의하여 먹이는 것이 바람직합니다.

Q 간에 부담을 준다?

A 간이 나빠진다는 것은 간에 손상을 입혀 간기능이 약해진다는 뜻인데, 한약을 먹는다고 해서 간이 손상되지 않습니다. 식품이든 한약이든 양약이든 복용을 하면 간에서 분해가 되고, 간이 바쁘면 간수치가 올라갑니다. 하지만 밥이나 과일을 먹을 때 간 수치가 올라간다고 해서 간에 무리가 간다고 하지 않듯이, 간 수치가 올라가는 것은 일시적인 현상으로 '한약을 먹으면 간이 나빠진다'라는 표현은 옳지 않습니다. 특히 아기 한약은 성질이 순한 약재들을 주로 사용해 처방을 하므로 간에 부담이 적을 뿐만 아니라 증류 한약이나 색동 한약 등 더욱 순하게 만들어진 탕약을 처방하기도 하므로 걱정할 필요가 없습니다.

Q 어릴 때 먹으면 살찐다?

A 2008년 5월, KBS 뉴스에서는 녹용이 들어있는 한약을 복용한 6만여 명에 대한 체중 변화를 분석한 내용을 보도한 바 있습니다. 이에 따르면 2004년 1월부터 2007년 4월 30일까지 녹용을 처방 받은 만 12세 미만 소아 환자 6만여 명을 조사한 결과 체중 퍼센타일이 낮은 아이들은 퍼센타일이 증가한 반면, 체중 퍼센타일이 높은 아이들은 오히려 감소한 결과를 보였습니다. 이는 녹용 한약이 살을 찌게 하는 것이 아니라 생체기능을 활성화해 적정 체중을 유지시키는 데 도움이 된다는 뜻입니다. 녹용이 든 한약을 먹으면 살이 찐다는 사람들의 오해는 한약을 먹고 소화흡수가 원활해지고 컨디션이 좋아지면서 식욕이 좋아진 경우에서 비롯된 것으로 볼 수 있습니다. 한약을 먹고 뚱뚱해졌다고 하는 것은 대부분 가족력이 있어 엄마, 아빠, 또는 형제가 비만인 경우입니다.

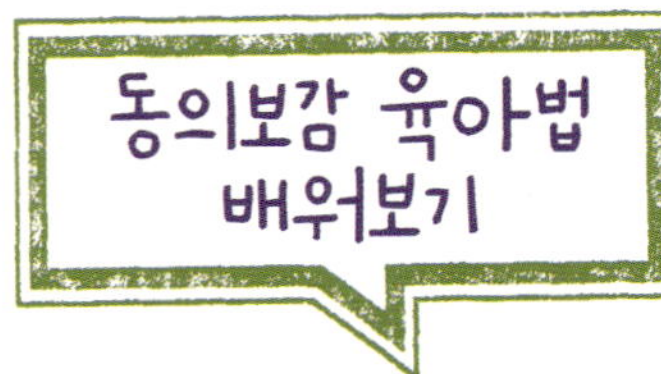

허준의 〈동의보감東醫寶鑑〉에는 "남자 열 사람의 병을 고칠지언정
부인 한 사람의 병을 고치기가 어렵고, 부인 열 사람의 병을 고칠지언정
아이 하나의 병을 고치기가 어렵다"라고 기록되어 있습니다.
아기와 어른이 아픈 것은 차이가 분명하며, 특히 아기의 병을 치료하는 일이
얼마나 어려운 일인가를 단적으로 보여주는 말이지요. 특히 동의보감 소아편의
'양자십법養子十法'은 오늘날에도 한방소아과의 기본 지침으로 쓰일 만큼
그 타당성을 인정받고 있습니다. 어린 아이의 평생 건강을 마련하는
밑바탕이 되는 양자십법을 되새겨봅니다.

동의보감이 전하는 건강육아 지침 10

1 요배난要背暖 – 등을 따뜻하게 하라
"등과 목을 따뜻하게 해주면 감기를 예방할 수 있어요"

외부의 기온 변화에 빠르게 적응하기 힘든 아기의 호흡기를 보호하라는 의미입니다. 한의학에서는 바람과 한기 같은 나쁜 기운이 등과 목을 지나가는 경락을 통해 침입하여 질병을 일으킨다고 보았습니다. 아이들은 등이 차가워지면 감기 등에 잘 걸리므로 목과 등을 따뜻하게 해줍니다. 등이 따뜻하면 온몸의 혈액순환이 좋아져 건강에도 좋습니다.

- 일교차가 큰 환절기나 겨울철에는 아침마다 드라이어로 아이의 목과 등을 따뜻하게 해줍니다.
- 겨울밤에는 수면 조끼를 입혀 재웁니다.
- 외출 할 때는 손수건이나 목도리로 목을 따뜻하게 감싸줍니다.
- 여름에 더워서 옷을 모두 벗더라도 등은 수건을 덮어줍니다.

2 요두난要肚暖 – 배를 따뜻하게 하라
"배가 따뜻해야 배탈이 나지 않아요"

비위가 튼튼해야 소화흡수를 잘 하고 성장도 합니다. 비위가 제 기능을 하려면 배를 따뜻하게 해줘야 합니다. 배가 차거나 찬 것을 많이 먹으면 찬 기운에 복부 혈관이 수축하고 혈액순환이 제대로 되지 않아 배로 흘러가는 혈액량이 감소합니다. 이로 인해 위장이 차가워지고 음식의 분해흡수가 안 되어 소화불량, 복통, 설사 같은 병이 생깁니다. 어린 아이의 잦은 설사나 밤에 우는 야제夜啼의 원인이 배가 차가워 생기는 경우도 있습니다.

- 이불을 걷어차고 자면 큰 수건으로 아이의 배만이라도 덮어줍니다.
- 엄마 손은 약손이 맞습니다. 엄마 손으로 아기 배를 문질러주어 손의 열과 배의 마찰열로 배를 따뜻하게 해주세요.
- 설사할 때는 배에 따뜻한 찜질을 해주면 도움이 됩니다.

3 요족난要足暖 – 발을 따뜻하게 하라

"발이 따뜻해야 면역력이 높아져요"

두한족열頭寒足熱이란 말처럼 머리는 차갑게, 발은 따뜻하게 해줍니다. 발에는 각종 경락이 교차하고 있는데 차가우면 기의 흐름이 원활하지 못해 여러 가지 질병이 생길 수 있습니다. 발이 따뜻해야 발 쪽의 말초혈액순환이 좋아지고 위장을 비롯한 신장, 비장의 기능도 좋아집니다.

- 외출할 때에는 꼭 양말을 신기세요. 여름에도 가급적 양말을 신기되 자주 벗겨주어 땀이 차지 않도록 합니다.
- 평소 족욕을 자주 해줍니다. 기혈 순환과 피로회복, 성장통 완화 등의 효과가 있습니다. 감기로 열이 날 때는 땀이 나면서 해열 효과를 볼 수 있고, 비염이 있는 아이는 코 점막의 부기를 가라앉혀줍니다. 10분~20분 정도가 적당합니다.

4 요두량要頭凉 – 머리를 서늘하게 하라

"머리가 시원해야 기억력, 집중력도 높아져요"

머리는 몸 안의 양기陽氣가 모여 있는 곳이어서 열이 많은 부위입니다. 뇌는 열에 약해 더우면 기억력과 집중력이 떨어지고 뇌신경에 장애가 생길 수 있습니다. 아이들은 고열로 인해 열성경련이 일어날 수 있습니다. 머리가 뜨겁고 땀이 많으면 지루성피부염이나 아토피가 심해질 수 있습니다.

- 평소 실내 온도가 25℃를 넘지 않도록 유지하여 서늘하게 하고 환기도 자주 합니다.
- 아이가 아파서 열이 날 때 물수건을 이마에 얹어줍니다.
- 찬 성질의 좁쌀을 넣은 베개를 베 줍니다.
- 하지만 잠들 때 아이 머리에 땀이 많이 난다고 해서 아이 머리를 바람 부는 창 쪽에 두고 재우면 안 됩니다. 감기나 비염이 있는 아이의 경우 땀이 식으면서 증상이 심해지기도 합니다.

5 요심흉량要心胸凉 – 가슴을 서늘하게 하라

"가슴이 서늘해야 마음이 안정돼요"

심장이 있는 가슴 역시 머리와 마찬가지로 뜨거운 기운이 모이는 부위로 서늘하게 해야 합니다. 심장에 열이 쌓이면 입이 마르고 볼과 얼굴이 붉어지며 심하면 크게 울어댑니다. 아이가 스트레스를 많이 받으면 심장에 열이 쌓여 오래되면 난폭하고 산만한 성격이 되기 쉽습니다. 밤에 울고 보채는 야제증이 나타나기도 합니다.

- 목욕 후 팔다리를 주물러주어 뜨거운 기운이 몸 전체로 골고루 퍼지도록 해줍니다.
- 평소 옷을 적당히 입혀 땀을 흘리지 않게 해줍니다. 겨울철에는 얇은 옷을 여러 겹 입혀 필요할 때 벗기 쉽게 합니다.
- 아이가 정서적으로 안정될 수 있도록 자주 안아주고, 마사지 등으로 스킨십을 많이 합니다.
- 잠자리는 주변을 어둡고 조용하게 해주어 차분한 마음으로 잠들 수 있게 합니다.

6 요물견괴물要勿見傀物 – 낯선 사람, 괴상한 물건을 보이지 마라

"자주 놀라면 성격이 예민해져요"

아이들은 사소한 것에도 잘 놀라고 경기를 일으키기 쉽습니다. 자주 놀라는 아이는 성격이 예민해지기 쉬우므로 양육 환경에 세심하게 신경 쓰고, 아이가 놀랐을 때도 충분히 안심시켜줍니다.

- 아이의 담을 키워주려고 일부러 무섭고 자극적인 것을 보여주는 행동을 삼갑니다.
- 되도록 지나치게 화려한 영상과 조명, 시끄러운 소음에 아이를 노출시키지 않아야 합니다.

7 비위상요온脾胃常要溫 – 소화기를 항상 따뜻하게 하라

"따뜻한 음식을 먹어야 소화가 잘 돼요"

아이들은 몸에 열이 많아도 소화기는 차가운 상태입니다. 소화기가 따뜻해야 몸이 조화를 이룹니다. 음식을 따뜻하게 데워 먹이고, 따뜻한 성질의 음식을 먹여야 위에 부담이 없고 소화도 잘 됩니다.

- 한여름에도 찬물, 얼음물은 피하고 미지근하거나 따뜻한 물을 먹입니다.
- 아이스크림 같은 빙과류는 되도록 먹이지 마세요. 참외, 수박 등 찬 성질의 과일도 지나치게 먹지 않도록 합니다.
- 냉장고에 있던 과일을 먹일 때는 미리 꺼내 두었다가 상온 상태로 먹입니다.
- 냉동식품을 자주 먹이지 않습니다.

8 제미정물변음啼未定勿便飮 – 울음을 그치기 전에 젖을 먹이지 마라

"울 때는 억지로 먹이지 마세요"

밤에 자다 깨어 우는 아기를 달래려고 바로 젖을 물리거나 우유병을 물리는 경우가 있습니다. 아이가 심하게 울 때 억지로 수유를 하면 젖(분유)이 기도로 들어가 구토, 경련을 할 수도 있고 자칫 흡인성 폐렴 등에 걸릴 수 있습니다. 무조건 먹일 것이 아니라 아이가 우는 원인을 찾아 해결하는 것이 우선입니다.

- 아이가 울면 아픈 것이 아닌지, 덥지는 않은지, 기저귀는 괜찮은지 등을 충분히 살핍니다.
- 흔들리는 차안에서 우유나 음식을 먹이지 않습니다.

9 물복경분주사勿服輕粉朱砂 – 경분과 주사를 함부로 먹이지 마라

"독한 약을 함부로 쓰면 안돼요"

아직 미성숙한 아이에게 독성이 강한 약을 함부로 쓰면 안 됨을 경고하는 말입니다. 부득이하게 써야 한다면 되도록 순한 약을 쓰되 증상이 약할 때는 사용을 자제하는 것이 좋습니다.

- 항생제나 해열진통제 사용은 신중하게 결정해야 합니다. 항생제의 경우 감기 같은 바이러스성 질환에는 효과가 없고 좋은 세균도 함께 죽이는 단점이 있습니다. 해열진통제 역시 '발열'을 통해 우리 몸을 방어하는 것을 막아 면역력 획득을 저해하므로 적게 쓰도록 합니다.

10 소세욕少洗浴 – 목욕을 너무 자주 하지 마라

"등과 목을 따뜻하면 감기를 예방해줘요"

아이의 피부는 자극에 약하고 민감하므로 너무 자주 목욕을 시키지 않도록 합니다. 피부를 건조하게 만들어 태열, 아토피 등을 심하게 만들기도 하고 특히 겨울철에는 감기에 걸리기 쉽습니다.

- 평소 땀을 많이 흘리는 아이는 이틀에 한 번, 땀을 많이 흘리지 않는 아이는 일주일에 두 번 정도가 적당합니다. 10~15분 내로 마치고, 목욕 후 3분 이내에 보습제를 충분히 발라줍니다.
- 겨울에는 목욕탕 실내온도를 따뜻하게 하되 물은 지나치게 뜨겁지 않도록 합니다.

- **바람, 햇볕 만끽하기** 〈동의보감〉에는 햇볕을 쬐고 바람을 맞으며 자연 속에서 숨 쉬는 것이 아기의 건강을 북돋우는 가장 좋은 방법이라고 나와 있습니다. 여름은 자연이나 사람 모두 가장 왕성할 때이므로 밖에서 많이 뛰어놀게 합니다. 겨울에도 어느 정도의 운동은 성장에도 꼭 필요해요. 아기가 첫 돌이 지난 경우에는 겨울철에도 바람이 불지 않고 햇볕이 충분한 날이라면 밖에 산책을 나가도록 합니다. 마른 수건으로 건포마사지를 해주면 호흡기 단련에도 좋아요.

- **밤 9시에는 잠 재우기** 한의학에서는 밤 11~1시를 몸의 기운이 가장 응축되어 성장을 준비하는 시간으로 봅니다. 보통 수면 후 2시간이 지나야 숙면에 취한다고 하니 9시에는 잠자리에 드는 것이 좋습니다. 자기 전에 뜨뜻미지근한 물로 가볍게 목욕을 시키고, 아기의 팔다리를 주물러 주면 피로회복과 숙면에 도움이 됩니다.

- **옷 넉넉하게 입히기** 아기는 어른에 비해 피부가 약해 체온조절 능력이 떨어집니다. 여름철에도 에어컨이 가동되는 실내에서는 얇은 긴소매 옷을 입히고, 겨울철에는 두꺼운 옷보다 얇은 옷을 여러 겹 입힙니다. 한방에서는 아기 옷이 두껍고 옷에 달라붙으면 피부가 숨을 쉬지 못하고 열이 몰려 살과 근육이 약해진다고 봅니다.

- **신맛(간기능 허약)** 기운을 모아주는 효과가 있어요. 오미자는 폐의 기운을 모아주어 기침을 가라앉혀주고 힘이 나게 합니다.
- ◈ **이런 아기에게 좋아요** 활동량이 적고 쉽게 지친다, 어지러워하고 기운 없어 한다, 팔이나 다리를 쉽게 삔다, 넘어지는 일이 많다, 쥐가 잘 나며 식은땀을 자주 흘린다.
- **쓴맛(심기능 허약)** 열을 가라앉히고 기운을 내려주는 효과가 있어요. 시금치, 상추, 치커리 등 쓴 맛이 나는 채소와 참외가 대표적이에요.
- ◈ **이런 아기에게 좋아요** 자주 놀라거나 신경질적이다, 잠을 잘 못 잔다, 작은 소리에도 금방 잠에서 깬다, 성격이 예민해 신경질을 잘 낸다, 체중이 잘 늘지 않는다.
- **단맛(비위기능 허약)** 몸의 허약한 기운을 보태주고, 통증을 완화시키는 효과가 있어요. 대표적인 음식으로는 대추, 쌀, 엿, 감초 등이 있어요.
- ◈ **이런 아기에게 좋아요** 편식이 심하고 구토가 잦다, 밥을 잘 먹지 않는다, 키에 비해 체중이 덜 나간다, 배에서 꾸룩꾸룩 소리가 잘 난다, 설사나 변비가 잦다.
- **매운맛(폐기능 허약)** 기운을 흩어주는 작용을 하여 몸에 들어온 나쁜 기운을 몰아내는 작용을 해요. 고추나 생강 등이 있어요.
- ◈ **이런 아기에게 좋아요** 감기를 달고 산다, 찬 공기만 쐬면 바로 기침을 한다, 코가 막히고 콧물을 자주 흘린다, 잘 때 쌕쌕거리는 소리를 낸다, 태열을 앓은 적이 있다.
- **짠맛(신기능 허약)** 뭉친 것을 풀어주고 피와 진액을 보충하는 작용을 해요. 다시마, 오징어, 돼지족발 등이 있어요.
- ◈ **이런 아기에게 좋아요** 자주 소변을 본다, 옷에 소변을 보는 일이 잦다, 쉽게 붓는다, 야뇨 증상이 있다, 소변을 가리는 시기가 늦었다.

각 증상에 좋은 이유식 리스트

아토피

감기

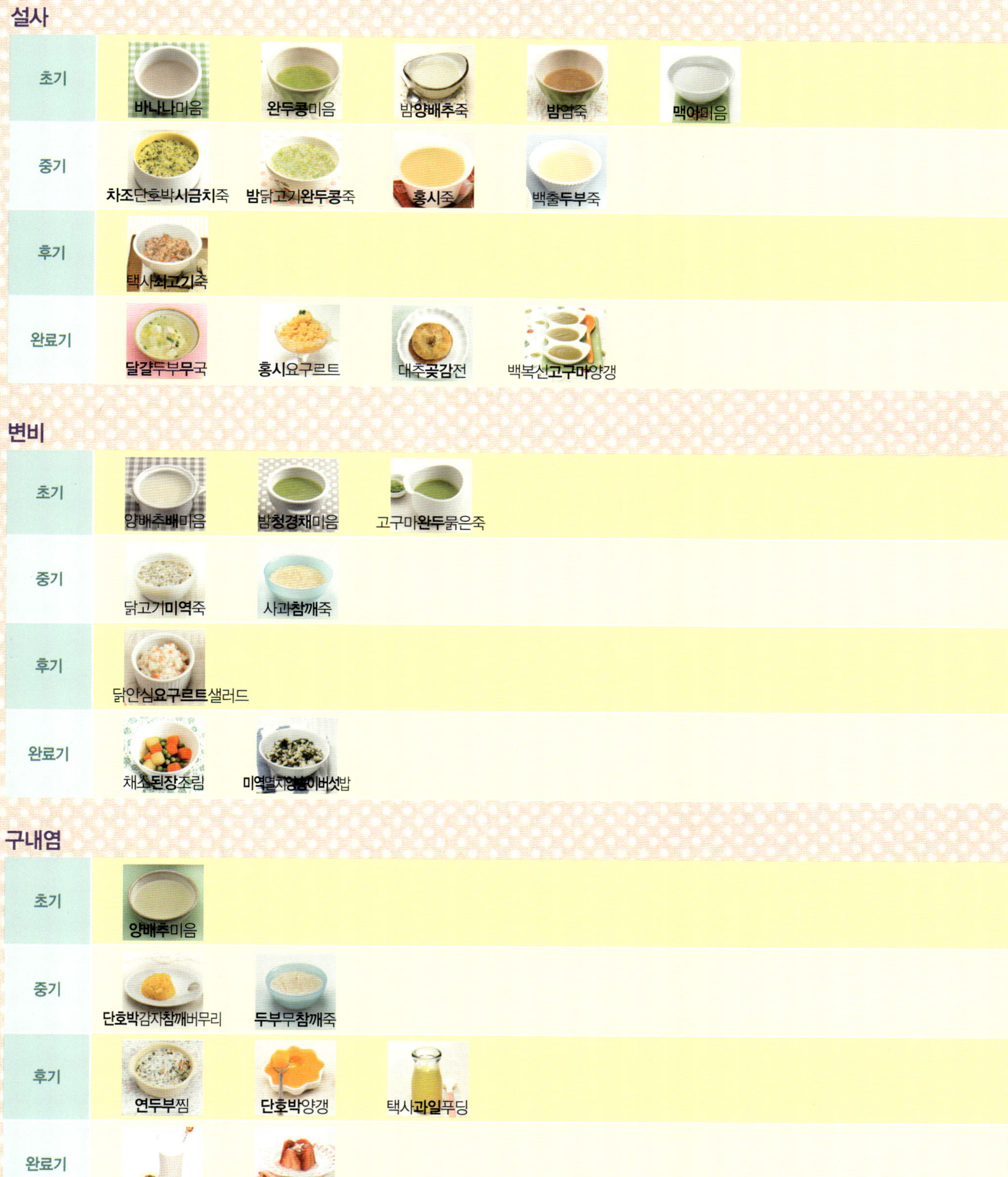

설사

초기	바나나미음	완두콩미음	밤양배추죽	밤염죽	맥아미음
중기	차조단호박시금치죽	밤닭고기완두콩죽	홍시죽	백출두부죽	
후기	택사쇠고기죽				
완료기	달걀두부무국	홍시요구르트	대추꿀감전	백복신고구마양갱	

변비

초기	양배추배미음	밤청경채미음	고구마완두묽은죽
중기	닭고기미역죽	사과참깨죽	
후기	닭안심요구르트샐러드		
완료기	채소된장조림	미역멸치양송이버섯밥	

구내염

초기	양배추미음		
중기	단호박감자참깨버무리	두부무참깨죽	
후기	연두부찜	단호박양갱	택사과일푸딩
완료기	두부딸기쉐이크	생지황딸기젤리	

아
이
가

함
박
웃
음

짓
는

똑똑한
이유식

초판 1쇄 발행 2012년 10월 29일
초판 5쇄 발행 2023년 8월 21일

저자 이상용, 김정신, 박미녀

발행인 이재진 **단행본사업본부장** 신동해
마케팅 최혜진 신예은 **홍보** 반여진 허지호 정지연 **제작** 정석훈
교정 정보영 **디자인** Design Group All(02-776-9862)
스튜디오 Studio 707, 스톤 스튜디오(박광석)
요리 및 스타일링 정은임, 김경미

브랜드 웅진리빙하우스
주소 경기도 파주시 회동길 20
문의전화 031-956-7357(편집) 031-956-7087(마케팅)
홈페이지 www.wjbooks.co.kr
인스타그램 www.instagram.com/woongjin_readers
페이스북 https://www.facebook.com/woongjinreaders
블로그 blog.naver.com/wj_booking

발행처 ㈜웅진씽크빅
출판신고 1980년 3월 29일 제 406-2007-000046호